AF368831

MANUEL

DU

BON JARDINIER

DONNANT

LES PRINCIPES ÉLEMENTAIRES DU JARDINAGE

L'ORGANISATION DES PLANTES

Les agents de la végétation, la préparation du sol

ET LES DIVERS MOYENS DE LE FÉCONDER

LA CULTURE, LA CONSERVATION ET LA CLASSIFICATION

DE TOUTES LES PLANTES

Potagères, industrielles, médicinales, d'agrément, etc.

CELLE DES ARBRES FRUITIERS ET D'ORNEMENT

AVEC UN

CALENDRIER COMPLET DES TRAVAUX A EXÉCUTER DANS CHAQUE MOIS

Par M. ANTOINE

Membre de plusieurs sociétés horticoles.

OUVRAGE ORNÉ DE PLANCHES

PARIS

RENAULT ET Cⁱᵉ, LIBRAIRES-ÉDITEURS

RUE D'ULM, 48.

1859

MANUEL

DU

BON JARDINIER

MANUEL DU BON JARDINIER

TITRE I

PRINCIPES GÉNÉRAUX DU JARDINAGE.

CHAPITRE PREMIER.

NATURE DES TERRAINS.

1. COUCHE VÉGÉTALE DU GLOBE. — La planète que nous habitons et que l'on nomme *la Terre*, a une composition variable à ses diverses profondeurs. La superficie est une substance pulvérulente provenant de la décomposition des minéraux et mélangée de débris organiques. C'est dans cette substance que les végétaux sont fixés par leurs racines. Pour cette raison, on la nomme la *couche végétale*. Dans son *Tableau de la Nature*, l'illustre Alexandre de Humboldt résume en quelques lignes l'histoire de la couche végétale du globe : « Le tapis que Flore a étendu sur le corps nu de la terre, dit-il, est inégalement tissu. Plus épais aux lieux où le soleil s'élève plus haut dans un un ciel sans nuages, il est plus clair semé vers les pôles, où la nature semble engourdie, où le retour précipité des frimas ne laisse pas aux bourgeons le temps d'éclore et suspend des fruits avant leur maturité. Partout cependant l'homme a la consolation de trouver des plantes qui le nourrissent; que du fond de la mer, comme cela s'est vu dans l'Archipel de la Grèce, un volcan soulève, au milieu des flots bouillonnants, un rocher couvert de scories ; que des lithophytes agrégés, pour rappeler un phénomène moins

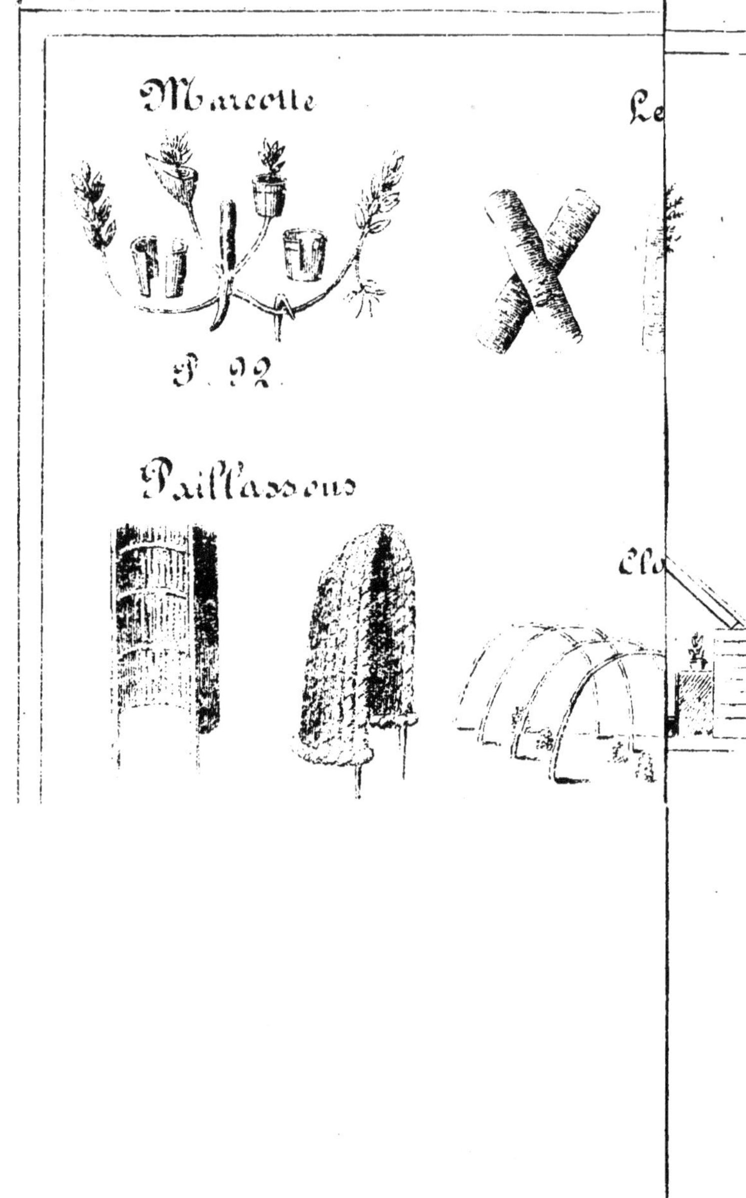
Marcotte
P. 92
Paillassons
Le
Clo

terrible, bâtissent leurs cellules sur le dos de montagnes sous-marines, et, plusieurs siècles après, lorsque l'édifice a dépassé la surface de la mer, laissent une île de coraux, les forces organiques de la nature se tiennent prêtes à ranimer ce rocher mort. Comment la semence y est-elle subitement déposée? Sontce des oiseaux voyageurs, les vents ou les flots qui l'y apportent? La distance qui sépare ces parages des côtes rend le fait difficile à éclaircir. On sait cependant que, dans les contrées du Nord, il se forme sur la pierre nue, aussitôt qu'elle est en contact avec l'air, un tissu de filaments semblables à des trames de velours, qui ont à l'œil nu l'apparence de taches colorées. Quelques-unes de ces taches sont entourées de lignes en saillie, qui forment un bord tantôt simple et tantôt double; d'autres sont coupées par des sillons ou divisées en compartiments. Leur couleur, pâle d'abord, devient plus foncée avec l'âge; le jaune qui brillait au loin prend une teinte brune, et le gris bleuâtre des *lepraria* se change insensiblement en un noir poudreux. Les limites des couches qui ont vieilli se fondent l'une dans l'autre, et sur ce fond obscur naissent de nouveaux lichens de forme circulaire et d'une blancheur éclatante. Ainsi se superposent les tissus organiques. De même, en effet, que les sociétés humaines doivent passer par différents degrés de civilisation, la propagation graduelle des végétaux ne peut s'accomplir qu'en vertu de lois déterminées. Là où les arbres des forêts élèvent au milieu des airs leur cime imposante, quelques pâles lichens recouvraient autrefois la roche dépouillée de terre. Les mousses, les graminées, les plantes herbacées et les arbrisseaux sont autant d'intermédiaires qui remplissent cette longue période dont on ne saurait déterminer la durée. La lacune comblée dans les pays du Nord par les lichens et les mousses l'est sous les tropiques par les *portulaca*, les *gomphrena*, et d'autres plantes grasses et peu élevées qui croissent au bord des eaux. L'histoire de la couche végétale et de sa propagation successive sur l'écorce déserte de la terre a ses époques, aussi bien que l'histoire des migrations qui ont disséminé dans les différentes contrées les animaux et les hommes. »

2. DIFFÉRENTES SORTES DE TERRE. — Pour le cultivateur, la terre est le milieu dans lequel les racines de la plupart des végétaux s'étendent pour servir de point d'appui aux tiges et puiser une partie de la nourriture nécessaire à leur accroissement. Elle est composée de deux matières : une matière inorganique ou poussière de rocher, qui ne brûle pas quand on l'expose sur le feu, et une matière organique, provenant de débris de végétaux, qu'on appelle aussi *humus* et qui brûle quand elle est exposée sur le feu. Les chimistes comptent un assez grand nombre de terres, mais il n'y en que quatre, dont la connaissance soit réellement utile à l'horticulteur :

1° La *terre franche* ou bonne terre ordinaire composée de trois cinquièmes d'alumine, un ciuquième de silice, un dixième de carbonate de chaux et un dixième d'humus. La terre franche est excellente pour toutes les grandes cultures de céréales, de plantes vivaces et de vegétaux ligneux; elle est d'une culture facile et peut se passer d'amendements ; elle se trouve bien de tous les engrais. On en compose la pâte dont on forme les poupées des greffes, la bouillie qui sert à enduire les racines des arbres résineux qu'on déplante, la bauge dont on fait les corroies des planches propres à la culture des rosages. Elle entre, en des proportions plus ou moins considérables, dans la composition des terres dont on fait usage pour les différentes espèces de **végétaux étrangers cultivés dans des vases.**

2° La *terre argileuse* présente des variétés nombreuses selon la proportion dans laquelle l'argile contribue à sa formation. Les terres argileuses ou alumineuses, dites ausi *terres fortes*, quand elles contiennent de 40 à 50 p. 100 de glaise, ne font point effervescence avec le vinaigre. Avec l'eau elles font une pâte tenace et onctueuse. Au feu elles prennent beaucoup de retrait. Si le feu est violent, elles se durcissent et ne sont plus capables de se dissoudre en pâte onctueuses. Toutes prennent l'eau difficilement et la perdent de même. Il faut les herser, les émotter avec attention, et les labourer lorsqu'elles ne sont ni trop sèches ni trop humides : les graines que l'on y sème sont plus sujettes que dans tous autres terrains à être gelées pendant l'hiver. Mais malgré tous ces incouvénients, il n'y a point de sol plus productif, quand il a été convenoblement amendé et fumé.

3° La *terre sablonneuse*. Elle est le plus ordinairement composé de silice mêlée avec certaine quantité de terres calcaire et argileuse; mais en majeure partie elle est formée de sable quartzeux, de débris de grès, de cailloux, le tout réduit en petits grains luisants, inaltérables au feu, et qui ne font point effervescence avec le fort vinaigre; ils ne forment point pâte avec l'eau, et ne peuvent se lier entre eux. Les terres sablonneuses peuvent être sèches, maigres, brûlantes, etc., si elles sont peu profondes, mal amendées. Les terres sablonneuses et les terrains granitiques sont les plus maigres, c'est-à-dire les moins propres à entretenir la végétation, parce qu'elles renferment souvent moins de parties étrangères encore que les sables. Quelques terres calcaires ont été, mal à propos, regardées comme sablonneuses; cependant elles peuvent être cultivées comme ces dernières : elles sont formées en grande partie de petits grains calcaires ; et, pour les rendre très-végétatives, il suffit de bien les

amender, de les fumer avec soin et d'y placer des
plantes printanières.

4° La *terre calcaire* est composée de débris de roches
de différentes natures, où domine surtout le carbonate
de chaux. De même que les terres sablonneuses et
argileuses, la terre calcaire est peu productive lorsqu'elle est pure; elle devient très-fertile lorsqu'elle
est mélangée avec les autres terres et fumée convenablement. Elle se dessèche très-vite, décompose
promptement les fumiers, et ne permet pas à l'humus
acide et astringent de se former dans le sol. On doit y
maintenir l'humidité au moyen de labours profonds,
qui, en lui permettant de descendre plus avant, s'op-
posent à son évaporation, et aussi des fumiers des
bêtes à cornes ou fumiers froids.

Les variétés de terre que nous venons d'énumérer forment, par le mélange un grand nombre de sols composés que l'on désigne par le nom des terres qui y domi-
nent. Ainsi on dit qu'une terre est *argilo-sablonneuse*
lorsqu'elle est composée d'argile et de sable, *orgilo-
calcaire*, lorsqu'elle est composée d'argile et de calcaire. Les terres sablonneuses se nomment encore
siliceuses. On a des terres *graveleuses*, *caillouteuses*,
pierreuses, *crayeuses*, *fortes*, *humides*, *mouillasses*, *tenaces*, *légères*, *sèches*, etc., suivant la composition in-
time du sol et les différentes circonstances extérieures
qu'il présente. Les terres *tourbeuses* ou de marais,
mélangées avec des sables, des calcaires, de la marne
ou **tout** autre amendement qui leur donne de la porosité quand elles viennent à être mouillées, sont très-
recherchées par les cultivateurs. Elles s'imbibent
difficilement lorsqu'elles sont sèches : après avoir pris
l'eau, elles deviennent grasses et compactes. Elles
brûlent au feu, et se réduisent en cendres presque
en totalité. L'*humus* ou le *terreau* est formé de matières végétales ou animales, complétement décom-

posées. Il est noir, léger et poreux ; il prend bien l'eau, est très-fertile ; mais il perd promptement sa vertu végétative, et ne peut, à moins d'être mélangé avec d'autres terres, suffire à l'entretien des grands végétaux. La meilleure *terre de bruyère* est celle qui est formée de sable et d'humus végétal, c'est-à-dire des débris ou détritus de végétaux. Si elle n'était formée que d'humus, elle ne prendrait pas l'eau, et serait peu propre à être mise seule en culture ; mais nos horticulteurs ont remarqué que si le fond du sol est susceptible d'être ameubli et mêlé à la couche supérieure, la terre de bruyère devient très-productive.

3. MOYEN DE RECONNAITRE LES DIFFÉRENTES TERRES. — On reconnaît les différentes espèces de terres :

1° *Au toucher*. Si vous prenez entre les doigts de la terre, et qu'elle soit rude au toucher, elle contient plus ou moins de sable. Si elle est douce, très estimable, elle contient peu, si elle est grasse au toucher, elle contient de l'*argile* en excès. Un sol très-*sablonneux* est facile à labourer, à herser et à *rouler* dans tous les temps ; dans le cas contraire, il est *argileux*.

2° *Par l'ouïe*. Quand vous écrasez entre les dents une pincée de terre, ou quand vous la triturez dans une écuelle, si elle fait entendre un certain craquement, cette terre est *sablonneuse*.

3° *Par l'odorat*. L'*argile* peut se reconnaître à une certaine odeur qui lui est propre. Pour cela, prenez une motte de terre et rapprochez-la des narines en aspirant fortement ; si vous sentez l'odeur dont nous parlons, cette terre est de l'*argile* ; si vous ne sentez aucune odeur, le sol est *sablonneux* ou *calcaire*.

4° *Par les yeux*. Quand vous labourez par un temps humide, si la terre adhère fortement aux instruments aratoires, elle contient de l'*argile*; moins elle est adhérente, plus elle renferme de *sable*, de *chaux* et d'*humus*.

Lorsque vous labourez, et que les tranches ou les mottes de terre sont luisantes et restent sans s'émietter pendant quelque temps, le sol est *argileux*, *compacte* et *fort*; si, au contraire, ces tranches s'émiettent facilement, le sol est *marneux* ou *calcaire*. Un sol qui est labouré par un temps humide et qui ne donne point de tranches luisantes est un sol léger, c'est-à-dire une terre sablonneuse ou formée d'un sable *siliceux*. De grosses mottes produites par les labours, des fentes et des crevasses, par une grande sécheresse, annoncent un sol *fort et compacte*.

Si un terrain à une couleur blanchâtre, il contient de la *chaux* ou du *plâtre*. La couleur jaunâtre ou rougeâtre indique la présence du fer avec de l'*argile* ou de la *chaux*; l'*humus* se reconnaît à une couleur noirâtre ou brun foncé. Cette dernière nuance annonce, dans les vallées et les bas-fonds, un sol marécageux ou *tourbeux*.

Si vous faites bouillir de la terre avec de l'eau, et que la liqueur obtenue soit d'un jaune brun, c'est qu'il y a de l'*humus*; si le liquide reste incolore, il y a peu ou point d'*humus*.

Si vous versez sur un morceau de terre du fort vinaigre ou de l'esprit de sel (*acide hydrochlorique*) et qu'il se produise une effervescence ou un bouillonnement, cette terre contient de la *chaux* ou de la *marne*; l'absence de ce signe indique un terrain où la *chaux* manque.

Une végétation vigoureuse de trèfle, sainfoin, luzerne, indique un sol *calcaire* ou *marneux*. Un sol est *léger* lorsque le sarrasin, le seigle, les pommes de terre, les carottes y réussissent bien, là où le froment et l'épeautre prospèrent, on peut ranger le sol parmi les terrains *forts* et *argileux*. La présence des laiches, des prêles, des scirpes, prouve un sol humide; celle des tussilages, du pas-d'âne, de la sauge sauvage, de l'arrête-bœuf, de la lupuline, un sol plus ou moins calcaire. L'absence de ces plantes annonce un sol pauvre en chaux.

4. INFLUENCE DE TERRAIN SUR LA CROISSANCE DES PLANTES. — Le terrain ne contribue à la croissance des végétaux qu'autant qu'il remplit les conditions d'où dépend leur existence. Sa valeur varie suivant qu'il répond plus ou moins bien à ces conditions. Les plantes ont besoin, chacune selon sa nature, d'un degré plus ou moins élevé de chaleur et d'humidité; la lumière et l'air doivent agir librement sur leurs parties extérieures; l'air même doit jusqu'à un certain point circuler à la surface du sol; enfin les plantes ont besoin d'une certaine quantité de nourriture convenable. Mieux ces conditions sont remplies, plus les végétaux ont une croissance rapide. Les mélanges terreux ne contribuent à l'accroissement des végétaux qu'autant qu'ils retiennent dans une proportion convenable l'eau et la chaleur qu'ils ont reçues; mais comme la quantité d'humidité et de chaleur nécessaire à une plante est subordonnée à des causes étrangères, et par conséquent varie, la valeur d'un terroir donné varie aussi d'après ces agents extérieurs. La valeur d'un mélange terreux donné se détermine par le *climat*, le *sous-sol*, la *position en pente ou en plaine*, et par les *accidents locaux* qui influent sur la températnre et sur la nature de l'air.

On entend par *climat* la température propre à une contrée, le degré et la durée de la chaleur ou du froid qui y règnent dans les diverses saisons de l'année, la quantité de pluie, les orages, etc. Le climat varie principalement suivant la latitude du lieu, et enfin d'après son élévation au-dessus du niveau de l'océan, sa position en plaine ou en montagne, et son éloignement de la mer. Les terres des pays méridionaux sont, toutes choses égales d'ailleurs, plus chaudes que celles des pays septentrionaux. Plus un terrain est élevé au-dessus du niveau de la mer, plus la température en est froide. Les plaines étendues sont exposées aux ouragans et sujettes à la sécheresse. Il tombe plus de pluie dans les pays de montagnes que dans les autres; mais le vent y a plus de force, et y cause souvent des ravages. Les vallées sont moins sujettes au froid que les plaines, à hauteur égale. Les contrées qui bordent la mer sont dans le nord de l'Europe plus tempérées que celles qui en sont éloignées. Un terrain a d'autant plus de valeur que les rapports du climat sous lequel il est situé conviennent mieux à la culture des végétaux agricoles. La valeur des terres argileuses est en proportion directe avec la chaleur et la sécheresse du climat. L'eau du terrain s'évapore plus facilement si le climat est chaud que s'il est froid; le sol s'échauffe avec plus de rapidité et à une plus grande profondeur : il faut donc nécessairement qu'il soit plus compacte, pour que les végétaux agricoles n'y périssent pas pendant la sécheresse. La terre n'a pas besoin d'être aussi forte si le climat est plus humide. Les terres argileuses sont les seules que l'on regarde comme fertiles dans les pays, secs et chauds; ils n'en est pas de même dans les pays froids, où l'on met au premier rang la glaise légère, sablonneuse, et facile à s'échauffer. Tous les accidents qui, dans un climat chaud et sec, favorisent la disposition du sol à retenir l'eau augmentent la valeur des terrains; ceux au contraire qui accélèrent l'écoulement ou l'évaporation de cet élément la diminuent. C'est le contraire dans les climats frais et humides.

On appelle *sous-sol* ou *couche inférieure* la couche sur laquelle repose la terre franche. La couche inférieure exerce une grande influence sur l'échauffement de la terre végétale, et sur sa propriété de retenir l'eau; elle contribue ainsi à augmenter ou à diminuer la valeur du sol. Le sous-sol est imperméable à l'eau, ou du moins ne se laisse pénétrer que lentement, il est alors compacte; il peut la laisser s'échapper sans obstacle, on l'appelle alors léger. Il tient quelquefois le milieu entre la ténacité et la légèreté. Si le sous-sol est compact, l'eau demeure à sa surface, l'évaporation est continuelle, le sol ne se dessèche et ne s'échauffe que lentement, et devient en peu de temps un marécage, à moins qu'il ne soit dans une position inclinée. S'il est léger, l'influence de la pluie est trop passagère, et le terrain est exposé aux sécheresses. Le sous-sol, qui tient le milieu entre la légèreté et la ténacité, ne peut diminuer la valeur du terrain, et ne contribue le plus souvent qu'à l'augmenter. La valeur du sol est d'autant plus élevée que la couche inférieure modifie dans une proportion plus convenable la disposition de la terre végétale à retenir l'eau. La valeur relative du terrain sablonneux est élevée par une couche inférieure tenace; celle du terrain argileux par une couche inférieure sablonneuse. L'argile glaiseuse et les cailloux roulés forment partout également de mauvaises couches inférieures, et appauvrissent le sol d'une manière frappante, à moins, ce qui est rare, que la couche de terre végétale ne soit assez épaisse pour que, dans le premier cas la surabondance de l'eau puisse descendre à une assez grande profondeur pour être hors de la portée des racines, et pour que dans le second l'humus et les terres retiennent assez d'eau pour prévenir la sécheresse.

Quant à la *position et pente ou en plaine* du terrain, voici ce qu'il faut remarquer : La surface du terrain est *plane* lorsque l'eau n'y a point d'écoulement; dans le cas contraire le terrain est en *pente*. Le terrain plat ne perd l'eau qu'il a reçue de la pluie que par l'absorption ou l'évaporation; le sol en pente la perd en outre par l'écoulement. Le terrain est échauffé avec moins de force par les rayons solaires lorsqu'il est en plaine que lorsqu'il est exposé au soleil, et son échauffement est toujours en rapport direct avec son exposition au soleil. Le terrain argileux en pente a plus de valeur que celui qui est en plaine, parce que sa position inclinée le rend plus susceptible de perdre la surabondance de l'eau qu'il a reçue, et de s'échauffer. Il n'en est pas de même des terres légères ; celles qui sont en plaine ont plus de valeur que celles qui sont en pente. Le terrain qui perd facilement l'eau par son inclination doit avoir plus de ténacité ou être moins exposé à l'influence de la chaleur que le terrain de nature semblable, en plaine, pour produire les mêmes végétaux. Les coteaux ou les plateaux de montagnes exposés au soleil, dont le sol est sablonneux, sont presque toujours arides dans les pays chauds. Si la terre est compacte, ou le climat frais et humide, ils peuvent être fertilisés.

Les *accidents locaux* qui influent sur la températnre et la nature de l'air sont : les *montagnes voisines* ou *éloignées*, les *forêts*, les *fleuves*, les *marais*, les *lacs* et la *mer*. Les hautes montagnes, couvertes de neige au printemps et en automne, portent au loin le refroidissement; elles compromettent, par les gelées blanches, la culture des plantes délicates. Peu élevées, les montagnes sont quelquefois des abris contre les vents froids. L'air est plus froid et la rosée plus abondante dans le voisinage des grandes forêts. La température s'adoucit à mesure que les forêts s'éclaircissent. Les contrées dépourvues d'arbres sont, toutes choses égales d'ailleurs, plus arides que celles qui en sont garnies. Lorsque dans une vaste plaine on abat les forêts qui la couvraient, les vents, ne rencontrant plus d'obstacles, parcourent la surface du pays dans toutes les directions, et frappent les terrains sablonneux de sécheresse et de stérilité. Le voisinage des grands fleuves, des marais, des lacs, et surtout de la mer, est très-favorable à la végétation.

La valeur du terrain croît et décroît en proportion l'épaisseur de la couche de terre végétale. Plus la uche de terre végétale est épaisse, plus le sol conent de substances nutritives, et plus les racines des égétaux ont la facilité de s'y enfoncer à une grande profondeur pour trouver l'humidité et la nourriture. La couche de terre végétale varie d'épaisseur : c'est dans les terrains sujets aux inondations, dans les marais desséchés, les étangs, etc., qu'elle a le plus de profondeur; elle diminue à mesure que la culture épuise ou fait évaporer l'humus. On peut l'augmenter par un amendement continu, ou par la culture des plantes qui épuisent moins le terrain. On ne trouve des pierres que dans la terre végétale des terrains sablonneux, et dans le voisinage des montagnes. La valeur du terrain diminue en raison de la quantité de pierres qu'il contient. Plus un terrain renferme de pierres détachées, moins il a de cohésion et d'énergie à retenir l'eau; il est plus exposé que tout autre à la sécheresse : car les pierres conservent la chaleur, la répandent à une grande profondeur, et favorisent ainsi l'évaporation des eaux de la pluie. Outre le préjudice que causent les pierres en exposant le sol aux sécheresses, elles en diminuent encore la valeur d'une autre manière. Un terrain ne peut être considéré comme convenable aux plantes qu'autant qu'il est susceptible d'être partout pénétré par leurs racines ; mais lorsque dans une étendue cubique déterminée de terre végétale, il se trouve une quantité de pierres assez considérable, le sol doit nécessairement avoir, pour la culture des végétaux, une valeur d'autant moindre que l'espace qu'elles occupent est plus étendu. Un terrain pierreux est, en outre, plus difficile à labourer profondément; on n'y peut recouvrir le fumier que d'une manière incomplète ; les instruments aratoires s'usent beaucoup plus vite ; il est presque impropre à la culture des plantes qui demandent à être buttées ; et enfin on ne peut y couper les céréales qu'à la faucille, et non à la faux.

CHAPITRE II.

ASTRONOMIE ET PHYSIOLOGIE VÉGÉTALE.

1. ORGANISATION DES PLANTES. — Avant de se livrer à la culture des plantes d'utilité ou d'agrément, il est indispensable d'étudier les diverses parties qui constituent le végétal. Jamais, sans cette étude préalable, le jardinier amateur ou commerçant, ou même le simple ouvrier jaloux de se faire une réputation dans son état, ne parviendront à obtenir quelques résultats utiles ou honorables de leurs travaux.

Lorsqu'on **examine attentivement** la constitution iutérieure d'une plante, on voit qu'elle est formée de deux tissus, dits cellulaire, et fibreux ou allongé, qu'on peut rapporter à un seul, le tissu membraneux. Le tissu cellulaire, ou aréolaire, offre un grand nombre de cellules, que leur forme hexagone a fait comparer aux alvéoles des abeilles ; on les trouve dans la moelle, l'écorce, etc. Dans les parties ligneuses, elles s'allongent beaucoup, et se réunissent en faisceaux, ou fibres longitudinales, qui forment des tubes ou des vaisseaux de structures variées : c'est le tissu fibreux. Le tissu vasculaire, composé de tubes qui s'anastomosent ensemble de mille manières différentes, ceux dont la lame est roulée en spirale, sont connus sous le nom de *tranchées*, parce qu'on les avait d'abord comparés aux organes respiratoires des iusectes. C'est par ces divers canaux que la sève monte, descend, et circule avec facilité dans toutes les parties du végétal. Dans les plantes acotylédones, le tissu cellulaire, plus ou moins allongé, est dans son état de plus grande simplicité; dans les monocotylédones, le tissu membraneux présente des vaisseaux qui ne prennent jamais la forme longitudinale; enfin, dans les dicotylédones, le tissu se modifie en vaisseaux qui affectent également la direction latérale et longitudinale. Telles sont les parties élémentaires des végétaux : nous examinerons rapidement les organes de la végétation.

2. RACINE. — La racine est la partie de la plante qui croît en sens inverse de la tige, et tend constamment à s'enfoncer dans la terre. Dans la plupart des plantes, la fonction des racines est de pomper dans la terre, par l'extrémité de leurs fibrilles ou chevelu, les sucs dont elles ont besoin pour se nourrir. Trois parties distinctes composent la **racine** : 1° le *collet* ou *nœud*, partie supérieure, ordinairement placée un peu au-dessus du sol, et d'où naît la tige; 2° le *corps de la racine*, partie inférieure au *collet*, réservoir des sucs pompés par les fibrilles; 3° les *radicules fibrilles* ou *chevelu*, réunion de petites fibres fort déliées, tubes absorbants, ou suçoirs de la racine. On considère comme caractère, dans les racines, la *durée*, la *forme*, la *direction*. Par leur *durée*, elles sont : *annuelles*, naissant et périssant dans l'espace d'une année (l'orge, le froment); *bisannuelles*, vivant deux ans (l'oignon, la carotte); *vivaces*, dont la durée est longue et déterminée (l'asperge, le fraisier). Si la plante vivace est un *arbre*, un *arbrisseau* ou un *sous-arbrisseau*, on lui donne un signe qui indique qu'elle peut vivre des siècles. Par leur *forme*, toutes les racines peuvent se ramener à trois sections : 1° *racines fibreuses*; 2° *racines tubéreuses*; 3° *racines bulbeuses*. 1° La racine *fibreuse*, corps d'un seul jet, plus

ou moins épais, ligneux ou charnu, muni en dedans de fibres longitudinales, et au dehors de longs filaments qui le terminent ou le couvrent. La racine *fibreuse* elle-même peut être *fusiforme*, ou imitant la forme d'un *fuseau* (la carotte); *napiforme* (le navet); *tronquée*. lorsqu'elle paraît rongée à son extrémité inférieure (la scabieuse, etc.); *chevelue*, composée d'une infinité de petites racines divergentes, ayant l'aspect d'une touffe de cheveux (le fraisier); *bistorte*, contournée deux fois sur elle-même; *articulée* ou *noueuse*, dont les parties sont séparées par des étranglements, ou attachées ensemble par des espèces de filets (le sceau de Salomon, la filipendule); *grumeleuse*, ou *en botte*, ou *fasciculée*, faisceau de racines, nommées par les jardiniers *griffes*, naissant à la fois du *collet* (les renoncules); *granulée*, couverte de petites granulations (le pied d'oiseau); 2° la racine *tubéreuse*, corps irrégulier, solide, compacte, charnu, plus gros que la tige et tuberculeux (la pomme de terre, le topinambour); 3° la racine *bulbeuse*, en fome de bulbe ou d'oignon. Le bulbe est *solide*, quand ses écailles sont très-serrées (la tulipe); *écailleux*, quand ses écailles plus lâches se recouvrent mutuellement comme les tuiles d'un toit (le lis); *tuniqué*, quand il est formé de tuniques qui s'enveloppent mutuellement en entier (l'oignon). Enfin il y a les bulbes *superposés*, formés par la réunion de plusieurs bulbes s'imbriquant de manière à ne constituer qu'une seule boule. Les bulbes sont *simples* ou *multiples*. Dans ce dernier cas, ils prennent le nom de *gousses*. Les *bulbilles* sont de petits bulbes ou bourgeons, qu'on trouve souvent sur diverses parties de certaines plantes (le lis bulbifère).

Par sa *direction*, la racine est : *horizontale*, ou *rampante*, ou *traçante* (l'iris); *oblique* (le chêne et une foule d'autres végétaux); *pivotante* ou *perpendi-*

culaire (la rave et presque tous les arbres forts). Jamais la racine d'une plante annuelle n'est *pivotante* : ce qui donne le moyen de reconnaître sa durée à la première vue. La souche porte spécialement le nom de *pivot*, quand elle s'enfonce perpendiculairement dans le sol en se continuant avec la tige : telle est celle de la carotte, de la rave, etc.; mais on l'appelle plus spécialement *rhizome* lorsqu'elle rampe ou s'étale *horizontalement* dans la terre comme la racine d'iris et de carex. Néanmoins, sous le rapport vital, il existe une différence notable entre le pivot et le rhizome : le premier est formé par le développement des radicules, le second provient de l'accroissement d'une portion souterraine de l'axe qui s'est accrue par suite de la destruction du pivot : le pivot est donc un organe primitif; le rhizome est un organe de formation secondaire. Le rhizome a beaucoup d'analogie avec ces tiges rampantes que l'on trouve dans la potentielle, dans le fraisier. Seulement la tige est en dehors du sol, et le rhizome rampe par-dessus ces tiges rampantes : cependant s'échappe çà et là des radicules une racine proprement dite avec une radicule médiane représentant la souche et le pivot. Les racines ont la même *organisation* ou *structure* que les tiges; elles n'en diff`rent que par leur consistance, toujours plus humide et plus tendre. Leur épiderme est souvent *coloré;* il est *blanc* dans le navet, *jaune* dans la chélidoine, *rouge* dans la garance, *noir* dans le radis noir. Leur écorce, très-spongieuse, a une saveur et une odeur fort prononcées. Les radicules des racines s'appellent *chevelure* ou *chevelu;* c'est l'ensemble de ces fibres grêles et menues qui constitue, à proprement parler, la racine. Le chevelu est, en général, d'autant plus abondant et plus développé que le végétal vit dans un terrain plus meuble, plus mouvant. Lorsque par hasard l'extrémité d'une racine

rencontre un filet d'eau, elle s'allonge en fibrilles ca-
pillaires dans une proportion exagérée. C'est ce qui
explique du reste pourquoi les plantes aquatiques ont
en général des racines si développées.

Les différentes formes des racines sont pour l'homme
qui réfléchit comme autant de feuillets d'un livre dans
lequel il lit le genre de culture qui convient à chaque
espèce. Les animaux se transportent çà et là afin de
se procurer une nourriture suffisante; quelques-uns,
tels que les huîtres, les polypes, restent immobiles,
attachés aux roches qui le sont vus naître. La nature a
multiplié autour d'eux les insectes qui doivent les
nourrir. L'*instinct* des racines, s'il est permis de se
servir de cette expression, a quelque chose de plus
parfait que celui des polypes. Qu'un arbre soit planté
près d'un fossé, près d'un égoût à fumier, etc., les
racines se détournent de leur route première pour se
porter de ce côté où elles trouveront une nourriture
plus abondante. Il est démontré, par les belles expériences de Haller, que toutes les racines d'un arbre
peuvent être converties en branches et les branches en
racines, en changeant leur disposition.

3. TIGE, AGE DES ARBRES. — La tige est la partie
du végétal qui tend à s'élever et sert de support aux
branches, aux feuilles, aux fleurs, aux fruits, etc. La
coupe transversale d'un arbre dicotylédone présente
toujours de dedans en dehors trois parties dictinctes:
1° la *moelle*, composée de tissu cellulaire, et quiforme,
avec l'étui qui l'enveloppe, le canal médullaire; 2° le
corps ligneux, composé de couches concentriques
qui se recouvrent annuellement et indiquent assez
exactement l'âge du végétal. Le corps ligneux se
compose du *bois*, formé par les couches les plus
durés et les plus voisines de la moelle, et de l'*aubier*,
formé par les couches les moins denses et les plus
rapprochées de l'écorce. 3° *l'écorce*, où l'on distingue

l'*épiderme*, membrane mince enveloppant tout le végétal ; l'*enveloppe herbacée*, lame composée de tissu cellulaire ; les *couches corticales*, ordinairement peu apparentes ; enfin le *liber*, formé de lames séparées les unes des autres par une couche très-mince de tissu cellulaire. Entre la surface du corps ligneux et l'écorce, se trouve le *cambium*, espèce de séve épaisse, qui forme annuellement une nouvelle couche d'aubier, en prenant plus de consistance. Tous les jardiniers savent que c'est par le liber que s'opèrent la cicatrice des plaies, la reprise de la greffe, l'enracinement des marcottes et des boutures. L'organisation de la tige, dans les monocotylédones, est toute différente. La moelle n'est pas centrale ; elle entoure presque tous les vaisseaux qui se pressent vers la circonférence, où ils forment par leur réunion un tissu très-dur à l'extérieur. Les botanistes distinguent parmi les tiges, le *tronc*, propre aux dicotylédones, le *stipe*, aux monocotylédones ; la *souche*, tige souterraine de quelques plantes vivaces ; le *chaume*, qui appartient aux graminées, etc. ; la *hampe*, propre aux liliacées, etc. ; enfin, ils appellent *tiges* toutes celles qui ne rentrent dans aucune des espèces précédentes. Par rapport à sa consistance, la tige est tantôt *herbacée* (les herbes) ; *ligneuse* (les arbres) ; *solide* (le buis) ; *spongieuse* (le sureau) ; *creuse* ou *fistuleuse* (l'oignon) ; *tubéreuse* (le liége) ; *charnue* (la joubarbe). C'est la consistance et la grandeur de la tige qui a donné l'idée de diviser les plantes en quatre grandes classes : les *arbres*, les *arbrisseaux*, les *sous-arbrisseaux* et les *herbes*. L'*arbre* est la plante vivace, ligneuse, munie d'un tronc et de rameaux. L'*arbrisseau* ne diffère de l'arbre que par sa grandeur, qui ne doit pas excéder douze pieds. Le *sous-arbrisseau*, plus petit que l'arbrisseau, n'a que des branches tendres, qui périssent souvent pendant l'hiver.

Enfin, l'*herbe* présente une tige annuelle ou vivace, peu élevée, et périssant d'ordinaire aux premiers froids. Les *branches* et les *rameaux* ne sont que des divisions de la tige. Les *bourgeons*, les *boutons*, les *yeux*, renferment les rudiments des rameaux, des feuilles, ou des fleurs. Sous ce nom général de bourgeons on comprend les *tubercules*, les *bulbes*, les *bulbilles* et les turions, bourgeons souterrains des plantes vivaces.

4. FEUILLES. — Les *feuilles* sont des expansions membraneuses, ordinairement vertes et soutenues par une queue ou pétiole; leur principale fonction est d'absorber ou d'exhaler les gaz, suivant qu'ils sont nécessaires ou utiles à la nutrition du végétal. Elles sont simples ou composées, suivant que le pétiole est lui-même simple ou divisé. Par leur *insertion*, les feuilles sont : *radicales*, quand elles partent immédiatement du collet de la racine (l'oreille d'ours); *caulinaires*, quand elles s'insèrent sur la tige (ce qui est le cas le plus ordinaire); *raméales* ou *ramaires*, quand elles sont attachées aux rameaux; *florales*, quand elles naissent près de la fleur. Par leur *situation*, elles sont : *alternes*, lorsqu'elles naissent de divers points de la tige, en observant des distances égales (le peuplier, le platane) ; *opposées*, placées par paires vis-à-vis les unes des autres, comme dans le syringa; *imbriquées*, disposées de manière que les unes recouvrent la moitié des autres (elles peuvent être imbriquées sur deux, trois ou quatre rangs, ou bien sans ordre distinct); *entassées*, accumulées en si grand nombre qu'elles cachent la tige (l'euphorbe-cyprès); *capitées*, ramassées en forme de tête (le chou pommé, la laitue); *roselées*, offrant la forme d'une rose (la joubarbe, les saxifrages); *fasciculées*, partant d'un même point pour se réunir en faisceau (le mélèze); *géminées, verticillées*, etc., etc.

Quant au *mode d'insertion*, elles sont *amplexicaules*, lorsque, manquant de pétiole, elles embrassent la branche ou la tige (le lamier amplexicaule); *demi-amplexicaules*, lorsqu'elle n'embrassent la tige qu'à demi (l'aster de la Nouvelle-Hollande); *perfoliées*, lorsqu'elles sont percées ou traversées par la tige (le buplèvre *perce-feuille*); *connées, distinctes, engaînantes*, etc. Par leur *direction*, les feuilles sont *droites* ou *dressées*, quand l'angle qu'elles forment avec la tige est très-aigu (la barbe de bouc); *appliquées*, perpendiculaires comme la tige, et la touchant dans toute leur longueur; *redressées*, imitant la forme d'un S; *ouvertes*, si elles forment un angle aigu avec la tige et les rameaux; *étalées*, si cet angle est presque droit; *horizontales*, quand elles forment tout à fait l'angle droit (la laitue sauvage); *recourbées* ou *courbées*, et *infléchies*, quand la courbure est de bas en haut; *réclinées*, formant un angle droit par le bas, et se réfléchissant dans le haut; *réfléchies, falquées*, etc. Par leurs *appendices* et leurs *sommets*, les feuilles sont *stipulacées* ou garnies de stipules (le haricot); *auriculées*, garnies d'oreillettes (l'oranger); *vrillées*, garnies de vrilles (le pois); *aiguës* ou *acuminées*, terminées à leur sommet par une pointe (l'ortie blanche); *cuspidées*, quand cette pointe est un peu raide (le raisin d'Amérique); *mucronées*, quand cette pointe est piquante; *obtuses*, quand cette pointe est émoussée (le guy); *échancrées*, ayant un sommet très-obtus, muni d'une entaille profonde; *tronquées*, dont le sommet est tronqué (le tulipier). Par leur *forme*, les feuilles se distinguent en *orbiculaires* ou *rondes* (la capucine, la morène); en *elliptiques* ou en *ellipses* (l'ortie grièche); *ovées* ou en *forme d'œuf*, arrondies à a base, et rétrécies au sommet (le plantain, le saule-marceau); *oblongues*, ayant trois ou quatre fois plus de longueur que de largeur (la menthe romaine);

lancéolées, ou en fer de lance (la gratiole); *rhomboïdes*, ayant quatre angles, deux aigus et deux obtus; *lobées*, ayant deux ou plusieurs échancrures (alors elles sont *bilobées*, *trilobées*, etc., selon le nombre de ces échancrures; quand les échancrures sont aiguës, les feuilles sont *bifides*, *trifides*, etc.); *cordiformes*, fortement échancrées dans le milieu, et imitant la forme d'un cœur (le géranium, le tilleul); *réniformes*, *lunulées*, *sagittées*, etc., etc., etc. Par leurs *bords*, les feuilles sont *crénelées*, garnies de créneaux (la sauge des prés); *crénulées*, quand les crénelures sont petites (le pied de lion); *dentées*, garnies de dents pointues (la pimprenelle); *serrées*, quand ces dents sont couchées comme celles d'une scie (l'amandier); *ciliées*, bordées de poils soyeux (le rossolis); *épineuses*, armées sur les bords de pointes dures, raides et piquantes (le houx, les chardons); *cartilagineuses*, dont les bords sont durs et cartilagineux; *gaudronnées* ou *festonnées*, ayant à leurs bords des angles peu saillants; *rongées*, ou *déchirées*, quand les festons sont de grandeur et de forme différentes. Par leur *surface*, les feuilles sont *glabres*, sans poils (l'oranger); *pubescentes*, garnies de petits poils (le pommier); *velues*, quand les poils sont longs et distincts; *tomenteuses*, comme couvertes de coton (le bouillon blanc); *soyeuses*, chargées de poils soyeux (l'argentine); *hérissées*, quand les poils sont rudes (le grateron); *hérissonnées*, ou *aiguillonnées*, quand ce sont des pointes raides et piquantes; *scabres*, rudes au toucher par les tubercules qui les parsèment; *lisses*, n'ayant nulle inégalité à leur surface (l'épinard-potager); *luisantes* ou *vernissées*; *visqueuses*, couvertes d'une humeur tenace (le seneçon visqueux); *colorées*, quand elles s'écartent de la couleur verte uniforme. (on les dit encore *panachées*); *nervées*, celles dont les nervures sont très-saillantes (le plantain); *trinervées* ou *trinerves*, ayant trois nervures saillantes (le grand soleil); *mamelonnées, canaliculées,* etc., etc. — *Par la substance,* elles sont *membraneuses,* sèches et sans pulpe (les mousses); *scarieuses,* sèches et arides (la cuscute); *épaisses* (l'aloès); *charnues* ou *pulpeuses* (la glaciale). — Par leur *masse,* elles sont *cylindriques* ou sans angles (les feuilles de l'ail); *gibbeuses,* charnues et ayant une bosse sur chaque face (la vermiculaire brûlante); *déprimées, gladiées,* etc. — Par leur *durée,* elles sont dites *caduques,* quand elles tombent avant la fin de l'été; *tombantes,* quand elles tombent à l'entrée de l'hiver; *persistantes,* demeurant sur la tige jusqu'au printemps suivant (le pin, le sapin, le buis); *toujours vertes,* dans les ifs et autres conifères. — Par leur composition, elles peuvent être, comme nous l'avons vu, ou *simples* ou *composées.* Les feuilles *composées* prennent le nom d'*articulées,* quand elles naissent successivement au sommet les unes des autres; *conjuguées* ou *bifoliées,* quand chaque pétiole porte de côté une paire de folioles; *binées,* quand les deux folioles sont droites; *digitées,* cinq folioles partant du même point du pétiole (la quintefeuille); *ternées, tryphillées* ou *trifoliées,* trois folioles portées par le même pétiole (le trèfle); *quaternées,* à quatre folioles; *quinquéfoliées,* etc.; *pédiaires,* folioles attachées par le côté intérieur sur un pétiole bifide (l'ellébore noir); *empennées* ou *ailées,* plusieurs folioles insérées de chaque côté d'un pétiole commun, comme les barbes d'une plume (l'astragale); *bijuguées, trijuguées* et *quadrijuguées,* etc., feuilles ailées dont les folioles sont deux à deux, trois à trois, quatre à quatre, etc.; *ailées avec impaire,* quand le pétiole est terminé par une foliole impaire (le noyer); *ailées avec interruption,* quand les folioles sont alternativement grandes et petites (l'aigremoine); *ailées décurrentes,* folioles se prolongeant par la base sur le pétiole.

Les feuilles peuvent être *doublement composées;* c'est quand le pétiole, au lieu de porter simplement des folioles, porte d'autres pétioles d'où naissent les folioles : alors on les dit *biternées*, quand chaque pétiole partiel porte trois folioles ; *biconjuguées* ou *bigéminées*, quand il y en a quatre; *bipennées*, etc.

Quand les petits pétioles qui partent du pétiole principal, au lieu de porter des folioles, donnent naissance à d'autres petits pétioles, les feuilles sont dites *surcomposées*, et prennent successivement le nom de *tergéminées*, *triternées*, *tripennées*, etc., etc.

Les *stipules*, les *vrilles*, les *suçoirs*, les *griffes*, les *épines*, les *aiguillons*, les *poils*, les *glandes*, ne sont pas considérés comme nécessaires à la végétation, et sont appelés *organes accessoires.*

5. ORGANES REPRODUCTEURS. AMOURS ET GÉNÉRATION DES PLANTES. — Nous avons décrit succinctement les organes principaux de la végétation; nous devons maintenant jeter un coup d'œil rapide sur des parties non moins importantes, puisqu'elles sont destinées à perpétuer l'espèce. Ce sont les organes de la reproduction, c'est-à-dire la fleur et le fruit, avec les diverses parties qui les composent.

La *fleur*, qui le plus souvent apparaît sous un aspect brillant et coloré, se compose ordinairement de deux enveloppes circulaires : l'une extérieure et verte, nommée *calice;* l'autre intérieure, ornée quelquefois des couleurs les plus vives, qu'on appelle *corolle.* Ces deux parties sont très-souvent composées de plusieurs pièces distinctes appelées *sépales* ou *phylles* dans le calice, et *pétales* dans la corolle. Au lieu de ces deux enveloppes circulaires, les conifères portent des *écailles*, et les graminées des *glumes* ou *bales.* Quand la fleur n'a qu'une enveloppe, on l'appelle *périanthe simple* ou *périgone.* « Dans chaque plante complète, dit le comte Français (de Nantes), la nature a placé un lit nuptial. Elle a teint les rideaux (la *corolle*) de mille couleurs brillantes, et elle en a pénétré la substance des odeurs les plus suaves, afin que les époux, *mariti*, dans l'ivresse de ses parfums, soient avec plus de véhémence portés à se reproduire. Elle a placé l'épouse (le *pistil*) au centre et sur la circonférence, et à des distances convenables elle a placé les maris (*étamines*). L'une est la suite de la substance médullaire de la plante, les autres sont le prolongement du liber : en sorte qu'il résulte de cette disposition (comme on le remarque également dans l'autre règne) que la femelle exerce une influence plus directe sur l'organisation intérieure du fétus et le mâle sur ses formes extérieures. Les époux sont des filets élastiques dont l'extrémité supérieure est ornée d'une capsule ou boîte à ressort appelée *anthère*. Cette boîte est pleine d'une poussière nommée *pollen*. L'épouse est un tube plus ou moins allongé, et qui est couronné d'un *stigmate* d'une nature spongieuse et quelquefois humide. Au-dessous d'elle est placé l'*ovaire*, et dans l'ovaire est le fétus emmaillotté dans un duvet. Cet appareil est le plus souvent renfermé dans un calice. L'anthère est une boîte à charnière qui s'ouvre brusquement. Le stigmate est très-irritable, et à la loupe on découvre qu'il est percé de plusieurs ouvertures. Le pollen est composé de globules offrant des angles divers, suivant l'espèce. Lorsque la dilatation de l'air, devenu plus chaud, anime la nature, les oiseaux font leurs nids, et les sucs nourriciers forment les bourgeons. Toutes les extrémités végétales se tuméfient et éclatent. La maison nuptiale s'élève, le lit se prépare, les rideaux se forment, se colorent et s'embaument; la plante s'ouvre à l'amour. Le stigmate exhale une odeur pénétrante, ainsi qu'on le remarque plus particulièrement dans celui du crocus. Ce parfum irrite les étamines et les jette dans un état d'orgasme. Suivant les diverses espèces, ils affectent autour du stigmate des mouvements d'ondulation, de flexion ou de crispation. Ils s'approchent ; leurs boîtes s'ouvrent, se vident, et ils viennent reprendre leur première position. Le pollen reçu par le stigmate descend par le pistil sur l'ovaire et le féconde. L'embryon se forme, la séve le nourrit, le soleil l'échauffe, et les zéphyrs le bercent. Bientôt il prend un accroissement tel qu'il brise les parois de l'ovaire ; le cordon ombilical se rompt, il tombe au pied de sa mère, et il conserve, comme on le voit dans plusieurs espèces, la cicatricule du lien par lequel il lui adhérait. S'il est né sur une colline, il porte sur sa tête une aigrette qui l'emporte dans les airs ; s'il est né au bord des eaux, il a une forme naviculaire, il s'embarque et navigue jusqu'à ce qu'il trouve un rivage où il puisse former un établissement favorable. Dans quelques autres espèces, il est armé de pointes, de crochets, d'hameçons, avec lesquels il s'attache aux feuilles, aux bêtes et à tout ce qui a du mouvement. A cette époque de l'année, la terre est tapissée, les eaux sont couvertes, et les airs remplis de millions d'orphelins qui, séparés de leurs mères, s'attachent à tous les êtres qui peuvent les secourir dans le développement de leur existence naissante. Qu'il me soit permis de faire ici une pause afin d'admirer cette bonne nature qui a accordé aux fleurs dioïques, ou ayant des sexes séparés sur des tiges diverses, une plus grande quantité de pollen qu'aux fleurs hermaphrodites, dont les sexes rapprochés ont moins de pertes à essuyer ; et pour l'attention qu'elle a eue de mettre en poussières impalpables ces esprits générateurs que les vents emportent, et de donner à chacune de ces poussières des angles variés toujours correspondants aux ouvertures dont les stigmates des mêmes espèces sont percés. Sans cette dernière précaution, tous les genres se seraient mêlés, et la nature n'eût fait que des hybrides. Ces esprits passent au printemps sur des millions de stigmates sans pouvoir rien produire, jusqu'à ce qu'ils rencontrent l'espèce avec laquelle ils sont en affinité par la correspondance de leurs angles saillants avec les angles rentrants. »

Au moyen du vent le pollen des fleurs mâles peut être porté et féconder à une très-grande distance. A ce sujet, M. Boitard rapporte les faits suivants :

« Outre le vent et la main de l'homme, il existe encore d'autres intermédiaires de la fécondation, ce sont les mouches et autres petits insectes qui vont butiner sur les fleurs. Leurs pattes, leurs ailes, et les poils qui hérissent le corps de la plupart d'entre eux, se chargent de pollen qu'ils transportent sur les stigmates des fleurs femelles. »

Le *fruit* n'est que l'ovaire qui s'est accru et développé par suite de la fécondation; la partie la plus extérieure du fruit, est le *péricarpe*, qui enveloppe la *graine* : celle-ci se compose de *l'épisperme* ou du tégument propre, et de l'*amande,* formée par le *périsperme* et l'*embryon.* Dans l'embryon, destiné à reproduire le végétal, on distingue : la *radicule,* rudiment de la racine future ; la *gemmule* ou *plumule,* rudiment de la tige ; et les *cotylédons,* appendices foliacés, plus ou moins charnus, dont la substance doit servir à la nourriture de la jeune plante, lors de son premier développement.

6. ODEUR DES PLANTES. — L'époque de la journée la plus favorable pour apprécier l'infinie variété des odeurs des plantes, est le soir, après le coucher du soleil, car alors les particules aromatiques que la chaleur du soleil avait fait élever pendant le jour retombent à la hauteur de notre odorat.

7. SOMMEIL DES PLANTES. — « Il y a une harmonie admirable entre la nuit et le sommeil : l'œil se ferme aussitôt qu'il ne voit plus la lumière, et le silence qui règne dans les airs semble inviter toute la nature à céder aux charmes du repos. Les végétaux même s'endorment avec le jour. Chaque soir, on voit se fermer les cloches du liseron et les pétales du pissenlit; chaque matin on les voit s'épanouir aux rayons du soleil; le *traba verna*, qui élève sur le gazon sa petite tête argentée; le *trientalis europœa*, l'*impatiens balsamine*, se penchent négligemment à la lueur du crépuscule, tandis que le nénuphar s'enfonce sous l'eau, et ne reparaît que le matin. Mais à l'heure même où ces fleurs charmantes s'endorment sur la plaine au milieu des plus doux parfums, d'autres fleurs s'éveillent doucement, et déploient leurs voiles légers. L'angrec nocturne, dont la corolle est inodore à la lumière, exhale pendant la nuit l'odeur la plus suave. L'arbre triste des Moluques veille dans les ténèbres, et s'endort à la naissance de l'aurore; tandis que le *mirabilis jalapa* et les *nictantes sambac*, tristes et solitaires, entr'ouvrent leurs calices parfumés, et semblent jouir de la fraîcheur et de la beauté de la nuit. »

8. CLASSIFICATION DES PLANTES. — Il serait impossible de nous reconnaître dans le nombre de 60,000 plantes que l'observation a fait découvrir, si nous n'avions une méthode pour nous diriger parmi une quantité si considérable d'espèces. L'artifice de cette méthode consiste à les distribuer sous quelques chefs principaux qui rappellent leurs caractères essentiels. Suivant le choix des parties des plantes qui ont servi de base à cette distinction, on peut réduire à trois toutes les classifications botaniques : celle de Tournefort, celle de Linné, celle de Jussieu.

9. ORIGINE DES VÉGÉTAUX. — Toutes les productions

qui ornent aujourd'hui nos vergers, nos jardins et
nos serres, ne sont pas nées sur le sol qui leur donne
la vie. Les fleurs qui décorent nos parterres, les fruits
qui garnissent nos tables, quelques-unes des plantes
fécondes et utiles qui donnent un aliment à l'homme,
un puissant auxiliaire à la médecine et à la chirurgie,
ont été importées des diverses parties du monde, et
se sont acclimatées en France et en Europe par les
soins d'habiles agronomes. Nous donnons ci-après la
liste alphabétique de ces produits, avec les noms des
lieux d'où ils proviennent.

L'abricot	provient de l'Arménie.
L'ail	de l'Orient.
Les amandes	de la Mauritanie.
L'anis	de l'Égypte.
L'artichaut	de la Sicile et de l'Andalousie.
L'asperge	de l'Asie.
L'aveline L'aster ou reine-mar- guerite	de la Chine.
Le café	de l'Arabie et des îles Antilles.
Le cacao	du Mexique.
La capucine	du Mexique et du Pérou.
La carotte	de la France.
Le cerfeuil	de l'Italie.
Les cerises	du Pont.
La châtaigne	de Castanca.
Le chou blanc	du Nord.
Le chou-fleur	de Chypre.
Le chou rouge Le chou vert	des Romains qui les avaient reçu d'Égypte.
Le citron	de la Médie.
Les citrouilles	d'Astracan.
Le coing	de l'Asie.
Le concombre	d'Espagne.
Le cresson	de l'île de Crète.
L'échalote	d'Ascalon, ville de Syrie.

L'épinard	de l'Asie-Mineure.
La figue	de la Mésopotamie.
Le fenouil	des îles Canaries.
Le froment	de l'Asie.
Le girofle	des îles Moluques.
La grenade	
Le haricot	} de l'Inde.
Le jasmin	
La laitue	de Coos.
Le laurier	de l'île de Crète.
Les lentilles	de la France.
Le lys	de la Syrie.
Le marronnier sauvage	de l'Inde.
Le melon	de l'Orient ou de l'Afrique.
Le narcisse	de l'Italie.
Les navets	de la France.
Les noisettes	du Pont.
La noix	de l'Asie.
L'œillet	de l'Italie.
Les oignons	de l'Égypte.
Les olives	de la Grèce.
Les oranges	de l'Inde ou de Tyr.
La pêche	de la Perse.
Le persil	de l'Égypte ou de la Sardaigne.
La pomme	de la Normandie.
La pomme de terre	du Brésil Amérique.
La poire	de la France.
La prune	de la Syrie.
Le raifort	de la Chine.
Le raisin	de l'Asie.
Le ricin	des Indes.
Le riz	de l'Éthiopie.
Le sarrasin	de l'Asie.
Le seigle	de la Sibérie.
Le sureau	de la Perse.
Le tabac	de l'Amérique.
Le thé	de la Chine ou du Japon.
Le topinambour	de l'Amérique.
La tulipe	de la Cappadoce.

Ce n'est qu'au moyen de longues expériences, et des soins les plus minutieux et les plus assidus, que toutes celles de ces productions qui n'appartiennent pas à la France ou à d'autres contrées de l'Europe ont pu parvenir à s'acclimater et à reproduire les mêmes espèces. L'art a plus fait encore : il est parvenu à obtenir parmi ces fleurs, ces fruits et quelques-uns de ces légumes, un grand nombre de variétés.

CHAPITRE III

AGENTS DE LA VÉGÉTATION.

1. L'EAU. — L'eau se compose de deux gaz : l'oxygène, qui se trouve aussi dans l'air atmosphérique, et l'hydrogène. Elle est plus utile que la terre même à la vie des plantes : sans elle point de végétation. La chaleur dilate l'eau de manière à l'amener à l'état de vapeur : le froid la condense et la réduit en un corps solide. Nous devons la considérer dans ces divers états. L'eau à l'état de vapeur se répand dans l'atmosphère et est absorbée par les feuilles des végétaux; plus la chaleur est grande, plus l'évaporation est considérable : c'est à peu près elle seule qui maintient la végétation des arbres pendant les longues sécheresses; elle donne naissance aux brouillards, aux nuages; elle cause les rosées, les pluies, pendant la belle saison; la gelée blanche, la neige, la grêle, à l'époque des froids de l'hiver. — L'eau des rosées contient beaucoup d'air. Dans les climats chauds, elle est souvent assez abondante pour tenir lieu d'arrosement, et l'on sait qu'elle est préférable à toute autre pour le blanchiment des toiles. — L'eau des pluies s'imprègne dans l'atmosphère de divers principes fécondants qu'elle ramène en retombant

sur la terre. L'eau des orages active souvent la végétation, soit parce qu'elle est chaude, soit parce qu'elle agit plus puissamment sous l'influence électrique de l'atmosphère.

L'eau solide se présente aussi sous différents aspects. A l'état de givre ou de gelée blanche, quand elle vient intempestivement, elle suffit parfois pour détruire les parties sexuelles des végétaux et annuler la fructification. Les gelés blanches sont surtout destructives lorsqu'elles sont immédiatement frappées par le soleil. Dans ce cas, les petits cristaux de glace qui couvrent les plantes paraissent agir comme des espèces de loupes, en réunissant les rayons solaires, et occasionnent des brûlures dangereuses. La neige, loin d'être nuisible, est au contraire très-utile à l'agriculture. Quand elle reste longtemps à la surface du sol, elle préserve les racines des jeunes plantes de la rigueur des gelées; elle fait périr les insectes et autres animaux nuisibles; on présume même qu'elle empêche l'évaporation des gaz nutritifs qui se trouvent dans la terre, et qu'elle les y retient au profit de la végétation du printemps suivant. La grêle ne séjourne pas ordinairement assez longtemps sur le sol pour produire une partie des bons effets de la neige. Elle n'est que trop souvent un fléau pour l'agriculteur; elle détruit en quelques instants les espérances de plusieurs mois, de plusieurs années même; car les arbres qui en sont frappés restent longtemps improductifs. Les plaies occasionnées par la grêle causent une grande déperdition de séve; elles produisent même des maladies graves lorsqu'on n'a pas soin de les *parer* immédiatement. Parer une plaie, c'est enlever la partie malade avec un instrument bien tranchant, de manière à produire une surface lisse et inclinée sur laquelle ne puisse s'arrêter l'eau des pluies ou des arrosements.

Lorsque l'eau se congèle à la surface de la terre, par suite d'un froid graduel, elle ne nuit en rien aux végétaux de nos climats. Un tel froid est même plus utile que nuisible à tous ceux des zones froides et tempérées. Mais quand le froid vient subitement, alors que les végétaux sont encore pleins d'une séve aqueuse, il porte la mort dans toute l'économie végétale, si l'on n'a recours à de prompts remèdes. ·

2. AIR. — C'est le milieu dans lequel s'élèvent les tiges des végétaux; il pénètre dans tout sol fertile, il est indispensable à l'existence des plantes. Suivant les physiciens, la colonne d'air qui enveloppe la terre a environ 64 kilomètres d'étendue sous l'équateur; il pèse 11 grammes 632 milligrammes les 34 décimètres 277 millimètres cubes; il est susceptible de dilatation, et jouit de la propriété de tenir l'eau en suspension. On a remarqué que les courants d'air étaient ordinairement humides et chauds dans le midi, violents et pluvieux dans l'ouest, secs et froids dans le nord, absorbants et très-vifs dans les régions de l'est. L'*air* est formé d'environ un cinquième d'oxygène, et de près de quatre cinquièmes d'azote; il contient en outre un peu de gaz acide carbonique.

3. GAZ. — L'*oxygène* est un gaz simple, c'est-à-dire indécomposable, qui fait partie de l'eau, de l'air, qui donne naissance aux acides, aux oxydes, qui peut se combiner enfin avec tous les corps susceptibles de combustion. L'oxygène est nécessaire à la germination des plantes. Il se combine avec la partie charnue de la graine pour transformer le carbone en acide carbonique, nécessaire en partie à la nourriture des végétaux à une époque où ils ne peuvent encore vivre qu'aux dépens de leur propre substance. Plus tard ils absorbent encore ce gaz pendant la nuit; mais ils l'émettent sous l'influence solaire.

C'est à lui que l'on attribue la coloration des plantes. Il influe d'une manière remarquable sur la décomposition des engrais.

L'*azote* est aussi un gaz simple. Quoique bien plus abondant que l'oxygène dans l'air atmosphérique, il n'agit pas d'une manière aussi essentielle et à beaucoup près aussi générale. Pur, il est mortel pour les plantes comme pour les animaux.

Le gaz *acide carbonique* est un des plus importants pour la vie des plantes; il se retrouve dans l'eau, dans l'air; il se dégage journellement, à la surface du sol, d'une foule de substances organiques en décomposition; il est enfin le résultat de la respiration des animaux. Cependant ce gaz ne paraît pas augmenter dans l'atmosphère. Par une loi admirable de la nature, il est absorbé pendant le jour par toutes les parties vertes des végétaux, qui deviennent des laboratoires dans lesquels il éprouve une prompte décomposition; le carbone qu'il contenait est retenu pour coopérer à l'accroissement des plantes, tandis que l'oxygène se dégage pour servir à la respiration des animaux, et ceux-ci, à leur tour, le combinent presque en entier avec une partie du carbone de leurs aliments, pour émettre de nouveau du gaz acide carbonique propre à la nourriture des végétaux. En petite quantité, ce gaz est toujours utile à la nutrition des plantes. A trop grande dose, il devient nuisible et même mortel. Combiné avec la chaux, il produit un des meilleurs amendements connus.

4. LA LUMIÈRE. — Ni la lumière ni la chaleur ne sont un flux de particules matérielles; ni l'une ni l'autre ne sortent des corps qui nous éclairent et nous échauffent. Le principe de ces corps, le soleil ne nous *envoie* rien; la lampe qui nous éclaire ne nous envoie pas de lumière; le combustible qui brûle

ne nous envoie pas de chaleur. Qu'est-ce donc que la lumière et la chaleur? De simples mouvements, de pures vibrations, des *ondulations*. Ce fait a été mis hors de doute dans une expérience imaginée par M. Arago, et exécutée en 1850 par M. Léon Foucault. Une conséquence forcée du système de l'émission est que la lumière doit se propager plus vite dans les milieux pondérables que dans le vide, plus **vite** dans l'eau que dans l'air. Cette grande question de la nature de la lumière, débattue depuis deux siècles par les plus grands génies, pouvait donc être réduite à ces termes : la lumière va-t-elle plus vite dans l'air que dans l'eau, ou bien l'inverse a-t-il lieu? Dans le premier cas, la lumière est une ondulation; dans le second cas, la lumière est une vibration.

Rien de plus simple, comme on voit, et il ne s'agissait que d'expérimenter. Mais quand on **réfléchit** que la lumière fait 280,000 kilomètres par seconde, on reconnaît qu'il n'est pas bien aisé de mesurer, dans l'espace étroit d'un cabinet de physique, la différence de vitesse qu'éprouvent deux rayons en traversant, l'un l'air ambiant, l'autre une tranche d'eau de quelques mètres d'épaisseur : il s'agissait d'apprécier un *milliardième* de seconde. Il fallait, par exemple, construire un miroir qui fît sept à huit mille tours sur lui-même en une seconde. Enfin l'expérience faite en 1850 a tranché la question : la lumière est une ondulation, la lumière est le principe de l'organisation, du sentiment et de la pensée. Simultanément avec le calorique, elle contribue à activer la végétation, à colorer, à faire mûrir les fruits, à les rendre plus savoureux. Trop vive, elle nuit à la germination des graines et à la vigueur des plantes.

La lumière artificielle peut, jusqu'à un certain point, remplacer la lumière du soleil. D'après les expériences de MM. Tessier et de Candolle, elle contribue, comme cette dernière, à verdir les végétaux, à les tenir en état de réveil, à causer l'émission du gaz oxygéné et l'absorption du gaz carbonique. Un des résultats les plus curieux de ces expériences fut d'amener les plantes, dans un lieu éclairé artificiellement, à *dormir* lorsque l'on éteignait les lumières, et à se *réveiller* lorsqu'on les rallumait, quoique ces opérations se fissent, la première le matin, et la seconde le soir, de manière, par conséquent, à changer entièrement les habitudes des végétaux. La privation de lumière convient aux végétaux qui vivent sous terre ou dans des cavernes, tels que les truffes, les bissus, etc.; mais ordinairement elle décolore, attendrit les plantes, diminue leur saveur, et les tient dans cet état qu'on appelle leur sommeil; état dans lequel, en effet, leurs feuilles se ferment, s'inclinent en divers sens, et paraissent réellement dans un repos parfait.

5. LA CHALEUR. — Sans elle, l'univers ne serait qu'une masse inerte et sans vie. En pénétrant les corps, elle tend à les dilater; c'est elle qui liquéfie les substances solides, qui gazéifie ou vaporise les liquides. Le calorique existe à l'état *latent* dans les végétaux comme dans les animaux; il agit alors sans manifester sa présence à nos regards et à notre toucher. Non-seulement il est une des causes de la fermentation des substances organiques, dont la décomposition fournit de la nourriture aux végétaux; mais il active et facililite l'ascension de cette nourriture dans les vaisseaux séveux. La chaleur provenant des rayons solaires est favorable ou nuisible à la végétation selon les circonstances. Lorsqu'elle vient graduellement aux époques voulues par la nature pour chaque climat, elle pénètre le sol de proche en proche jusqu'à une profondeur assez considérable, et se conserve dans son sein pendant la saison des frimas. Si à des temps pluvieux et

froids succède tout à coup une température tiède et chaude, la végétation souffre; les arbres perdent leurs feuilles, ils languissent, ils meurent.

Dans une atmosphère privée entièrement de chaleur, il ne pourrait se faire aucune végétation; mais le froid n'est jamais absolu. Nous savons que les végétaux peuvent le supporter dans certaines circonstances jusqu'à trente-cinq degrés, et peut-être plus, du thermomètre de Réaumur. Les racines résistent mieux au froid que les tiges, les arbres résineux mieux que les arbres estivaux; et, parmi ces derniers, ceux dont les bourgeons sont couverts d'écailles, bien mieux que ceux dont les gemma sont à nu. L'expérience nous a appris que le froid peut suspendre l'existence des végétaux ligneux de nos climats au moins vingt et un mois.

6. ÉLECTRICITÉ ET MAGNÉTISME. — L'*électricité* est un fluide impondérable produit par le frottement de certains corps. Quand il y a dans l'air beaucoup d'électricité, les plantes poussent avec une rapidité bien plus considérable que lorsque, toutes circonstances égales d'ailleurs, l'atmosphère est peu électrisée. On a vu un agave croître presque à vue d'œil pendant une journée orageuse; un sainfoin oscillant s'élever de plusieurs centimètres en quelques heures, tandis que le mouvement singulier de ses feuilles était infiniment rapide. Les trop fortes commotions électriques sont aussi nuisibles aux végétaux qu'aux minéraux. Les temps d'orage ne sont même pas sans danger pour certaines cultures; ils annulent, par exemple, en un moment, des récoltes entières de champignons cultivés sur couches.

Le *magnétisme* semble exercer une influence réelle sur les plantes qui, comme les bruyères, contiennent du fer. Pourquoi le cèdre du Liban dirige-t-il toujours sa flèche vers le nord, tandis que beaucoup d'arbres la tournent vers le sud ou l'élèvent perpendiculairement? Nous voyons le résultat sans pouvoir expliquer la cause.

1. Pronostics généraux. — Les phénomènes atmosphériques jouant un grand rôle dans toutes les opérations horticoles, nous croyons devoir réunir ici les remarques et présages qui nous ont paru mériter le plus de confiance, comme résultant d'observations nombreuses et prolongées.

Un automne humide et un hiver doux sont généralement suivis d'un printemps froid et sec qui retarde beaucoup la végétation. Si l'été est très-pluvieux, on doit s'attendre à un hiver rigoureux; car l'évaporation excessive qui a eu lieu a dû enlever à la terre beaucoup de chaleur. Les étés humides font produire beaucoup de graines à l'épine blanche, aux queues de renards et autres plantes : de là l'opinion que leur fécondité annonce un hiver rigoureux. Quand le vent souffle du sud-ouest pendant l'été ou l'automne, que la température de l'air est très-froide pour la saison, et que le baromètre baisse, on doit s'attendre à beaucoup de pluie. Voici les signes que l'on peut tirer du baromètre :

Dans un temps calme, quand l'atmosphère se dispose à la pluie, le mercure descend; quand le temps tourne au beau, le mercure monte; lorsque le baromètre baisse par un temps chaud, cela annonce de l'orage; s'il s'élève en hiver, c'est signe de froid; mais s'il baisse pendant le froid, c'est indice de dégel; s'il continue à s'élever par le froid, cela indique de la neige; si un gros temps est accompagné de la baisse subite du baromètre, il ne sera pas de longue durée; il en sera de même du beau temps accompagné d'une hausse subite; de même, si l'ascension a lieu par le mauvais temps, et continue avec ce mauvais temps pendant deux ou trois jours, attendez un beau temps continu. Mais, si par un beau temps le mercure tombe bas et continue de tomber durant deux ou trois jours, cela présage beaucoup de pluie, et probablement de grands vents. En général le baromètre se tiendra très-bas dans les années et saisons humides, et très-haut dans les années et saisons sèches; il sera plus élevé en hiver qu'en été ; ses variations seront plus grandes dans le passage d'une saison sèche à une saison humide, et elles seront d'autant plus considérables que cette saison sera plus orageuse ou sujette à des ouragans. Quant aux signes tirés de la lune, on a trouvé que la probabilité de changement de temps était : pour la nouvelle lune, comme 6 à un; pour la pleine lune, comme 5 à un; pour le premier et dernier quartier, comme 2 et demi est à un.

2. SIGNES DE VENT. — Les mouvements de l'air qui constituent les vents reçoivent leur dénomination de la partie de l'horizon d'où ils arrivent. Pour les distinguer, on a formé ce que l'on appelle la *rose des vents* (voir la figure), laquelle est divisée en un plus ou moins grand nombre d'*aires* ou *rumbs*. Les principaux coïncident avec les quatre points cardinaux : le Nord, le Sud, l'Ouest et l'Est; les espaces intermédiaires reçoivent le nom de Nord-Ouest, Nord-Est, Sud-Ouest, Sud-Est ; les points entre ces divisions secondaires ont eux-mêmes reçu des noms composés, tels que Nord-Nord-Est, N.-N.-E., Est-Nord-Est, E.-N.-O., etc., etc. Dans nos climats, M. Bouvard, d'après une longue série d'observations, a calculé que la vent souffle 63 jours du Sud, 67 du S.-O., 70 de l'O., 34 du N.-O., 45 du N., 40 du N.-E., et 23 de l'E. ou du S.-E. M. Daniell estime qu'en Angleterre les vents d'Ouest sont à ceux de l'Est dans la proportion de 225 à 140, et les vents du Nord à ceux du Sud

comme 192 à 173. Il résulte des observations faites dans 86 endroits différents, et recueillies par Cotte, que la direction des vents sur les côtes méridionales de la France, est généralement du N.-N.-O. et N.-E.; que, sur les côtes occidentales, elle est O.-S.-O. et N.-O., et que, sur les côtes du Nord, le vent souffle du S.-O.; dans l'intérieur de la France, le vent du S.-O. domine dans 18 lieux, le vent d'O. dans 14, le vent du N. dans 13, le vent du S. dans 6, le vent du N.-E. dans 4, le vent du S.-E. dans 2, le vent d'O. et de N.-O. chacun dans 1. Il paraît certain que, plus on s'éloigne de l'équateur vers les pôles, plus l'irrégularité des vents et des pluies est grande. Dans nos climats, les vents d'Ouest et du Sud amènent en général de la pluie, et ils font aussi baisser le baromètre.

Les vents opposés au cours du soleil présagent le mauvais temps. Si les nuages s'avancent dans une direction différente de celle du vent qui souffle, on peut s'attendre que le vent prendra la direction des nuages. Les vents par secousses ou rafales ne durent pas; les vents constants ou permanents soufflent uniformément. Les bises durables commencent le soir par un temps couvert. Si le baromètre reste bas, la bise sera accompagnée ou suivie de pluie; s'il baisse lorsqu'elle redouble, c'est un signe qu'elle persistera.

Les bises faibles, qui ne soufflent que pendant les matinées, annoncent le vent du sud ou la pluie. Les vent du sud et du sud-est annoncent de la pluie, quand ils cessent de souffler. Le vent du sud qui passe au nord-est est quelquefois constant pendant des mois entiers. Les vents de l'équinoxe (22 mars et 22 septembre) soufflent assez constamment de l'ouest; ils sont impétueux et bouleversent l'atmosphère. Ces vents, particulièrement ceux du printemps, influent sur la température de toute la saison suivante. Les mêmes vents règnent ordinairement pendant six mois.

S'ils sont variables à cette époque, ils le deviennent également pendant cet espace de temps ; et si ces vents dominants sont interrompus dans leur marche par des vents contraires, ce n'est ordinairement que pendant 24 à 48 heures. — *Signes de vent par les oiseaux.* — Les oiseaux de mer et de rivière qui se réunissent sur les rivages et y jouent, surtout dans la matinée ; les oies sauvages qui volent très-haut et en troupes, et qui dirigent leur vol du côté de l'orient ; les poules d'eau qui s'agitent et qui crient ; le lupége qui élève le chant ; le martin-pêcheur qui gagne la terre ; le freux qui s'élance en l'air ou qui voltige sur les rives d'eau douce, et enfin l'apparition de la *malefigie* en mer, sont des avants-coureurs certains des vents violents, et quand cette apparition a lieu de grand matin, elle annonce l'approche d'horribles tempêtes. — *Signes de vent par le soleil.* — Le soleil qui se lève pâle et se couche rouge avec un iris ; qui se lève en présentant une surface plus grande qu'à l'ordinaire, ou le firmament étant rouge au nord ; qui se couche avec une couleur sanguine, ou avec un ou plusieurs cercles noirs, ou bien accompagné de raies rouges ; quand il paraît concave ou creux, qu'il paraît se partager ; tout cela annonce de grands orages. Les parhélies ou faux soleils ne paraissent jamais sans être suivies de tempêtes. — *Signes de vent par la lune.* — Quand la lune paraît fort grossie, qu'elle montre une couleur rougeâtre, que ses cornes sont pointues et noirâtres, qu'elle est environnée d'un cercle clair et rougeâtre, cela indique du vent. — *Signes de vent par l'atmosphère.* Les nuages, lorsqu'ils fuient légèrement, qu'ils se montrent subitement au sud ou à l'ouest, qu'ils sont rouges ainsi que le ciel, notamment le matin, sont des indices de vent. — Une giboulée subite, après un grand vent, est un indice certain que la tempête approche de sa fin, d'où ce dicton populaire : *Petite pluie abat grand vent.* On peut encore regarder comme des signes certains de la fin d'un grand vent, des ondées entremêlées de bourrasques.

3. SIGNES DE PLUIE. — Si les objets éloignés paraissent plus grands et plus nets qu'on ne les voit ordinairement, s'ils paraissent cachés dans un air vaporeux, signe de pluie. Si le son des cloches et des instruments de musique, les cris de l'homme, l'aboiement des chiens, sont plus clairs, signe de pluie. Gelée blanche le matin, pluie le soir. L'abaissement de la température, la diminution de pesanteur et de densité de l'air atmosphérique, les mouvements imprimés à ses couches par les vents et les courants, les nouvelles combinaisons des gaz, les variations de la chaleur et de l'électricité, sont autant de causes et de signes de pluies prochaines. Si les étoiles paraissent plus grandes qu'à l'ordinaire, et plus près les unes des autres, si elles paraissent plus scintillantes, c'est un signe de changement de temps ; si elles perdent de leur clarté et de leur scintillation, signe d'orage. Les nuages qui augmentent d'épaisseur et d'étendue, signe de pluie ; s'ils diminuent dans le même sens, signe de beau temps. Air chaud le soir, et en même temps nuages qui s'accumulent en masses grises et noirâtres, signe de grande pluie, averse. Le ciel pommelé et panaché ne donne que des pluies légères et de peu de durée. Les nuages formés tout à coup au milieu d'un ciel pur et par un temps chaud sont des signes d'orage. — *Signes de pluie par les animaux.* Les oiseaux aquatiques quittent la mer pour venir à terre ; les oiseaux de terre, notamment les oies, les canards, gagnent l'eau en volant. Les corbeaux et les corneilles paraissent tout à coup et disparaissent en troupes ; les pies et les geais s'attroupent et jettent de grands cris. Les oiseaux apprivoisés se roulent dans le sable et secouent leurs ailes ; l'alouette et les moineaux

chantent très-matin; le pinson fait entendre son cri de bonne heure près des maisons, etc., etc. — Les ânes braient plus que de coutume; les bœufs ouvrent leurs naseaux et regardent du côté du sud, se couchent et se lèchent; les chevaux hennissent et gambadent; les chats nettoient leur face et leurs oreilles; les chiens grattent la terre avec ardeur, et un grand bruit se fait entendre dans leur ventre; les rats et les souris font plus de bruit que de coutume, etc. — Les grenouilles et les crapauds croassent dans les fossés; les vers sortent de terre en abondance; les araignées tombent de leurs toiles; les mouches sont incommodes et inquiètes; les fourmis regagnent leurs fourmilières; les abeilles se rendent dans leurs ruches et n'en sortent point; les moucherons bourdonnent plus qu'à l'ordinaire. Mais si les cousins et les moucherons paraissent en plein air, ou si les frelons, les guêpes et les vers luisants paraissent le soir en abondance, si l'on voit des toiles d'araignées dans l'air ou sur l'herbe, tout cela dénote le beau temps et la chaleur. — *Signes de pluie par le soleil.* Quand le soleil se lève obscur et nébuleux; qu'il se lève rouge, avec des taches noires où vont se perdre ses rayons; que sa couleur est sombre et pâle; qu'il se lève rouge et prend une teinte noirâtre; qu'il se couche sous un nuage épais, ou le ciel étant fortement coloré à l'est, ce sont des signes de pluie. Les pluies subites ne durent jamais longtemps; mais quand l'air s'épaissit par degrés, que le soleil, la lune et les étoiles paraissent de plus en plus pâles, alors la pluie dure, d'ordinaire, six heures de suite. — *Signes de pluie par la lune et les étoiles.* Lorsque le disque de la lune est pâle, cela annonce la pluie; il en est de même lorsque les extrémités de son croissant sont émoussées à sa première apparition ou deux ou trois jours après le changement de lune : c'est signe de pluie pour le premier quartier, mais de beau temps pour les trois autres. Le cercle autour de la lune, accompagné d'un vent du midi, annonce la pluie pour le lendemain. Lorsque le vent est sud, et que la lune n'est visible que la quatrième nuit, cela annonce beaucoup de pluie pour le mois. La pleine lune d'avril, la nouvelle et la pleine lune d'août amènent presque toujours de la pluie. Les étoiles fournissent aussi des indices : lorsqu'elles paraissent grossies et pâles, que leur scintillement est imperceptible, ou qu'elles sont environnées d'un cercle, c'est signe de pluie. Dans l'été, quand le vent souffle de l'est, et que les étoiles paraissent plus grandes que de coutume, alors attendez-vous à une pluie soudaine.

Signes de pluie par les végétaux. — Le liseron des champs, le mouron des champs, le souci pluvial et beaucoup d'autres plantes, ferment leurs fleurs aux approches de la pluie, ce qui a même fait appeler le mouron *baromètre du pauvre homme.*

Signes de grêle et de neige. — Les nuages d'un blanc jaunâtre et qui marchent lentement, quoique le vent soit fort, sont un signe certain de grêle. Si, avant le lever du soleil, le ciel vers l'est est pâle, et si les rayons réfractés se montrent dans des nuages épais, attendez alors de grands orages avec grêle. Les nuages blancs, dans l'été, sont signe de grêle, mais dans l'hiver, de neige, surtout quand l'air est un peu adouci. Au printemps et dans l'hiver, quand les nuages sont d'un blanc bleuâtre et s'étendent beaucoup, on doit attendre du grésil, qui n'est autre chose qu'un brouillard congelé.

Signes de sécheresse —Le beau temps pendant une semaine, si le vent pendant ce temps ne cesse d'être du midi, est généralement suivi d'une grande sécheresse. Lorsque le mois de février est très-pluvieux, il en est de même du printemps et de l'été ; mais s'il est tout à fait beau, attendez-vous qu'une sécheresse s'ensuivra.

Signes d'orage. — Quand le temps est étouffant et que le sol se fend, c'est toujours un présage que l'orage est proche; dans l'été, quand le vent à soufflé du sud pendant deux ou trois jours, que le thermomètre est élevé, et que les nuages forment de grands amas blancs, comme des montagnes qui s'entassent les unes sur les autres, accompagnés de nuages noirs en dessous, attendez de la pluie ou du tonnerre; si deux nuages de cette espèce apparaissent de deux côtés, il est temps de chercher un abri, car l'orage approche. On a observé que c'est le vent du sud qui amène le plus d'orages, et le vent d'est qui en amène le moins.

4. SIGNES DE FROID. — Les vents du nord et de l'est, l'abaissement du thermomètre, annoncent toujours le froid après le 15 octobre : ces circonstances atmosphériques sont accompagnées de gelées plus ou moins fortes. Neige fine et sèche (grésil), signe de continuation du froid. Neige en cristaux réguliers, signe de grand froid. Neige floconneuse, légère, à cristaux irrégulièrement groupés, signe de diminution du froid. Elle tombe presque toujours sous cette forme à Paris, et dans les basses régions de l'atmosphère. Quand, après plusieurs jours de gelée, le froid devient extrême, c'est l'annonce d'un prompt dégel, qui commence ordinairement par un brouillard épais. Quelquefois le dégel est encore annoncé par la netteté et le scintillement des étoiles et par un givre abondant. Les vrais dégels sont ordinairement accompagnés de pluie ou de grand vent. Le gel et le dégel se manifestent dans l'atmosphère de haut en bas.

5. SIGNES DE BEAU TEMPS *par les oiseaux.* — Les alcyons, les canards de mer qui quittent la terre et qui gagnent la mer à tire d'aile; les milans, les hérons,

les butors et les hirondelles qui volent haut et dont les cris sont perçants; les vanneaux qui s'agitent et font du bruit après le lever du soleil et qui crient; les moineaux qui s'agitent; les corbeaux, les faucons et les crécerelles, dont le cri est aigu, dès le matin; les alouettes qui s'élèvent très-haut et dont le chant est bruyant et redoublé; le rouge-gorge qui vole haut et dont le chant est perçant; le hibou qui a un chant clair et répété, la chauve-souris qui se montre de grand matin, annoncent le beau temps.

Signes de beau temps par le soleil, la lune et les étoiles. — Le soleil qui se lève clair, qui s'est couché clair la veille, qui se lève tandis que les nuages autour de lui sont chassés vers l'ouest ou qui est entouré à son lever d'un iris, qui se dissipe en même temps de tous côtés, annonce un temps beau et certain; quand le soleil se lève clair sans grande chaleur, qu'il forme des nuages rouges, il en est de même. On regarde comme signes de beau temps quand les taches de la lune sont bien visibles, qu'un cercle brillant l'entoure lorsqu'elle est pleine. Ses cornes sont-elles pointues le quatrième jour, c'est du beau temps jusqu'à la pleine lune; son disque bien brillant trois jours après le changement de lune et avant qu'elle soit pleine, dénote toujours le beau temps. Après chaque nouvelle ou pleine lune, il y a presque toujours de la pluie suivie d'un beau temps. Quand les étoiles se montrent en grand nombre, sont brillantes et étincelantes du plus vif éclat, c'est signe de beau temps dans l'été et de froid dans l'hiver.

TITRE II

PRÉPARATION DU SOL

CHAPITRE PREMIER

OUTILS, INSTRUMENTS ET USTENSILES DE JARDINAGE

1. OUTILS. — Avant de nous occuper des travaux de préparation du sol, nous croyons nécessaire de donner la nomenclature des outils, instruments et ustensiles employés dans le jardinage. Ils sont nombreux; mais nous ne mentionnerons que ceux regardés comme indispensables par la petite et la moyenne culture.

1° Viennent d'abord les *outils de défonçage*. On les emploie pour défoncer, ameublir, mêler ou épurer les terrains, afin de les rendre perméables aux agents de la végétation et aux racines des plantes qui doivent y être cultivées. Ce sont : 1° les *pics*, employés plus particulièrement pour la culture des végétaux ligneux sur les coteaux, tels que le *pic à taillant et à marteau*, employé à couper les pierres calcaires tendres et à les casser, pour la plantation de la vigne et des arbres; 2° les *pioches*, outils de défonçage des terrains, parmi lesquels la *pioche ovale*, propre à faire des fossettes sur les coteaux pierreux pour provigner la vigne, et la *pioche à pic* pour défricher les terrains rocailleux; 3° les *pelles*, parmi lesquelles la *pelle ordinaire*; 4° les *écopes*, outils propres à jeter l'eau, pour lesquels l'*écope ordinaire*, employée à vider les eaux amassées dans les fouilles, arroser les gazons dans le voisinage des bassins et les légumes chez les maraîchers.

2. Les *outils de plantation* sont propres à circonscrire, dresser, niveler les terrains et faire les repiquages des plantations des végétaux qui doivent les occuper. Ce sont : 1° les *jalons*, outils de nivellement de la surface des terrains : ils consistent en piquets plus ou moins longs, amincis par le bas, et terminés par le haut de manière à maintenir un carré de papier, de carton, de bois peint, etc., propre à fixer l'œil le plus sûr et le plus solidement; 2° le *jalon à mire en bois*.

3. Les *piquets*, utiles pour assurer la régularité de distribution des terrains. On distingue les *piquets pour les angles*, de forme triangulaire, et les *piquets pour les places*. De menus branchages droits suffisent ordinairement pour l'emploi momentané de ces derniers, n'ayant pour but que de régulariser les repiquages et petites plantations pour l'utilité et l'agrément; 3° les *maillets*; 4° les *cordeaux;* 5° les *traçoirs*, briquettes ou manches plus ou moins longs, mais toujours légers, terminés par une ou plusieurs pointes de bois ou de fer; 6° les *plantoirs*.

4. Les *outils de culture* sont employés pour retourner la terre, briser les mottes, les émietter et la mêler avec les engrais ou les amendements, pour extraire les racines et les autres corps étrangers nuisibles aux cultures. Ce sont : 1° les *houes*; 2° les *bêches*, parmi lesquelles la *bêche ordinaire*, seule employée à Paris et dans les environs pour les labours des divers jardins, et la *bêche picarde* ou *louchet*; elle ne diffère de la précédente que par la forme arquée du coupant de la partie inférieure du fer; 3° les *béchettes*, outils de petite culture, propres à labourer entre les lignes de jeunes arbres et de plantes très-rappro-

chées les unes des autres, pour ne pas nuire à leurs racines ; 4° les *houlettes*, propres à lever des plantes à la campagne pour les planter dans les jardins ; 5° les *déplantoirs*, outils de fleuristes, employés plus particulièrement pour les végétaux rares que l'on veut transporter d'un lieu dans un autre pendant la durée de la végétation ; 6° les *binettes*, propres à fixer les cultures, planter des pommes de terre, semer les graines farineuses, etc. ; 7° les *serfouettes*, propres à serfouer ou ameublir la terre autour de jeunes plants, à faire périr les mauvaises herbes et les enlever ; 8° les *pinces*, outils en bois, parmi lesquelles la *pince ordinaire* ou *à chardons*, pour enlever, avec leurs racines, des chardons et les plantes à racines pivotantes et traçantes qui nuisent aux récoltes des céréales, et la *pince à bec denté*, perfectionnée, pour atteindre plus sûrement le même but; 9° l'*échardonnoir*, sorte de houlette à long manche, employée à couper entre deux terres les chardons et autres plantes nuisibles; 10° les *fourches*; 11° les *crocs*, propres à façonner les terres après les labours, casser les mottes, enlever les chiendents et remuer les fumiers. Il est bon de tracer sur le manche de certains un mètre avec ses subdivisions.

5. Les *outils d'entretien* sont les *ratissoires*, le *grattoir*, les *râteaux*, les *balais*, le *tranche-gazon*, les *battes*, pour affermir les plaques de gazon qui viennent d'être appliquées et chevillées sur les talus en pente rapide; les *rouleaux*, pour unir et affermir les terres nouvellement semées et les très-jeunes semis menacés d'être détruits par le hâle ou la sécheresse.

1. INSTRUMENTS ET USTENSILES. — On distingue d'abord les *instruments de coutellerie*. Ce sont : 1° les *couteaux*, parmi lesquels le *couteau à rempotage*, employé à trancher les mottes de terre et le chevelu des

racines de plantes qu'on change de pots; le *couteau à asperges*, utile pour couper les asperges à la profondeur convenable dans le sol; le *couteau à œilletonner*, instrument de bois propre à détacher de leurs mères racines les œilletons d'artichauts et d'autres plantes, afin d'éviter les effets nuisibles de l'oxyde métallique sur ces jeunes bourgeons herbacés; 2° les *serpettes*; 3° les *sécateurs* ou ciseaux à greffer, employés pour greffer les rosiers et autres arbustes très-épineux. Ils se ferment, et s'attachent à la veste de l'ouvrier, pour lui laisser les mains libres; 4° l'*ébourgeonnoir*, propre à couper, hors la portée de la main, les bourgeons et les rameaux qui croissent sur les troncs des arbres; 5° les *greffoirs*, instruments de pépiniéristes; 6° les *scies*, dont la *scie à main ordinaire* et la *scie en couteau*; 7° les *serpillons*, employés à la taille des raisirs ou à la taille des arbres fruitiers; 8° les *échenilloirs*.

2. Les *instruments de taillanderie* sont les *serpes, couperets, haches, cognées, griffes, tire-fond, sabre à tontures, croissants*, etc., peu usités dans la petite culture; les *ciseaux de jardin*, les *émoussoirs*, etc.

Les *instruments forgés* sont les *faucilles*, parmi lesquelles la *faucille ordinaire* et la *faucille dentée*; les *fauchettes*, les *fauchons*, les *faux*, instruments de grande culture, etc.

3. USTENSILES. — On remarque dans cette section les *ustensiles de préparation des cultures*, tels que : 1° les *claies*, propres à nettoyer les terres des pierres, racines et autres corps étrangers qu'elles renferment, et à les rendre propres aux cultures; également employées pour les mêler, et composer celles qu'on emploie pour les végétaux étrangers cultivés dans des vases; 2° les *tamis*, remplaçant les claies pour épurer et mélanger de petites quantités de terre,

utiles aux cultures soignées qui se font dans les pots;
3° les *étiquettes*, etc.

Les *ustensiles de conservation des plantes* sont :
1° les *pots*; 2° les *vases*; 3° les *terrines*; 4° les *caisses*; 5° les *mannequins*, sortes de paniers d'osier
grossièrement façonnés, tels que le *mannequin à
poisson*, pour recevoir, pendant quelques mois, des
plantes et arbustes qu'on se propose de planter, à
contre-saison, en pleine terre, aux places qu'on leur
destine, et le *mannequin à huîtres* ou *cloyère*, que
l'on emploie au même usage que le précédent, pour
de plus forts individus et, de plus, pour recevoir les
feuilles sèches, le court fumier et la vieille tannée,
dont on couvre les pieds d'artichauts et les racines
des plantes délicates, afin de les préserver des gelées; 6° les *cloches*, telles que la *cloche à la marat-
chère* et la *cloche à facettes*, employées à la culture
des melons, des concombres, laitues et autres salades de primeur, et aux semis printaniers de fleurs et
de plantes étrangères, sous les zones froides et tempérées de l'Europe : elles abritent les plantes du
froid, fournissent de la chaleur et hâtent la végétation; 7° les *paillassons*, employés pour abriter les espaliers, les châssis et les vitraux : il y a le *paillasson
plein* et le *paillasson à claire voie*; 8° les *nattes*, qui
peuvent remplacer les paillassons; 9° les *hottes*, telles
que la *hotte-mannequin* et la *hotte à bras*; 10° les *paniers*; 11° les *échelles*, dont les plus usitées sont l'*é-
chelle à arc boutant* et l'*échelle à trois branches*; 12° les
tuteurs, tels que les baguettes à *œillets*, pour soutenir les tiges des plantes d'agrément; les *perches*, les
rames, branches garnies de leurs rameaux et ramil-
les, employées à soutenir les haricots, les pois et autres plantes grimpantes; les *échalas*; les *éventails*,
servant à palisser et à disposer en éventail les branches et rameaux des plantes et des arbustes qu'on

cultive dans des vases, et qu'on rentre l'hiver dans des serres. Ce sont de petits espaliers portatifs, aussi propres à conserver les arbrisseaux qu'à les rendre agréables.

Les *ustensiles de conservation des produits*, employés à préserver les fruits des animaux qui les mangent, sont : 1° les *canevas*; 2° les *filets*; 3° les *sacs à fruit*, etc.

Les *ustensiles de multiplication*, pour multiplier les végétaux par les semis et les marcottes, sont : 1° les *caisses à semis;* 2° les *terrines à semis*; 3° les *vases à marcottes*, en terre cuite, à pièce de rapport.

Les *ustensiles propres à faciliter diverses opérations de culture* sont : 1° les *arrosoirs;* 2° les *seringues;* 3° les *pompes;* 4° les *soufflets*, parmi lesquels les *soufflets à fumigation* et les *soufflets à soufrer* les plantes et la vigne; 5° les *piéges à taupes*; 6° les *seaux*, etc.; 7° les *vans*; 8° les *pressoirs*; 9° les *cribles*.

Les *machines*, parmi lesquelles nous ne citerons que les *brouettes*, en distinguant la *brouette à civière* et la *brouette à claire voie*, terminent cette nomenclature, dans laquelle nous nous sommes abstenu de faire entrer les appareils employés uniquement dans les grandes exploitations.

CHAPITRE II.

TRAVAIL PRÉPARATOIRE DU SOL.

1. DISPOSITION DU JARDIN. — Comme on n'a pas toujours le terrain que l'on désire, il faut que l'art supplée à la nature, et, pour la maîtriser, il en coûte quelquefois beaucoup. Pour le jardin potager, l'inspection des racines décide la nature et la profondeur du sol qui leur convient. Les plantes potagères sont ou à racines fibreuses ou à racines pivotantes. Il est clair que les premières n'exigent pas un grand fond

de terre, puisque leurs racines ne s'enfoncent qu'à quelques centimètres de profondeur. Les secondes au contraire, demandent une terre qui ait du fond et soit un peu tenace. Sans l'une et l'autre de ces conditions, elles ne pivoteront jamais bien. Or, si le terrain n'est pas préparé par les mains de la nature, il faut le préparer soi-même, ou renoncer à une bonne culture. Afin de diminuer les frais, le propriétaire destinera une partie de son terrain aux plantes à racines fibreuses, et l'autre aux racines pivotantes, et lui donnera, par le travail ou par le mélange des terres, la profondeur convenable. Mais la plupart du temps le travail est long, pénible, très-dispendieux, et souvent trop au-dessus des moyens du cultivateur ordinaire; celui qui se trouvera dans ce cas, doit se résoudre à ne défoncer ou à ne mélanger chaque année qu'une étendue proportionnelle à ses facultés. Il n'est pas possible d'attendre aucun succès, si on rencontre une terre argileuse; la préparation qu'elle demande coûterait plus que l'achat du sol. Lorsque le local ou la nécessité contraignent à la travailler, la seule ressource consiste à y transporter beaucoup de sable fin, des cendres, de la chaux, de la marne et toutes sortes d'herbes, afin d'en diviser les pores. Malgré cela, ce ne sera qu'après la troisième ou la quatrième année que l'on commencera à jouir du fruit de ses travaux.

Après avoir reconnu la qualité de la couche supérieure jusqu'à une certaine profondeur, on doit s'assurer de la valeur de la couche inférieure. Si celle-ci, par exemple, est sablonneuse, elle absorbe promptement l'eau de la supérieure, et le jardin exigera de plus fréquents arrosements. Si, au contraire, elle est argileuse, il ne sera pas nécessaire d'arroser autant pendant l'été; mais, dans la saison des pluies, il est à craindre que les plantes ne pourrissent, à moins que l'on n'ait recours au drainage.

Longtemps avant de tracer le plan d'un jardin, on doit avoir examiné mûrement les avantages et les inconvénients du local, la position de l'eau, la facilité dans sa distribution, la commodité pour les charrois, le transport commode et le lieu de dépôt des engrais; enfin la position où seront construits le logement du jardinier, le hangar destiné à mettre à couvert les instruments aratoires, et le terrain destiné au placement des couches, des châssis, des serres, etc., suivant l'objet qu'on se propose.

2. ÉPIERREMENT. — Le plan et le local une fois décidés, et le jardin tracé, il ne s'agit plus que de défoncer le sol, afin que dans la suite on soit en état de le travailler partout également. Si un particulier aisé entreprend la confection d'un jardin, il doit ouvrir des allées de communication entre chaque grand carreau; celle du milieu, et qui correspond à l'entrée, sera la plus large. Le jardin de l'humble maraîcher n'a pas besoin de cet agrément; son but capital est de profiter de plus de superficie qu'il est possible. Les allées tracées, on enlèvera la couche supérieure de terre, et on la mettra en réserve, suivant que le terrain total sera pierreux; on excavera les allées, afin de recevoir les pierres et les cailloux qui se présenteront lors de la fouille générale. Le point essentiel est de prendre si bien ses précautions, qu'on ne soit jamais obligé de manier ou transporter deux fois la même terre. Si le sol est marécageux ou simplement humide, ces pierrailles deviendront de la plus grande utilité, et serviront à établir des aqueducs, ou filtres, ou écouloirs souterrains, qui transporteront les eaux au dehors de l'enceinte. La fouille du total, ou seulement de quelques parties de l'emplacement, doit être de trois pieds de profondeur. Il est bon, dans la fouille partielle ou totale du sol, de comprendre celui sur lequel les allées sont ou doivent être tra-

eées, autrement les allées seraient plus basses que les planches ou carreaux et inondées dans les temps pluvieux. On comblera les tranchées où seront établies les allées avec les pierrailles enlevées lors de la fouille générale, et l'on répandra la bonne terre sur les carrés.

3. Défoncement du sol. —Tout étant disposé pour commencer les tranchées sur la longueur ou sur la largeur d'un carré, on commence par enlever la terre de la première fouille d'un mètre de profondeur sur un mètre et demi de largeur, et on la porte à l'autre extrémité du carreau. Les brouettes sont très-commodes pour l'opération ; d'ailleurs elles peuvent être conduites par des femmes ou par des jeunes gens, dont les journées sont de moitié moins chères que celles des hommes, et elles font autant d'ouvrage. On peut encore se servir de tombereaux. La première tranchée ouverte et la terre enlevée, les ouvriers commencent la seconde et en jettent la terre derrière eux s'ils se servent de pioches ou de tels autres instruments recourbés, en observant que la terre de dessus soit retournée et forme le dessous. Au contraire, si l'ouvrier travaille avec la bêche, il va à reculons et jette devant lui et dans le creux la terre qu'il soulève avec cet outil. Dès que le sol n'est pas pierreux, on préférera la bêche à tout autre instrument, parce que la terre est mieux et plus régulièrement divisée, émiettée et nivelée. L'ouvrier continue ainsi son travail jusqu'à ce qu'il parvienne à l'extrémité du carré ; là il rencontre la première terre transportée, qui lui sert à remplir le vide formé par la dernière tranchée ; alors le carré est complétement défoncé, et sa superficie se trouve de niveau. Plusieurs particuliers couvrent de fumier la superficie du sol à défoncer. On ne voit pas le but de cette opération, à moins que le terrain ne soit destiné à être

tout à la fois et légumier et fruitier. Dans ce cas, l'engrais servira et favorisera l'accroissement des racines des arbres qu'on doit planter ; mais dans un simple potager, les racines des plantes n'iront jamais chercher la nourriture à un mètre de profondeur ; ni aucun travail, à moins qu'il ne soit semblable au premier, ne ramènera cet engrais à la superficie. Si les tranchées ont été bien conduites, la terre de la superficie, une fois retournée, doit occuper le fond de la tranchée, et celle du fond le dessus.

A quelle époque doit-on commencer à ouvrir les tranchées? Cette opération dépend des saisons, du climat, de la nature du sol et de l'époque à laquelle les ouvriers sont le moins occupés. Dans les départements méridionaux, il convient de commencer l'opération à la fin de l'hiver, afin que la terre ait le temps de s'approprier les influences de l'atmosphère, et d'être pénétrée par la lumière et la chaleur vivifiante du soleil d'été ; on pourrait encore commencer à semer et à planter les légumes pour l'hiver suivant ; il est bon cependant d'observer qu'il vaudrait mieux cependant donner quelques coups de charrue pendant l'été, afin de détruire les mauvaises herbes, que de trop tôt se hâter de semer et de planter. Dans les départements du Nord, l'automne est la saison favorable ; la terre n'est ni trop sèche ni trop mouillée. Dans quelque climat que l'on habite, on doit consulter les circonstances. L'hiver et les glaces produisent dans le Nord un effet opposé à celui des départements méridionaux : ils soulèvent le terrain et l'émiettent ; mais les pluies et la fonte des neiges le tassent et le plombent trop vite.

Si l'on ne plante pas d'arbres fruitiers, la tranchée de 65 centimètres est suffisante, parce qu'on ne connaît pas de légume à racine pivotante qui plonge au-delà de cette limite. Si la fouille a été faite immédiatement avant l'hiver, il est à propos de couvrir le sol avec du fumier bien consommé, afin que les pluies, les neiges le détrempent et imbibent la terre de sa graisse. Si, au contraire, la fouille a été faite pendant l'hiver, il convient d'enterrer le fumier à quelques centimètres de profondeur, afin que l'ardeur du soleil et le courant d'air ne détruisent et ne fassent pas évaporer ses principes vivifiants. Ce qu'on vient de dire suppose qu'on n'a pas la puérile envie de jouir du terrain aussitôt après que le travail est fini. Il faut que la terre de dessous, ramenée à la superficie, ait eu le temps d'être travaillée et pénétrée par les influences atmosphériques. On éloigne, il est vrai, le moment de jouir, mais on jouit ensuite bien plus sûrement.

Jusqu'à présent tout a été du ressort des manœuvres, des journaliers; ici commence le travail du jardinier. Il sous-divise ses carrés en planches, et dispose le local des petits sentiers de séparation. Si le jardin doit être arrosé par irrigation, il trace le plan des rigoles et celui des plates-bandes; en un mot, il prépare le terrain pour recevoir des plants enracinés, ou les semences. Le simple jardin potager ne demande aucune étude; des carrés plus ou moins allongés sont tout ce qu'il exige. C'est la commodité, la facilité dans le service, dans l'arrosement, le transport du fumier qu'il faut se procurer par-dessus tout; enfin ne rien négliger de ce qui tend à simplifier le travail et à diminuer les frais de main-d'œuvre. C'est là le premier bénéfice. Il nous reste encore une question à examiner. Les fouilles ou tranchées plus ou moins profondes sont-elles indispensables dans tous les cas, lorsqu'il s'agit de créer un jardin? Elles sont très-utiles en général, mais elles ne sont pas toujours d'une nécessité absolue. Cette distinction tient à la qualité du sol; en effet, si la couche de terre

est par elle-même profonde, meuble, riche, si elle ne
retient pas trop d'eau, à quoi serviraient les grandes
tranchées? Si le sol est naturellement composé d'un
sol gras et fertile, les fouilles le rendront d'un côté
plus perméable à l'eau, et de l'autre plus susceptible
d'évaporation. Les fouilles ont pour but de faciliter
le pivotement et l'extension des racines, et dans
les deux cas cités, rien ne s'oppose à leur développement. Les grandes fouilles sont donc très-inutiles :
il suffit avant de tracer le jardin, d'égaliser le terrain
à la charrue, afin d'enlever les broussailles, les
touffes d'herbe, et de passer ensuite la herse sur
deux labours croisés, afin de niveler et d'égaliser le
terrain. On parviendra par cette méthode à tracer
facilement les allées, et la plus légère raie les dessi-
nera et les séparera à l'œil du sol destiné à former
les carrés, les plates-bandes, etc.

CHAPITRE III.

DRAINAGE.

1. HISTORIQUE. — Un agronome distingué a dit :
« Prenez ce pot de fleurs; pourquoi ce petit trou au
fond? Je vous demande cela parce qu'il y a toute
une révolution agricole dans ce petit trou. Il permet
le renouvellement de l'eau, l'évacuant à mesure. Et
pourquoi renouveler l'eau? Parce qu'elle donne la
vie ou la mort : la vie lorsqu'elle ne fait que traverser
la couche de terre, car d'abord elle lui abandonne
les principes fécondants qu'elle porte avec elle; ensuite elle rend solubles les aliments destinés à nourrir la plante; la mort, au contraire, lorsqu'elle
séjourne dans le pot, car elle ne tarde pas à se cor-
rompre et à pourrir les racines, et puis elle empêche
l'eau nouvelle d'y pénétrer. Le drainage n'est que ce

petit trou du pot de fleurs ménagé dans tous les champs. » Cette citation nous présente le drainage dans toute sa simplicité. Enlever les eaux stagnantes, procurer un rapide écoulement à l'eau du sol en excès, arrêter l'ascension des eaux provenant du fond : tel est le but de ce travail. Soustraire les plantes utiles à une trop grande humidité défavorable à leur accroissemeut, augmenter la fertilité du sol, modifier et approfondir la couche arable, améliorer l'état sanitaire de la contrée, diminuer les frais d'exploitation : tels sont ses principaux résultats.

La présence d'une trop grande quantité d'eau est d'ailleurs d'un funeste effet. Il est reconnu que l'insuffisance de production a presque toujours coïncidé avec les saisons pluvieuses. Les terres, très-fertiles pendant les années suffisamment sèches, ont été d'une stérilité remarquable lors de pluies très-abondantes. On voit donc combien cette question du desséchement et de l'assainissement des terres est importante. Des hommes distingués ont aussi trouvé un autre avantage au drainage. D'après eux, au nombre de ses conséquences heureuses il faut joindre la libre circulation de l'air dans les couches inférieures de la terre, circulation qui permet aux matières organiques et autres que renferment ces couches de s'oxygéner, d'éprouver des réactions, des transformations tout à fait favorables à la végétation. Comprise de cette façon, la théorie du drainage est, pour ainsi dire, un labour souterrain, puisque la charrue et les autres instruments aratoires ont pour objet de faire pénétrer dans la couche arable du sol l'oxygène et les agents de fécondation renfermés dans l'atmosphère. On n'a pas à craindre que pendant les chaleurs excessives et les sécheresses prolongées, les terres soient privées, par un desséchement forcé, de l'humidité qui leur est alors si nécessaire. Il est constaté, en effet, par les agriculteurs, habitués à observer les effets du desséchement des terres sur *la* végétation, que le terrain le plus sec et le plus difficile à travailler l'été est celui qui, l'hiver, ne peut laisser écouler les eaux qui le saturent. Même dans les terrains les plus sablonneux, la végétation est aussi belle, peut-être même plus riche, sur les bordures d'un fossé, qui pourtant devraient les dessécher. Le sol le plus perméable, le plus exposé aux vents et à l'ardeur du soleil, celui à travers lequel les eaux pluviales peuvent s'infiltrer avec plus de facilité, est sans contredit formé de dunes de sable; cependant elles conservent une fraîcheur suffisante à la végétation des plantes qui y croissent. Que devons-nous conclure de ces faits, sinon que le drainage ne peut être contraire à une terre? Jamais, en effet, il n'enlèvera que l'eau superflue. Les terres sèches de leur nature seront profondément remuées ; elles deviendront plus poreuses et plus propres à amasser de l'humidité. Ainsi on obtiendra ce double but : dessécher les terres pendant l'hiver et leur donner de la fraîcheur pendant l'été. Le drainage n'est pas, du reste, une question nouvelle. Les anciens le pratiquaient avec intelligence et succès.

2. Opérations. — L'excellence du drainage consiste dans la connaissance de la nature du sol. Pour bien drainer, il faut en quelque sorte tâter le pouls de la terre. On reconnaît, à certains signes extérieurs, qu'une terre a besoin d'être *drainée :* partout où quelques heures après une pluie, on aperçoit de l'eau qui séjourne dans les sillons; partout où la terre est forte, grasse, et où elle s'attache aux souliers, où le pied, soit des hommes, soit des chevaux, laisse après son passage des cavités où l'eau séjourne, comme dans de petites citernes; partout où le bétail ne peut pénétrer, après un temps pluvieux, sans enfoncer dans une sorte de boue; partout où le soleil formera sur la terre une croûte dure, légèrement fendillée, resserrant comme dans un étau les racines des plantes; partout où l'on voit les dépressions du terrain notablement plus humides que le reste des terres trois ou quatre jours après les pluies; partout où le bâton enfonce dans le sol à une profondeur de 40 à 50 centimètres et rencontre l'eau, le drainage est nécessaire. On établit une suite de fossés ou *drains* de 1 mètre 20 à 1 mètre 30 cent. de profondeur, avec une largeur de 0 mètre 50 ou 0 mètre 60 en gueule, et 0 mètre 70. Pour placer les tuyaux, trois hommes se dirigent à la partie la plus élevée des fossés; l'un commence à placer les tuyaux, l'autre les dame en dessous et au-dessus, et le troisième sert les deux autres. Les tuyaux sont mis bout à bout dans le fond des fossés et rapprochés autant que possible; les joints sont couverts de tessons, de vieilles tuiles et de cassures de tuyaux, afin que la terre n'entre pas dans la conduite avant qu'elle ait pu faire corps et s'agglomérer. Quelques personnes emploient la paille à la place des tessons. On couvre ensuite les drains avec les terres dans une épaisseur de 0 mèt. 25; enfin on recouvre en entier. On peut terminer cette opération avec la charrue si l'on a soin de jeter à droite et à gauche la terre des fossés. Les drains doivent être dirigés dans le sens de la pente, à peu près perpendiculairement aux lignes de niveau. On les fait arriver dans une rase ou fossé appelé *collecteur*, lequel vide toutes les eaux de la terre drainée dans les réservoirs disposés pour arroser les parties les plus basses. Tous les fossés ou drains doivent être parallèles et assez profonds pour arriver à la nappe d'eau qui se trouve dans le sous-sol. Ils doivent également être tracés d'une manière régulière et former une grille d'infiltration. L'écartement des drains ordinaires varie suivant la nature du terrain, depuis 8 jusqu'à 20 mètres. Il est en raison inverse de la profondeur. Généralement plus les fossés sont profonds, plus l'opération a de chances de succès. Pour s'en assurer, il suffit de creuser à 1 mètre de profondeur entre les drains; si l'on ne trouve pas d'eau, l'opération a été bien faite. Le tableau suivant indique la profondeur et l'épaisseur des drains pour différentes terres :

Argiles ordinaires. . .	1 ᵐ.	20 ᶜ.	15 ᵐ.
—	1	20	14
—	1	20	13
Argiles sablonneuses.	1	16	12
Sable ou gorgue.. . .	1	10	12
— tenace.. . .	1	15	11
En terrain granitique.	1	00	10

Un ingénieur distingué a eu la pensée qu'on pourrait faire en ciment des drains qui présenteraient toutes les garanties de durée et de solidité désirables. Cette fabrication peut avoir lieu toute l'année. Le ciment dés environs de Grenoble est éminemment propre à cette fabrication. Les tuyaux que l'on y fabrique ont 40 centimètres de diamètre et ne coûteront que 25 fr. le mille; ceux de 45 centimètres, 27 fr. 50 c. Cependant, dans le cas où les eaux qui s'écoulent par les tuyaux contiendraient du bi-carbonate de chaux, et deviendraient alors incrustantes de manière à entraîner l'obstruction des tuyaux, il faudrait drainer en pierres brutes, pour former un petit aqueduc d'une surface plus grande que celle des drains.

CHAPITRE IV.

LABOUR ET ARROSEMENT.

1. LABOUR DES TERRES LÉGÈRES. — Labourer, c'est diviser les molécules de la terre à l'aide d'instruments

appropriés, les exposer successivement à l'air, et
déraciner en même temps les mauvaises herbes qui
nuiraient aux plantes en leur dérobant les sucs nourriciers. En défonçant ou en labourant le sol, on ne se
propose pas seulement d'ouvrir et de remuer la terre
pour rendre plus facile l'enfouissement des graines
ou la transplantation des végétaux ; on veut encore
la rendre plus accessible aux influences atmosphériques, à l'air, indispensable à la végétation, et qui
s'interpose entre chaque molécule de terre ; on veut
que les racines puissent pénétrer plus facilement et
plus profondément dans le sol, que l'eau s'y infiltre
moins difficilement et en même temps qu'elle puisse
s'évaporer moins vite. On a remarqué qu'une terre
non ameublie, ou foulée par les pieds des hommes ou
des animaux, perdait plus promptement son humidité : aussi les légers labours, les binages, les hersages même sont-ils en horticulture de la plus haute
importance. Pour faciliter son travail, le jardinier
doit enlever les grosses pierres qui le gênent ; mais
il est beaucoup de terres peu profondes qu'il rendrait
improductives et impropres à la culture, s'il enlevait
les pierres qui s'y trouvent. Dans les terres légères,
les pierrailles augmentent l'épaisseur du sol, et s'op-
posent à la trop grande évaporation de l'eau, en
même temps qu'elles réfléchissent ou rejettent les
rayons solaires qui rendraient les terres trop brûlantes. Dans les sols argileux, les pierres augmentent
la porosité si nécessaire à ces sortes de terres, toujours très-compactes de leur nature. Ce serait donc
un tort que de les en débarrasser sous prétexte que
le terrain offre un plus beau coup d'œil lorsque ces
pierres sont enlevées.

La bêche ou la houe sont plus avantageuses que
les autres instruments de labour, en ce qu'elles
changent plus uniformément le fond du sol avec la

surface, en y replaçant la terre bien aérée. La plante a besoin, dans le milieu qu'occupent ses racines, du concours de l'air, comme le poisson a besoin d'air au milieu des eaux. Les terres légères et sèches doivent être labourées très-profondément avant l'hiver, afin que les eaux des pluies et des neiges les pénètrent fort avant, et corrigent leur défaut d'humidité. Pendant l'été, il ne faut les labourer que dans les temps de pluie, ou, si l'on est obligé de le faire dans les temps secs, il faut leur donner aussitôt une mouillure abondante, afin d'en rapprocher les parties et de rendre moins prompte et moins facile l'évaporation de leur propre humidité. Dans ces terres qui s'échauffent aisément, les labours sont moins nécessaires pour y introduire la chaleur, que pour donner passage à l'eau des pluies et des arrosements, qui serait bientôt évaporée si elle ne pénétrait pas avant.

2. LABOUR DES TERRES FORTES. — Il ne faut, au contraire, donner aux terres fortes, compactes, froides, humides, qu'un léger labour vers la fin d'octobre, pour les dresser, et faire périr les mauvaises herbes; mais au printemps, lorsque la saison des pluies est passée, et dans l'été, lorsque le temps est le plus sec, on ne peut les labourer trop profondément ni trop fréquemment, afin de les rompre, les diviser, y faire pénétrer la chaleur, et en faire évaporer l'humidité trop abondante. Outre les grands labours, il faut souvent leur en donner de petits, des binages, des serfouissages, pour entretenir au moins leur surface meuble, prévenir ou remplir les fentes et les gerçures auxquelles elles sont sujettes, et qui laissent passer le hâle jusqu'aux racines des plantes et des arbres. La profondeur des labours au pied des arbres pour garnir les plates-bandes, se règle par la profondeur à laquelle leurs racines s'étendent, afin de ne pas les mettre à l'air; mais il est important de

ne pas labourer au pied des arbres pendant qu'ils sont en fleurs; il faut attendre que leurs fruits soient noués, car les terres ouvertes par les labours, exhalant beaucoup de vapeurs, les fleurs, humectées et attendries par ces vapeurs et par leur transpiration propre, périssent s'il survient la moindre gelée blanche.

En règle générale, la profondeur du labour dépend de l'épaisseur de la couche de terre végétale, et de la nature des plantes qu'on y veut placer. Un labour de 17 à 22 centimètres sera suffisant dans les terres légères et de peu de profondeur : dans les terres fortes et profondes, il sera de 27 à 33 centimètres, et le sol alors est capable de recevoir des racines pivotantes, des arbustes ou des arbrisseaux. Dans les jardins potagers, la terre labourée est partagée ensuite en planches, larges de 1 mètre 30 cent. à 1 mètre 63 cent., séparées par des sentiers de 33 centimètres au plus de largeur; car le jardinier doit, avant tout, songer à tirer parti de son terrain, et à n'en laisser vacante que la moindre portion possible; il devra néanmoins y ménager, suivant les localités, quelques sentiers plus larges, pour le passage des brouettes, le transport des pierres, des fumiers, etc.

3. ARROSEMENT DES SEMIS. — Pour que les plantes croissent promptement et acquièrent le plus grand degré de beauté, il est indispensable que la terre ou le terreau où elles se trouvent soit entretenu dans un degré d'humidité convenable et sans trop longue interruption. Mais ce degré convenable ne peut s'apprendre que par la pratique, parce qu'il est différent suivant les saisons, l'exposition, le terrain, la nature et l'âge de la plante. Il n'est pas possible d'indiquer ici tant de variétés; on peut dire seulement en général que la terre et le terreau des semis doivent être tenus très-humides jusqu'à ce qu'ils soient levés;

qu'alors il faut moins d'humidité. Si l'humidité est considérable, l'accroissement pourra être prompt; mais le moindre froid, un rayon de soleil un peu chaud, une sécheresse momentanée, feront fondre la plante. Supposé que le semis ait été préservé de ces accidents jusqu'au temps où on le lèvera pour repiquer ou planter; les racines, les tiges, les feuilles de ces plantes trop nourries d'eau se casseront, se meurtriront, et le plant sera en mauvais état; ce qui ne périra pas sur-le-champ aura de la peine à reprendre en pleine terre; au lieu qu'un semis qui aura été moins arrosé depuis qu'il est levé, aura des racines, des tiges et des feuilles plus fermes, moins délicates; souffrira, sans périr, un peu de froid, de soleil, de sécheresse; et le plant, qu'on repiquera, reprendra plus aisément et sera plus vivace. Pour arroser les semis, principalement les semis sur couches, ainsi que les plants qui, étant nouvellement germés et commençant à sortir de terre, ne sont pas encore enracinés, il faut employer un arrosoir à pomme, dont les trous soient très-fins, parce qu'une pluie trop forte éparpille le terreau, découvre les plantes et en enterre d'autres; elle couche et mêle le jeune plant, le couvre de terreau, ce qui est également préjudiciable. Quand ce sont des graines précieuses qui ne sont pas encore levées, on peut aussi prévenir le dégât des arrosements en étendant auparavant un peu de paille longue ou de mousse, qu'on enlève après l'arrosement.

4. ARROSEMENT DES PLANTES EN PLEINE TERRE. — Les plantes repiquées ou plantées en pleine terre doivent être arrosées assez souvent pour que la terre qui environne le pied soit médiocrement humide jusqu'à la reprise. Il vaut mieux en donner peu à la fois et plus souvent, afin que le chevelu délicat qui se forme pour la reprise pénètre facilement la terre. Mais, en faisant ces arrosements sur des plants faibles et délicats, il ne faudrait pas employer les arrosoirs soit à bec large, soit à pomme, qui, débitant beaucoup d'eau avec force, appliquent la plante sur la terre et l'y collent, ou même la recouvrent de terre qui empêche qu'elle ne se relève ou la pourrit. Pour tous les plants délicats et peu éloignés, il faut des arrosoirs à pomme, dont les trous soient fins et un peu espacés. Quant aux plants éloignés, on se servira de l'arrosoir à bec, qu'on lèvera doucement, afin que le jet d'eau n'enlève pas la terre du tour des racines et ne fasse pas au pied un trou par lequel la racine se dessèche. Pour prévenir ces inconvénients, il y a un très-bon expédient, c'est de mettre à chaque pied une poignée de débris de couche qui, outre l'avantage d'empêcher que l'eau des forts arrosements n'enlève la terre, préserve la terre de se sécher aussi vite et de se fendre, ainsi que les racines d'être frappées par le soleil.

5. Epoques des arrosements. — Il est aisé de juger quand les plantes ont besoin d'être arrosées, parce que leurs feuilles sont moins vertes, moins fermes, moins soutenues, et l'extrémité des tiges moins droite; on peut prévoir même qu'elles auront bientôt besoin d'eau, si, en grattant la première surface de la terre, ou en la sondant plus profondément, on trouve la couche de terre où sont les racines prête à devenir sèche; mais il est plus avantageux pour les plantes de n'être arrosées que peu de temps avant d'en avoir besoin, parce qu'elles auront alors plus de qualité. Cependant, comme les suites de l'oubli seraient préjudiciables, il est à propos d'arroser souvent, de manière que la terre soit presque toujours humide, de couleur brune, se cassant aisément en petites parties. Il ne faut pas mouiller la terre au point qu'après une heure d'arrosement elle rende

l'eau, si on la serre dans la main, ou qu'elle se mette en boue ou en mottes grasses comme de la glaise : cela s'appelle noyer la plante ; le chevelu, et souvent la racine s'amollissent et pourrissent. Il y a des plantes qui ont besoin d'arrosements quand elles sont à un certain âge, plus que dans tout autre ; mais c'est dans la culture de chaque plante qu'il faut s'instruire de ce qui leur est particulier.

Il n'est pas égal de faire les arrosements dans un temps du jour ou dans un autre ; on doit choisir un temps où la plante retire plus d'avantage de l'eau, et pour cela il faut qu'elle ne lui soit pas enlevée par le soleil aussitôt qu'elle est versée, ou que le froid ne survienne pas tandis qu'elle est encore mouillée, parce qu'alors l'arrosement retarde son accroissement, et peut même la faire geler ; c'est à quoi beaucoup de jardiniers ne font pas assez d'attention. Depuis le mois d'octobre jusqu'au mois de mai, où les nuits sont froides et sujettes aux gelées, on arrose entre dix heures du matin et deux heures du soir, et encore donne-t-on peu d'eau à la fois, afin que les plantes et la couche supérieure du sol soient ressuyées. Depuis ce mois jusqu'à la fin de septembre on arrose le soir, afin que l'eau pénètre jusqu'aux racines, qu'elle ne soit pas évaporée aussitôt que versée, et pour empêcher que la terre, séchant trop vite, ne se fende et ne casse ou n'évente ainsi les racines. On se sert encore avec avantage, pour la propreté des arbres ou des arbustes, de la seringue ou de la pompe portative, dans un seau ou baquet, de manière que le jaillissement se fasse par quantité de trous menu-percés ; cette façon d'arroser est bonne, entre autres, pour laver les branches et les feuilles des arbres chargés de poussière ; ou quand ils sont mangés des chenilles et des autres insectes, en laissant infuser dans l'eau les ingrédients nécessaires pour se débarrasser de ces parasites. Les eaux de rivière, ou les eaux stagnantes exposées au soleil et aux influences atmosphériques, sont les plus profitables aux plantes ; les eaux de source sont trop froides pour être employées sur-le-champ ; les eaux de puits sont les pires de toutes, et ne peuvent servir qu'après une longue exposition à l'air.

CHAPITRE V.

AMENDEMENTS.

1. RÔLE DES AMENDEMENTS DANS LA VÉGÉTATION. — On désigne généralement sous le nom *d'amendements* des substances qui améliorent les terres, sans leur fournir de principes propres à la végétation ; quelques cultivateurs cependant ne sont pas éloignés de croire que quelques-unes de ces substances contiennent des particules nutritives, et pourraient être rangées dans la classe des engrais. Avant de les employer, le jardinier doit s'appliquer à bien connaître sa terre, afin de proportionner la quantité et de faire le meilleur choix des substances qu'il est à même d'y ajouter. Trop de chaux, de plâtre, de fumier ou de terreau, peuvent amener la stérilité, au lieu d'améliorer le sol ; ou tout au moins diminuer la quantité et la qualité des produits. Si le terrain est sablonneux, les déblais, l'argile, la marne, seront de très-bons amendements ; si la terre est calcaire, la marne argileuse, et même l'argile en proportions raisonnées, formeront des amendements parfaits. Si le terrain est argileux, les débris de pierres calcaires, le gravier, le sable des rivières, les tessons de briques, de tuiles, de carreaux, etc., donneront d'excellents résultats Appropriés avec intelligence, il n'est presque point de matériaux qui ne puissent servir d'amendements. Dans des argiles, les déblais des houillères ou même du charbon de terre, ont procuré une force de végétation étonnante. En général, tout amendement doit avoir pour but de rendre poreuses les terres compactes, de donner du volume aux sols peu profonds, et du corps aux sols trop légers.

2. CHAUX. — L'un des meilleurs amendements est la chaux. Toutes les pierres calcaires ou carbonates de chaux, sans exception, c'est-à-dire tous les marbres, les craies et les pierres à bâtir qui bouillonnent quand on jette dessus de l'eau-forte, quelles que soient leur couleur, la dureté, la finesse ou la grosseur de leur grain, sont susceptibles de se changer en chaux vive quand on les calcine. Ainsi les différents marbres, les pierres à bâtir, la craie ou blanc d'Espagne, la plupart des marnes, les coquilles d'huîtres, etc., sont des pierres à chaux. Le moyen le plus simple de s'assurer si une pierre quelconque est une pierre à chaux, c'est d'en chauffer un morceau de la grosseur d'un œuf à la forge d'un serrurier, de la laisser refroidir et de jeter un peu d'eau dessus. Si c'est une pierre à chaux, elle s'échauffera, sifflera, se gonflera, se fendra dans tous les sens et se réduira en poudre plus ou moins blanche, et avec plus ou moins de vivacité. Si l'on a trop chauffé, surtout dans une forge au charbon de terre, il arrivera que la pièce d'essai sera couverte d'une croûte vitreuse calcinée qui empêchera l'eau de pénétrer, en sorte qu'elle pourra tarder à s'échauffer et à tomber en poudre; mais si le feu n'a pas été assez vif ou assez long, la pièce ne sera pas cuite et l'eau n'aura encore aucun effet sur elle. Il est donc prudent de recommencer l'épreuve plusieurs fois; un quart d'heure de feu de forge suffit ordinairement pour calciner un morceau de la grosseur d'un petit œuf, et d'ailleurs s'il ne l'est pas dans toute son épaisseur et qu'il reste un noyau non cuit, ce que l'on appelle, suivant le pays, *cra-*

paud ou *pigeon*, on ne sera pas moins certain que l'on a véritablement essayé une pierre à chaux qui pourra cuire en entier dans un four ordinaire ou par un feu plus prolongé.

Pour amender les terres, on les chaule à peu près de la même manière que l'on emploie la marne, c'est-à-dire en disposant la chaux par petits tas, régulièrement espacés, que l'on étale ensuite, quand cette substance est fusée, au moyen de la pelle ou du rateau. Par ce moyen, on peut tripler la valeur des terres. La chaux vive, répandue dans les étables, s'oppose au développement des maladies des animaux, et surtout aux épizooties, en même temps qu'elle augmente l'énergie du fumier. La chaux dont on se sert pour blanchir le tronc des arbres languissants ne tarde point à les rendre vigoureux, et si l'on prenait la bonne habitude de blanchir tout l'intérieur des maisons de la campagne dans les premiers jours du printemps, on y gagnerait de la propreté, du jour et de la salubrité.

3. PLATRE. — Le plâtre ou sulfate de chaux se fait avec une pierre qui a beaucoup de ressemblance avec certaines pierres à chaux; mais on la distingue d'avec elles par les propriétés suivantes : la pierre à plâtre se laisse toujours attaquer avec l'ongle; quand on la frappe avec un maillet de bois, la place qui a reçu le coup devient blanche et farineuse, à peu près comme cela arrive au sucre, quelle que soit la couleur de la pierre. Enfin le meilleur moyen de la reconnaître, c'est d'en jeter un fragment dans le foyer de la cheminée ou quelques petits morceaux dans un four à pain chauffé; si c'est de la pierre à plâtre, quelques heures après la cuisson elle tombera en poudre, et si l'on fait une bouillie épaisse avec cette poudre en la mêlant avec de l'eau, on s'apercevra que la pâte se durcit; cette poudre blanche sera en effet du plâtre,

tandis que si c'eût été de la pierre à chaux que l'on eût essayée, elle n'aurait point cuit à une si faible chaleur, ou si sa surface s'était réduite en chaux vive, on l'eût reconnu de suite à la manière dont elle se serait échauffée avec l'eau. Il y a quelques pierres à plâtre qui bouillonnent quand on en jette quelques miettes dans l'eau-forte ; mais en général elles ne font point cet effet, ou si elles le produisent, ce n'est que pendant quelques minutes ; telle est, par exemple, la pierre à plâtre de Paris. C'est donc encore un moyen de distinguer la pierre à plâtre d'avec la pierre à chaux, qui bouillonne toujours dans cette liqueur et qui finit par s'y dissoudre en entier. Le plâtre est plus rare que la chaux ; il y a cependant des pays où l'on trouve le gypse ou la pierre à plâtre en très-grandes masses. Il suffit de la cuire avec des broussailles ou des fagots pour la rendre susceptible de se réduire facilement en une poudre toujours blanche, qui est le plâtre. Il y a environ un siècle, des soldats dauphinois, revenant de faire la guerre au roi de Prusse, rapportèrent le mode de plâtrer les terres comme ils l'avaient vu faire en Allemagne. On a calculé qu'une dépense de 20 fr. de plâtre rapporte autant de bénéfice qu'une dépense de 200 fr. de fumier. On s'en sert pour exciter la végétation en l'appliquant sur les feuilles, surtout sur les feuilles des plantes de la famille des légumineuses. On l'emploie cuit ou non cuit et réduit en poudre fine ; la quantité à semer par hectare est de 3 à 4 hectolitres. Lorsque les plantes couvrent le sol, on sème le plâtre par un temps humide, ou le matin après une forte rosée, afin qu'il s'attache aux feuilles. Le plâtre produit en général moins d'effet sur les terres humides et compactes que sur celles qui sont plus sèches.

4. MARNES. — Les marnes ne sont autre chose que des pierres calcaires (carbonate de chaux), mélan-

gées d'argile ou de sable en plus ou moins grande quantité ; aussi les cultivateurs doivent-ils en distinguer trois espèces par rapport à leur composition, savoir : les *marnes calcaires*, qui sont ordinairement blanches ou jaunâtres, qui tachent les doigts, dont la consistance est assez solide, mais qui ont la propriété de s'émietter à l'air, au soleil et à la pluie ; elles sifflent assez longtemps lorsqu'on en jette un morceau dans un verre d'eau, et elles sont susceptibles de donner de la chaux par la calcination : telles sont celles de la Normandie ; — les *marnes argileuses*, qui sont presque toujours d'un gris verdâtre, dont l'aspect est terreux, la consistance assez solide, et souvent susceptibles de former une pâte assez tenace avec l'eau, et de se mouler en briques et en carreaux ; ces marnes absorbent l'humidité avec tant d'avidité, qu'elles s'attachent à la langue quand on vient à en porter un fragment sur le bout de cet organe ; elles exhalent une forte odeur terreuse quand ou souffle dessus, et sont douces et savonneuses au toucher ; — enfin les *marnes sableuses*, qui ne sont pour l'ordinaire que des marnes calcaires mélangées d'une forte dose de sable, sont blanches comme elles, mais seulement plus sèches et plus graveleuses au toucher ; elles sont friables, s'imbibent aisément d'eau et s'émiettent facilement à l'air ; elles donnent de la chaux par la calcination. On comprend qu'il ne faut pas marner indistinctement toutes les terres avec ces trois sortes de marne. Il serait inutile, sinon nuisible, de se servir de marne argileuse dans un terrain gras et, par conséquent, argileux lui-même, et ainsi des marnes calcaires et sablonneuses, qu'il ne faudrait pas employer dans des terrains calcaires ou légers. Avant donc de se hasarder à employer une marne qui n'est pas encore connue, il faut s'assurer de sa nature, de sa composition, et par conséquent du terrain qu'elle est susceptible de bonifier. Voici comment on procède à cet essai : Faites chauffer au four un morceau de marne, prenez-en, par exemple, 30 grammes, pilez-la bien, afin qu'elle soit réduite en poussière fine comme de la farine; jetez cette poudre au fond d'un verre, versez dessus quelques gouttes d'acide nitrique (eau-forte), et continuez jusqu'à ce que la marne ne bouillonne plus. Laissez reposer cette liqueur jusqu'à ce qu'elle soit bien claire, faites-la écouler alors en penchant très-doucement le vase, afin que ce qui reste au fond du verre ne s'échappe pas avec elle; faites sécher ce reste de poudre et pesez-le quand il sera parfaitement sec; la différence entre le poids de la marne et celui de ce résidu sera le poids de la chaux que cette marne contenait. Maintenant reprenez ce même résidu, lavez-le avec de l'eau ordinaire dans un verre, remuez cette eau avec une cuillère ou toute autre chose, laissez reposer quelques secondes, jetez cette eau avec précaution, et répétez ce petit lavage jusqu'à ce que l'eau sorte parfaitement claire, et votre essai sera terminé. En effet, l'eau-forte aura enlevé la chaux; l'eau ordinaire, l'argile, et ce qui aura résisté à l'eau-forte et au lavage sera le sable siliceux. Exemple : Une once (30 grammes) de marne bien sèche et finement écrasée s'est réduite à $\frac{3}{4}$ d'once après avoir été passée à l'eau-forte. Ces $\frac{3}{4}$ d'once, après avoir été lavés jusqu'à ce que l'eau sorte claire, se réduisent à $\frac{1}{4}$ d'once; j'en conclus que la marne contenait $\frac{1}{4}$ de chaux, $\frac{1}{2}$ d'argile, et $\frac{1}{4}$ de sable. Donc c'était une marne argileuse.

Les marnes agissent de deux manières : 1° mécaniquement en divisant les terres végétales on en leur donnant du corps; 2° en rendant l'humus plus facile à absorder par les racines des végétaux. Les marnes et les terres sont tellement variées, que l'on ne peut

indiquer d'une manière précise la quantité qu'il faut
en répandre sur une étendue quelconque. Ce que
l'on doit conseiller, c'est de commencer par en mettre peu et par en faire l'essai sur une portion de terrain. Ce n'est guère qu'au bout de trois ans que le
marnage produit tout le bien qu'il est susceptible
d'apporter dans la culture. Il serait dangereux d'en
abuser; il faut se rappeler que la marne n'est qu'un
amendement et ne saurait remplacer le fumier.

5. CENDRES VÉGÉTATIVES. — Il y en a de plusieurs
espèces. Les unes proviennent de fours à chaux où
l'on cuit la pierre avec de la houille ou du charbon
de terre; les autres sont le produit immédiat de la
combustion de la tourbe ou de très-mauvais charbon
que l'on brûle sous des hangars dans le seul but d'en
obtenir de la cendre. C'est ainsi que la Picardie fait
un commerce immense de ces cendres, connues sous
le nom de cendres de Beaurain, et qui s'exportent
jusqu'en Hollande. Les cendres végétatives non lessivées sont très-actives; il faut les employer modérément. Celles dont on a retiré l'alun ou le vitriol
(*sulfate de fer*) sont beaucoup moins dangereuses;
mais, dans l'un et l'autre cas, elles agissent sur les
terres sous un double rapport : 1° mécaniquement en
divisant les terres fortes, et 2° en attaquant l'humus,
le rendant facile à absorber par le chevelu ou les petites ramifications des racines.

On indique la proportion de 40 hectolitres de ces
cendrées par arpent de terre humide, froide et argileuse, et 10 à 12 seulement pour celles qui sont
sèches. Si l'on a des bas-fonds marécageux, où il se
soit formé de la tourbe, on fera fort bien de les saigner, d'enlever une certaine épaisseur de ce vieux
gazon, de le laisser sécher et de le brûler en tas et
sur place. La cendre qui en résultera sera presque
toujours fortement végétative et propre à l'amende-

ment des terrains froids. La cendre noire de Picardie n'est autre chose que de mauvaises houilles séchées et devenues pulvérulentes par l'action successive du soleil et des pluies. La cendre de Cologne est le produit de la combustion d'une tourbe particulière que l'on exploite aux environs de cette ville. Les cendres marines et les cendres de bois sont également excellentes pour la culture.

6. URATE. — L'urate est du plâtre cuit, de la chaux et même du sable que l'on imprègne d'urine en le gâchant avec cette liqueur animale, à peu près comme on fait le mortier des maçons. Bientôt ce mélange vient à sécher ; mais en perdant son humidité, il n'en conserve pas moins tous les sels fertilisants contenus dans les urines, et l'on prépare ainsi un amendement très-facile à transporter, et qui, sous un petit volume, contient une grande quantité de principes fertilisants. Un jardinier peut fort bien manquer de plâtre, mais il peut toujours préparer un excellent urate, soit avec de la chaux, des cendrées de sable ou simplement de la terre meuble gâchée avec de l'urine. Considérés comme des amendements, les cendres et les urates agissent aussi comme engrais. Il en est de même du noir animal.

7. NOIR ANIMAL. — Le noir animal est un résidu des raffineries de sucre, composé en partie d'os carbonisés. Son action est nutritive et excitante ; il produit un très-bon effet sur les terres nouvellement défrichées. On emploie le noir animal à raison de 6 hectolitres par hectare. Comme tous les amendements et engrais en poudre fine et employés en petite quantité, le noir animal doit être répandu très-également, par un temps plutôt sec qu'humide, et mélangé à la surface du sol au moyen de hersages ou de labours superficiels. Il convient principalement aux plantes qui n'occupent le sol que très-peu de

temps, et qui, par conséquent, ont besoin d'absorber très-promptement les parties fertilisantes qui leur sont nécessaires.

8. ECOBUAGE. — C'est une opération qui n'est pas généralement pratiquée, elle ne convient pas même à tous les terrains ; elle est fondée sur une propriété de l'argile. Les terres grasses, entières, qui retiennent l'eau dans les sillons, qui se fendent pendant les sécheresses, et qui forment une espèce de pâte avec l'eau, sont des terres argileuses rougeâtres comme en Limousin, ou jaunâtres comme en Normandie. Si l'on brûle ces terres, les parties qui ont été bien chauffées ne peuvent plus se délayer dans l'eau, et, quand on vient à les mêler avec le reste de la terre au moyen du labour, elles la divisent, la rendent plus facile à labourer, moins entière, moins pâteuse et moins sujette à se fendre au soleil ; aussi il existe des contrées où l'on fait de petits tas de terre au milieu desquels on met des broussailles, du gazon sec et des copeaux, et que l'on allume ensuite ; c'est cette opération, qui se fait en plein champ, que l'on nomme *écobuage*. Elle remplit le même but que si l'on eût apporté sur le terrain du sable ou du gravier, ce qui, en certains pays, est presque impossible.

CHAPITRE VI.

DES ENGRAIS.

Amender un terrain, c'est corriger sa nature et la rendre plus propre à la production des végétaux. Engraisser ce même terrain, c'est y déposer et mêler des substances propres à le rendre fertile. Ainsi des cailloux, qui ne peuvent être considérés comme engrais, amendent certaines terres fortes et compactes, en servant à les diviser et les rendre plus pénétrables à l'humidité et à la chaleur. Les engrais concourent à la végétation en fournissant aux racines une grande quantité de mucilage en état de dissolution et uni au carbone. L'eau, ou toute autre émanation des engrais, s'infiltre en état de vapeurs dans les pores des racines, quand elle a été mise en cet état par la chaleur du soleil.

Toute espèce de terre peut être rendue fertile par des mélanges, excepté la terre magnésienne, qui, lorsqu'elle entre pour plus d'un cinquième dans une composition de terre quelconque, la rend inapte à toute production végétale.

Les engrais se composent ordinairement de carbone sous divers états, de matières azotées, mêlées à l'azote, et de sels qui agissent souvent sur les plantes comme excitants. En général, toutes les matières organiques sont des engrais plus ou moins bons, suivant leur nature et suivant la faculté plus ou moins grande avec laquelle ils cèdent leurs parties constituantes à la végétation.

DIVERSES CLASSES D'ENGRAIS.

1re CLASSE. *Engrais animaux.* 1er *genre. Urineux.* *Espèces :* 1 colombine; 2 fiente de poule; 3 urine de l'homme et des quadrupèdes; 4 gadoue liquide (matières fécales tirées des fosses d'aisances); 5 égout des étables, des écuries, etc. Ces engrais sont les plus recherchés, surtout ceux des animaux bien gras.

2e *genre. Stercoraux. Espèces :* 1 excréments humains; 2 des animaux carnivores; 3 des moutons; 4 des chevaux; 5 des bœufs et vaches; 6 des chèvres; 7 des porcs; 8 le parcage. On emploie les stercoraux comme les urineux.

3e *genre. Parties molles et liquides des animaux. Espèces :* 1 chairs; 2 sang; 3 dépouilles; 4 égout des tueries; 5 poissons. Ces substances contiennent beau-

coup de mucilage, d'huile, de gélatine ; ils se décomposent aisément. Leur effet est peu durable.

4ᵉ *genre. Parties dures des animaux. Espèces* :
1 os; 2 cornes, sabots; 3 ongles; 4 poils, plumes;
5 débris de laine, bourre. Ces substances broyées et
répandues sur le sol se décomposent lentement, et
leur effet dure longtemps.

2ᵉ CLASSE. *Végéta-animaux.* 1ᵉʳ *genre. Des étables et
écuries. Espèces. Fumiers* : 1 porcs; 2 moutons;
3 chevaux; 4 bœufs et vaches; 5 lapins.

2ᵉ *genre. Des manufactures. Espèces* : Débris des
cuirs tannés, résidus des buanderies, écume des
raffineries, etc.

Il vaut mieux employer les fumiers frais et entiers
plutôt que d'attendre qu'ils soient modifiés par la
putréfaction et la fermentation.

3ᵉ CLASSE. *Engrais végétaux.* 1ᵉʳ *genre. Engrais
difficilement décomposables. Espèces* : Pailles, chene-
vottes, seiures de bois, marcs d'olives, de raisins,
navettes, colza, tourteaux de lin, etc.

2ᵉ *genre. Facilement décomposables. Espèces* : Lu-
pins moulus, séchés au four ou cuits à l'eau, graines
avariées, récoltes enfouies en vert, plantes des marais. La fermentation de toutes ces matières a lieu
dans le sol.

4ᵉ CLASSE. *Engrais animaux minéralisés.* 1ᵉʳ *genre.
Naturels. Espèces* : Composts animaux, noir animal,
coquilles

2ᵉ *genre. Artificiels. Espèces* : Charbon de bois, balayures des magasins.

5ᵉ CLASSE. *Stimulants de la végétation.* 1ᵉʳ *genre.
Alcalis ou sels naturels. Espèces* : Chaux, soude,
plâtre, gypse, potasse, sel marin, nitre, phosphate,
nitrate, calcaires, hydrochlorate, etc.

Ils stimulent la végétation ; la chaux brûle les
mauvaises herbes, change le carbone en acide car-

bonique, forme des composés qui ont une action lente, amende le sol en passant à l'état de craie, en se saturant d'acide carbonique. Elle réussit dans les terrains tourbeux et argileux, humides, landes et bruyères. Des chaux qui contiennent de la magnésie sont nuisibles. La chaux en trop grande abondance nuit à la végétation : il en faut 100 livres par perche carrée.

Le plâtre agit comme stimulant, ainsi que le sel, le salpêtre, la craie, le gravier calcaire, le sulfate de soude, le chlorure de chaux, les sels de potasse, phosphate calcaire. Leurs différents sels se décomposent et se mêlent aux plantes en formant différentes combinaisons.

2ᵉ *genre. Composés artificiels.* Suie, cendres de bois, de tourbe, de houille, vases marines, plâtres, décombres, résidus des savonneries, buanderies, boues.

Le poids des engrais secs est égal au poids des graines, plantes ou herbes qui viennent sur le sol fumé, et il paraîtrait que certaines terres agissent comme soutien des plantes. On a fait croître des végétaux sur du sable pur arrosé d'eau.

Toutes les substances animales sont d'excellents engrais; parmi elles, on doit mettre au premier rang la chair ordinaire ou musculaire, le sang, la corne et la gélatine. Toutes ces substances, séchées et réduites en poudre, produisent un excellent effet sur les terres. En général, les corps d'animaux qui périssent, les excréments et dépouilles de ceux qui sont tués dans les abattoirs ou les boucheries, et dont on profite rarement, peuvent contribuer puissamment à la fécondité du sol.

Ces corps et débris, tels que cornes, boyaux, plumes; les résidus de tanneries, tels que crins, laines, poils, peaux, et, par la même raison, les chiffons, vieux souliers et vieux cuirs, décomposés par la chaux vive, qui leur enlève leur mauvaise odeur, sont très-utiles à la végétation. Il en est de même des os pulvérisés par le moyen de la chaux ou réduits en cendres.

Les os employés sans préparation ni mélange conviennent aux terres calcaires, crayeuses et graveleuses, qui en absorbent plus particulièrement les huiles. Dans les terres glaises tenaces, ils produisent peu d'effet.

Les dépouilles des végétaux ont une action puissante sur la végétation, surtout lorsqu'on les rassemble et qu'on les met en putréfaction en y mêlant quelque peu de substances animales ou de chaux.

. Les sels solubles ne font qu'exciter les forces végétales, mais ne contribuent pas à l'organisation proprement dite. Ils ne peuvent être comparés aux engrais.

Les sels insolubles et les oxydes, qui forment ce que l'on désigne ordinairement sous le nom de terres, ne peuvent être considérés que comme susceptibles d'améliorer et corriger le sol dont ils peuvent faire partie; ce sont de véritables amendements que l'on se procure assez facilement.

Le charbon absorbe les rayons calorifiques de l'atmosphère et échauffe ainsi le sol. Comme amendement, cette substance a des propriétés qui ne peuvent être mises en doute, en raison de ses facultés précipitantes et absorbantes.

Les boues du curage des canaux et égouts dont on a ôté les débris de vase et de poterie sont excellentes, surtout celles des canaux sur les côtes, dans lesquels on laisse pénétrer l'eau de mer. Elles donnent un terreau composé de débris et de sel marin. Quand elles sont sèches, on les étend avant le labour. Elles ont les propriétés des stimulants et des engrais. Les boues ne doivent jamais être enfouies, mais étendues à la surface du sol. Il en est de même de la poussière des routes, des terres lessivées qui ont servi aux salpêtriers, des débris de murs.

PRÉPARATION DES ENGRAIS. — L'art de préparer les engrais est une des opérations agricoles les plus importantes, et cependant les plus négligées dans beaucoup de lieux. L'usage le plus généralement répandu consiste à entasser dans un coin de la cour les fumiers et les litières, au fur et à mesure de leur sortie des étables. On en forme ainsi une masse, dont les différentes parties sont très-inégalement soumises à la fermentation et à la décomposition; exposée aux pluies et aux vents, l'eau et l'air en entraînent les parties les plus solubles et les plus volatiles; cette méthode est donc très-défectueuse. Il conviendrait que la fosse à fumiers, construite en maçonnerie ou au moins en terre glaise bien battue, fût abritée par un hangar ou un appentis, que l'on eût soin d'humecter la masse quand la fermentation ne s'y établirait pas suffisamment, et de la retourner ou bien d'y mélanger des plâtras, des gazons, des bruyères, des balayures, de la terre même, si cette fermentation devenait trop forte. On laisse le fumier dans la fosse selon le degré de décomposition que l'on veut avoir; mais, le moment où la paille brunit indique en général qu'il est temps de transporter le fumier sur le sol, où il doit être enterré immédiatement, ou bien d'opérer les mélanges que nous venons d'indiquer. Il est bon de connaître la méthode des Flamands pour préparer un engrais liquide putride. Dans une fosse plus ou moins grande, construite en briques et en forme de citerne, ils déposent les urines des hommes et des animaux, etc. Ils y ajoutent les vidanges des lieux d'aisances et du marc d'huile, et forment du tout un mélange dont la putridité est excessive. On le répand sur

les terres avec des tonneaux et baquets, et il leur
communique un degré de fertilité extraordinaire. A
voir l'insouciance que l'on met à recueillir les engrais
liquides, et notamment les sucs qui coulent des fumiers et les urines, il semble qu'on ignore leur puis-
sance comme engrais. En les laissant perdre, on se
frustre peut-être de la moitié des principes fécondants
dont on aurait pu disposer. Si l'on arrose largement
tout un jardin avec le purin ou engrais liquide, au
printemps, avant les labours de cette saison, on dou-
blera très-promptement la fertilité de la terre. L'acide
sulfurique, étendu de 400 à 500 fois son poids d'eau,
est également très-bon. La masse principale des engrais est fournie par les litières mêlées aux excréments
des bestiaux. Lorsque leur rareté oblige de les ménager ou de s'en servir pour la nourriture des animaux,
on peut y suppléer en couvrant le sol des écuries et
bergeries de terre bien meuble et à moitié séchée, laquelle servira d'excipient pour les déjections animales, se chargera en outre des substances exhalées par
leur transpiration et formera un fort bon engrais.
Cette méthode offre encore l'avantage d'amender le
sol en même temps qu'on le fumera; à cet effet, il
suffit de déposer dans les étables une terre qui ait des
qualités opposées à celle où l'on doit transporter l'engrais. Lorsqu'on arrose avec un engrais liquide, on
se sert tout simplement d'une vieille barrique montée
sur un petit tombereau.

TITRE III

MULTIPLICATION DES PLANTES

CHAPITRE PREMIER.

MULTIPLICATION PAR GRAINES.

1. CHOIX DES GRAINES. — Presque toutes les plantes
cultivées se multiplient de graines; c'est le mode de
reproduction le plus naturel, mais quelquefois aussi
le plus long. Beaucoup de plantes se multiplient par
leurs tiges, leurs branches ou leurs feuilles; ces derniers modes de reproduction sont préférables quand
on veut perpétuer les variétés; mais, pour en obtenir de nouvelles, on doit nécessairement avoir recours au semis. Si l'on veut que les semis réussissent, la première précaution à prendre est de se procurer de bonne graine. Il est donc important de
connaître la forme des semences, la grosseur, l'odeur
qu'elles doivent avoir pour être bonnes, et pendant
combien d'années elles conservent leur faculté germinative. Ce n'est pas tout; il faut encore savoir quel
est l'âge des semences, si elles n'ont pas été moisies
ou séchées à l'excès; si elles sont précisément de
l'espèce qu'on désire, et de nature à donner des
plants vigoureux; or, ce sont des points qu'il n'est

pas possible de vérifier en voyant les semences. La seule manière dont on puisse s'assurer des graines, c'est de les recueillir soi-même avec tous les soins et les précautions convenables, ou de les recevoir de quelques personnes de confiance qui les aient recueillies elles-mêmes. Ainsi, pour semer avec tout le succès possible, il faut élever des porte-graines, récolter la graine, l'étiqueter et la conserver avec soin. La multiplication par graines donne des sujets mieux constitués, plus durables, des races mieux disposées à se faire au nouveau climat auquel on veut les habituer; c'est le seul mode que l'on doive employer pour les plantes herbacées, si l'on veut obtenir des variétés intéressantes. Si l'on tient à avoir des sujets vigoureux, il faut choisir des graines de la dernière récolte, recueillies sur des sujets sains et robustes, et à l'époque de leur parfaite maturité. Si, au contraire, on veut sacrifier la beauté du végétal à celle de son fruit; si l'on veut obtenir des fleurs doubles ou des variétés, on donne la préférence aux vieilles graines, pourvu cependant qu'elles n'aient pas perdu leur vertu germinative, et elles l'auront conservée si elles ont été serrées dans un lieu sec avec leurs enveloppes naturelles. Voici deux tableaux indiquant la durée des semences des arbres et des plantes. Le second chiffre marque que la semence, parvenue à ce terme, ne lève qu'en partie.

DURÉE DES SEMENCES DE DIFFÉRENTS ARBRES.

Aunc...........	»	6 mois	Platane commun..	»	6 mois
Bouleau........	2 ans		Platane champêtre.	1 an	6
Chêne..........	»	6	Pin.............	1—2	»
Cyprès.........	3	»	Poirier.........	2—3	»
Frêne..........	»	6	Pommier........	2—3	»
Hêtre..........	»	6	Sapin..........	»	6
Mélèze.........	1	»	Tilleul.........	»	6
Orme...........	»	6			

DURÉE DES SEMENCES DE DIVERSES PLANTES.

Haricots	2 ans	Fenouil	4 an
Chicorée	6	Concombres	7—8
Endives d'hiver	7	Salsifis	3
Lupins	4	Millet	2
Hysope	2	Pieds-d'alouette	2—3
Cerfeuil	4	Romarin	1—2
Choux de toutes espèces	5	Raves de toutes espèces	3
Trèfle	2—3	Betteraves	4
Citrouilles	3—6	Fèves de marais	5
Laitues de toutes espèces	4—5	Sauge	4
Ail	2—3	Salades de toutes espèces	4—5
Lentilles	2	Oseille	1
Maïs	5	Choux de Savoie	5—6
Melons	6—7	Céleri	3
Melons d'eau	4	Asperges	3
Carottes	4	Epinard	4—6
Pavots	2	Bourrache	2—3
Œillet	2—3	Angélique	2—3
Panais	2	Cresson	3
Pourpier	2	Oignon	2—3
Persil	3	Ricin	3
Radis	5		

Les semences pourvues de gousses se cueillent avant l'entière maturité; elles se perfectionnent après la récolte. L'espèce de suintement qu'on provoque pour les faire arriver à terme abrége le temps de la vigueur. Il est important de les débarrasser de la poussière et de toute matière étrangère. Il est surtout essentiel de les bien dessécher, mais sans les exposer au soleil ni à une forte chaleur, ce qui détruirait infailliblement le germe. Une lumière éblouissante suffit pour l'affaiblir.

2. CONSERVATION DES GRAINES. — On sèche les semences à l'ombre, dans un lieu aéré. Dès qu'elles sont séchées, on les serre, non dans des cornets de papier, mais dans des caisses ou des boîtes en bois. Pour les préserver de l'humidité, on les garde ordinairement dans les greniers ou dans des étages supérieurs. Quelquefois on les suspend en plein air dans des sacs de toile claire. La fumigation serait

utile et les garantirait des insectes. On doit visiter de temps en temps les semences, particulièrement dans le passage d'une saison à l'autre, les sécher si elles sont humides et de trier avec soin. La siccité du lieu n'est pas cependant sans exception. Il existe des semences qui, par leur nature, se conservent moins bien dans un lieu sec que dans un lieu humide. On peut ranger dans cette catégorie les semences qui ne germent qu'au bout d'un an et plus. Dans ce cas, il est plus avantageux de les déposer dans le sable ou dans un lieu humide. Il en est de même des semences que la dessiccation décomposerait. Il existe des semences dont la dessiccation est laborieuse : ce sont les gluantes et les absorbantes. Dans ces deux cas, les absorbants sont nécessaires, surtout le sable sec ou la terre séchée au four. On les mêle avec les semences. La terre absorbe l'eau qu'elles renferment et en opère la dessiccation. On traite de la même manière celles qui se détachent difficilement de leur moelle. Le sucre n'est pas moins bon, sous tous les rapports, que le sable et la terre.

Les petites graines attachées à la pulpe du fruit, comme celles des fraises, s'obtiennent très-pures lorsqu'on écrase les baies dans l'eau. Elles tombent au fond du vase. On peut employer utilement l'amidon sec, ou la farine de pain, pour les semences auxquelles le sucre serait préjudiciable. Une addition d'aromates contribue à prolonger leur durée. Il n'est pas superflu de faire connaître le moyen qu'emploient les grainetiers pour établir l'équilibre de l'humidité. Ils introduisent parmi les semences une petite quantité de raisins de Corinthe, ou de quelque autre fruit de même nature. Si elles sont trop humides, les fruits absorbent l'excès d'humidité ; si au contraire elles sont trop sèches, ils leur en cèdent une portion. Au lieu de fruits, on pourrait employer le sucre roux, la balle, le millet et autres corps peu conducteurs. On peut aussi les conserver dans la glace et la neige; ce moyen même est très-bon pour fortifier et en quelque sorte acclimater les plantes qui ont besoin d'une certaine température; car on a remarqué qu'en général les greffes ou les entes exposées à un froid sévère donnent des arbres plus vigoureux. La neige et la glace accélèrent d'ailleurs la germination et la croissance des sujets. Les grainetiers prétendent que plusieurs espèces de semences sont meilleures lorsque, laissées sur la plante, elles sont exposées à l'influence d'un froid sec. C'est ce qu'on observe en Hollande à l'égard de plusieurs. On n'y bat les pois, les haricots, le trèfle, qu'après qu'ils ont reçu la première gelée.

On peut déposer les semences dans des caisses entourées de balle et mêler aussi les moins durables avec ce corps, ou mieux encore avec du charbon pulvérisé. Une chose essentielle est d'empêcher l'oxygène de l'air d'agir sur elles, surtout sur celles qui sont oléagineuses. Celles qui sont enfermées dans des gousses, des coques, etc., qui les préservent de l'air et de la chaleur, se trouvent dans un état propre à prolonger leur durée et à augmenter l'énergie du germe. La semence du pinastre (*pinus strobus*) se conserve plus de douze années dans sa pomme, tandis qu'autrement elle perd, au bout de la première, sa force germinative. Il en est de même du pignon de la semence exposée à l'air. Il ne se conserve que deux ans et en dure plus de vingt dans sa cellule. Cela n'est pourtant pas applicable aux baies et aux autres fruits juteux, parce que la pulpe ou la moelle qui entoure la semence en accélère la décomposition. Le sable et la terre sont également propres à soustraire les semences à l'action de l'air, lorsque, après les avoir bien séchés, on les mêle avec elles. Les menues semences demandent du sable sec, qu'on remplace ensuite par du sable humide lorsque les graines sont destinées à être semées au printemps. Le sable marneux est celui qui mérite la préférence. Un voyageur ayant apporté d'Amérique de la semence du tulipier, on en mêla une partie avec du sable marneux, une autre avec du sable ordinaire, et on en serra une troisième sans sable; la première réussit parfaitement, la seconde moins bien, la troisième point du tout. On peut aussi garder les semences enfouies à une certaine profondeur en les entourant immédiatement des terres les plus propres à les préserver du contact de l'air; la terre glaise est préférable à toute autre, car, d'après des expériences faites avec soin, les graines semées dans cette espèce de sol ne germent que très-lentement, et même pas du tout. Les semences se conservent aussi longtemps dans des vases vides où l'on a introduit de l'acide carbonique; peut-être l'huile, un enduit de gypse, ne seraient-ils pas moins utiles? On recommande les méthodes suivantes comme susceptibles de donner de bons résultats : 1° Mêlez la semence avec de la poudre de charbon, de la limaille de fer, ou d'autres corps oxydés, et renfermez-la dans des bocaux bien bouchés, et dont l'air a été raréfié par la chaleur; 2° ou avec du soufre en poudre, ou avec du gypse, ou du muriate de chaux. La conservation des semences suivantes exige une mention toute particulière. L'*anis* se garde dans un grenier aéré, et en tas d'un demi-pied de hauteur; il faut le remuer souvent. Si la masse est trop épaisse, et si elle restait longtemps en place, il s'échaufferait, deviendrait noir et serait bientôt rongé de vers. Le *cumin*, bien séché, se conserve dans des tonneaux ou des vases exactement bouchés, pour empêcher l'évaporation des parties aromatiques. La *graine de lin* se conserve très-longtemps dans sa capsule. On la suspend ordinairement à l'air, dans des sacs étroits. Pour éloigner les insectes, on ajoute des aromates : on met, par exemple, sur cent livres de graine, une once de camphre, trois à quatre onces d'ail, deux poignées de fleurs de sureau. L'emploi des huiles fortes est moins coûteux ; on y fait tremper de mauvais linge ou du foin qu'on introduit dans les sacs.

3. Manière de semer. — La plupart des graines se sèment telles qu'on les a recueillies ; il suffit de les sortir de leur enveloppe ; mais quelques-unes, munies de poils ou d'aigrettes, demandent une préparation qui consiste à les mêler avec de la cendre ou du sablon, et à les frotter dans les mains jusqu'à ce qu'elles soient débarrassées de ces appendices qui empêcheraient de les semer régulièrement. On peut aussi hâter la germination de quelques-unes, telles que pois, fèves, haricots, etc., en les faisant tremper dans l'eau pendant vingt-quatre heures avant de les mettre en terre. Si l'on voulait faire un semis de noyaux, il faudrait avant les faire *stratifier*, c'est-à-dire qu'on les mettrait à l'automne dans une boîte ou un pot rempli de sable que l'on arroserait et placerait dans une cave ; au printemps on les y trouverait germés, et alors on les planterait en place. On ne doit faire son semis que dans une terre bien meuble, douce et nette. Les graines fines se jettent sur la terre, et ne doivent être recouvertes que de terreau bien consommé ; la plupart des autres ne veulent être que légèrement enterrées ; il vaut toujours mieux qu'elles le soient moins que trop. On affermit ensuite le terrain, soit avec la main, soit avec une planche unie, et l'on arrose si l'on n'a pas l'espoir de la pluie. Pour empêcher que l'eau des arrosements ne batte la terre, on fera bien de la couvrir d'un peu de terreau, de paille hachée, de mousse, etc. Les semis d'été se fe-

ront à l'ombre, et on leur donnera de fréquents bas-
sinages.

Les graines mettent un temps plus ou moins long
à germer; trois ou quatre jours suffisent à quelques-
unes pour lever, tandis qu'il faut à d'autres jusqu'à
trois ans pour sortir de terre. Il y a différentes manières de semer : en rayons, c'est-à-dire dans des
sillons tracés au cordeau; à la volée, en prenant les
précautions que nous venons d'indiquer. En général,
les graines doivent être d'autant moins enterrées
qu'elles sont plus fines. On peut évaluer, terme
moyen, que celles qui ont la grosseur d'une noix doivent être recouvertes de 3 centimètres de terre; celles qui ont la grosseur d'un haricot, d'un centimètre
et demi, et celles qui sont fines, comme, par exemple, celles des pavots, de 3 à 4 millimètres. Mais il en
est aussi qui sont très-fines, très-délicates, et qui périraient en grande partie si on les confiait en pleine
terre; on les sème en terrine. Pour cela, on a des
vases faits exprès, ou terrines, profonds de 15 à
18 centimètres, plus ou moins larges, que l'on remplit d'une terre très-légère et fort douce, et mieux de
terre de bruyère. On fait le semis, on le couvre de
mousse hachée très-menue, et on le met à l'abri des
inclémences de l'air toutes les fois que la saison l'or-
donne. Certaines graines doivent être semées sur
couche, comme nous le verrons plus loin.

CHAPITRE II.

MULTIPLICATION PAR CAÏEUX ET PAR REJETONS.

1. CAÏEUX. — On nomme *caïeux* les petits oignons
ou bulbes qui poussent autour du gros oignon des
plantes tuberculeuses ou bulbeuses, et les petites excroissances des racines tubéreuses qui ont la faculté
de reproduire la plante qui les a fournies. On les em-

ploie particulièrement pour les fleurs à oignons dont les variétés sont précieuses : en effet, on les conserve par là exactement semblables. Un autre avantage, c'est que la multiplication est facile, abondante et prompte : les plantes qui en proviennent donnent des fleurs beaucoup plus tôt que celles provenues de semences. On ne doit séparer les caïeux de l'oignon qu'au moment de les replanter, parce qu'ils se conservent et s'améliorent tant que dure leur union. On appelle aussi caïeux les petites pattes ou griffes qui croissent sur les grosses ; comme chez les dahlia, les asperges, les renoncules, etc. Il est à remarquer que les oignons et les tubercules pourrissent avec la plus grande facilité, et qu'ils pourrissent d'autant plus promptement qu'ils se trouvent en contact avec des matières en fermentation. Ceci connu on s'abstiendra d'amender les terres où on doit les planter avec du fumier qui serait encore en décomposition, mais seulement avec des terreaux entièrement consommés. Les bulbilles ou saboles ont presque tous les caractères des caïeux. Ce sont des petites bulbes qui, dans plusieurs espèces de plantes, croissent à la place des graines au lieu de naître sur les racines.

2. ŒILLETONS, REJETONS, ÉCLATS. — Les *œilletons* sont des pousses que certaines racines produisent près de la plante mère, et les *rejetons* sont les pousses produites à une distance plus ou moins grande. On les sépare en automne ou au printemps. On peut forcer les racines à produire des rejetons, en les découvrant dans quelques parties ou en les soulevant jusqu'à la surface de la terre. Si les rejetons sont peu enracinés, on les traite comme des boutures (voyez *Multiplication par boutures*); dans le cas contraire, on les traite comme des sujets de semences. Un grand nombre de plantes se multiplient par l'éclat des touffes et des racines, lorsque celles-ci offrent plusieurs

têtes munies de germes. Il est important que les racines soient nombreuses et qu'elles aient un bon chevelu. Leur séparation doit toujours se faire pendant le repos de la plante et avec les mêmes précautions que pour les rejetons. Il faut observer que quelques végétaux craignent le fer; on les séparera par déchirement sans se servir d'instrument tranchant; les hépatiques sont dans ce cas. Chaque portion doit être munie d'un collet, ou d'une portion de collet portant au moins deux yeux.

MULTIPLICATION PAR MARCOTTES. — Nous ne ferons mention que du marcottage propre aux arbres de pleine terre. Les procédés plus compliqués qu'on met en usage dans les serres souvent ne réussissent pas, parce qu'il y a des plantes absolument rebelles à ce genre de reproduction.

Les bois qui se prêtent le plus au marcottage et aux boutures sont les bois souples et pleins, et surtout ceux dont les boutons *sont opposés*. Les marcottes s'enracinent mieux à l'endroit de l'insertion des *deux dernières pousses*. Il faut toujours tâcher de les plier sur ce point. Il y a certaines espèces qui s'enracinent si facilement, qu'il suffit de jeter un peu de terre meuble sur les branches d'en bas ; les autres ont besoin d'être courbées et maintenues avec des crochets dans des pots fendus jusqu'au tiers. Cette méthode est la plus sûre ; elle fournit à la branche une terre neuve qu'aucune plante parasite n'épuise. D'ailleurs les arrosements sont plus fructueux en pots que sur une terre bombée. Lorsque la branche qu'on veut marcotter est d'un seul jet sans sous-branches latérales, on perce, d'un trou rond, un pot au milieu de sa hauteur ; on y fait passer la branche sans l'écorcher, on l'enveloppe de mousse à l'endroit qui touche les bords du trou, on la maintient couchée sur la moitié de la largeur du pot en foulant la terre,

puis on redresse le bout verticalement, on l'assujettit
à un tuteur, on remplit le pot jusqu'à un pouce du
bord avec la terre propre au sujet; on recouvre avec
de la mousse, on entoure le pot avec de la litière humide, enfin on arrose tous les jours : il est rare que
ces soins ne soient pas suivis de succès.

C'est au premier printemps ou en automne qu'on
doit faire les marcottes; quelques-unes s'enracinent
la première année, d'autres la deuxième, la troisième,
même la quatrième. Si la branche qu'on veut marcotter est élevée, il faut placer un pot sur un écha-
faud *solide*, et de manière que cela ne tiraille pas le
sujet. Les incisions et ligatures qu'on fait aux branches avant l'opération ne sont pas utiles, quoiqu'on
obtienne beaucoup de *francs* par la voie du marcottage. Pour tous les arbrisseaux dont les feuilles sont
larges, il faut conserver intacte l'extrémité du rameau
sur lequel on opère, au lieu de ne lui conserver que
quelques yeux.

La Bibliothèque salutaire (1788) indique une bonne
méthode de marcottage qui a été donnée comme
nouvelle de nos jours. Il s'agit de choisir une branche
bien nourrie dans l'année, gourmande ou autre; il
faut, à un pouce ou un pouce et demi au-dessus de
la dernière taille, cerner l'écorce en deux différents
endroits, d'environ quatre à cinq lignes de largeur,
dont on enlèvera l'écorce, laissant un intervalle d'un
bon pouce entre ces deux incisions : on couvrira ensuite les deux plaies avec du chanvre, à l'épaisseur
de quatre à cinq lignes, pour empêcher que la séve
ne s'extravase au printemps suivant. Cette branche
ainsi opérée demeurera à l'arbre pendant toute une
année, durant laquelle elle formera un arbrisseau
marquant fruit, et qui en produira effectivement dès
la seconde année, si l'opération a été bien faite. Le
temps pour la faire est le mois d'octobre, lorsque la

séve est sur son déclin. L'on ne détachera cette branche, devenue arbrisseau, qu'au mois d'octobre de l'année suivante, observant de la couper deux ou trois pouces plus bas que l'endroit incisé. On l'enterrera en prenant soin de couvrir en entier le bourrelet supérieur. Les petites branches qui auront poussé au-dessus et au-dessous, et sur toute la hauteur qui entrera en terre, ne seront point coupées, mais seulement raccourcies ou rafraîchies : elles sont - destinées à former des racines, de même que les nœuds qui s'élèveront autour des deux bourrelets. Si le terrain dans lequel on plantera cet arbrisseau est sec, il faut l'arroser de temps à autre jusqu'à ce que les racines aient pris de la consistance.

MULTIPLICATION PAR BOUTURE. — La bouture est une branche vive que l'on coupe et qui reprend en terre sans racines. Il ne faut pas confondre les boutures avec les marcottes. (Voyez MARCOTTE.)

Les boutures doivent être vigoureuses, unies, droites, longues d'un pied ou un pied et demi. On les met dans un terrain bien bêché et labouré, après les avoir par le bout taillées en pied de biche. Si on plante plusieurs boutures, on les met dans des rayons de six pouces de profondeur, à la distance de huit ou neuf pouces. On a soin de sarcler les mauvaises herbes et d'arroser. On active les reprises de boutures en les laissant tremper dans l'eau exposée au soleil avant de les planter.

Pour faire prendre des boutures sans bourgeons, on les plante dans un sol approprié ; on les recouvre d'un châssis. L'air doit être maintenu humide. On peut, avant de les planter, les faire tremper quelque temps dans de l'eau légèrement salée. On peut les découvrir la nuit : la séve qui descend forme alors plus aisément le bourrelet d'où sortent les racines, surtout si un air humide et doux diminue la dureté du bois et lubréfie l'écorce. On peut leur faire former un bourrelet avant de les planter, ce qui hâte leur reprise. On serre l'endroit où l'on veut couper avec un fil de fer mince qui fait un ou deux tours. Un mois avant de se servir des boutures, on les coupe en rognant légèrement le bas du bourrelet; on les enterre au frais en bottes, et on les plante ensuite à deux pouces de profondeur. Toutes le branches retranchées peuvent être employées comme boutures.

On a récemment essayé la bouture herbacée. On coupe plusieurs boutures en laissant à chacune d'elles une petite portion d'écorce : on dépouille à la base sept à huit lignes; on mouille, on renouvelle l'air, et l'on met à l'ombre, si le soleil est trop ardent. On tient sous une cloche de verre blanc très-propre. Dans cette opération pratiquée sur des rosiers, des daphnés, on a obtenu des plantes très-belles et en très-peu de temps. La plupart étaient propres à la vente au bout de six mois.

Pour empêcher les boutures de pourrir, on a proposé de les enduire d'un mélange de poix et de térébenthine; mais ce procédé n'a pas encore été essayé notoirement.

La greffe. — La greffe est l'opération par laquelle on unit une portion quelconque de plante à une autre plante avec laquelle elle doit faire corps et continuer de végéter. On donne aussi ce nom à la branche née du bourgeon incisé. Les végétaux, comme les animaux, ne sauraient s'allier s'ils ne sont de la même famille. Ainsi on ne saurait greffer un cerisier sur un chêne, ou un pêcher sur un saule. Il faut en outre qu'il y ait de l'analogie entre les dispositions des organes des deux arbres, la saison de la séve et la durée de son mouvement. Cette analogie fait, par exemple, que le prunier réussit sur l'amandier.

Les greffes doivent être proportionnées aux sujets sur lesquels on les place. Un bourgeon vigoureux serait une mauvaise greffe sur un sujet faible; un bourgeon faible serait étouffé par l'excès de séve d'un sujet vigoureux. Nous ne saurions trop recommander de bien faire coïncider les liens de la greffe et du sujet, afin que le filet ligneux formé par la séve de la greffe s'unisse au filet ligneux qui se formera en même temps entre le bois et l'écorce du sujet greffé. Le succès de l'opération dépend de cette coïncidence.

L'action amélioratrice de la greffe est facile à expliquer : la différence entre le sujet greffé et l'arbre qui porte la greffe arrête la végétation de ce dernier, de sorte que la séve, au lieu de se répandre en branches, se porte sur les fruits, dont la croissance est même accrue par l'énergie avec laquelle agissent l'air, la lumière et la chaleur, à travers un plus petit nombre de rameaux.

Greffe en écusson à la pousse. Prendre des sujets à écorce lisse et mince, les rabattre au-dessus d'un œil; détacher un œil bien nourri d'une greffe, en effleurant le bois sur une longueur de six lignes; faire une incision horizontale à l'écorce du sujet, et une autre de quatre lignes qui sépare perpendiculairement la première; soulever les deux côtés d'en haut, et y introduire le bois de l'écusson. Arrivé au point où l'œil se trouve à deux lignes au-dessous de la première incision, enlever le surplus du haut de l'écusson, rapprocher l'écorce du sujet; faire en dessus et en dessous quelques tours avec de la laine, qu'on ne serre point et qu'on lâche à mesure que l'œil s'allonge. On peut hâter le travail de la séve en entourant de fumier le pied de l'arbre greffé. On recouvre la plaie d'onguent tiède.

Greffe en écusson à œil dormant. Dans cette greffe,

on ne rabat le rejet qu'au printemps suivant, lorsque l'œil a poussé. On fait aussi l'entaille en manière de T. Pour les sujets délicats, il faut en greffant ne lever qu'un des côtés de la peau : on y adapte la greffe taillée droite; on lie, et on enduit de cire.

Greffe en écusson d'après M. Huvé. Cet horticole choisit des sujets jeunes et vigoureux, et des écussons des meilleures espèces. Il ne conserve que trois yeux aux branches à écussonner. Il attend un vent du sud à l'ouest ou une température chaude et un peu humide. Si le temps est sec, il arrose quelques jours auparavant le pied de l'arbre. Il fait l'incision en F près d'un bourgeon poussant, en proportion avec la grandeur de l'écusson ; il ne l'ouvre que d'un côté. L'œil de l'écusson se place dans une petite partie d'écorce demi-circulaire. La ligature se fait avec de la laine torse qui ne laisse que la place de la sortie de l'œil.

Greffe en couronne. On fait pour cette greffe une incision entre le bois et l'écorce, et on y introduit la greffe. On arrange les greffes à trois pouces et demi de distance les unes des autres, et on en fait ainsi cinq ou six. Cette greffe convient aux gros fruits à pepins, et se pratique en mars.

Greffe en flûte. Cette greffe convient aux figuiers et aux châtaigniers. On la pratique au mois de mai. On dépouille un beau jet, d'une grosseur égale à celui qu'on veut enter, d'un anneau d'écorce de deux travers de doigt garni de ses yeux; on dépouille également le sujet, sur lequel on insère l'anneau qu'on enlève.

Greffe en fente. La greffe en fente est une de celles qui réussissent le mieux; elle convient aux sujets bas et faibles. Elle se pratique depuis mars.

La greffe en fente s'exécute sur des sujets jeunes et vigoureux, par un jour couvert, mais sans vent. On met un sujet en pot, gros comme la jambe, sur lapluie, en avril pour les espèces tardives, en mars pour les hâtives.

Les outils de la greffe sont un gros couteau bien tranchant à large lame, un canif, un petit coin de cœur de chêne, un petit maillet, une scie à main bien propre, une serpette, de la laine, de l'onguent composé d'une livre de poix noire, autant de résine, une demi-livre de cire jaune, autant de suif et quatre onces de térébenthine, et d'un pinceau pour appliquer cet onguent.

Les greffes sont des bois de l'année sans yeux à fruits, mais pris sur des arbres qui en ont déjà donné. La division du travail rend la greffe plus facile, et il vaut mieux être deux personnes, afin que l'une s'occupe du sujet, l'autre de la greffe. On scie le sujet au-dessus d'un œil, au midi, horizontalement; on s'arrête un peu avant d'arriver à l'écorce; on achève d'enlever avec une serpette, au moyen de laquelle on nettoie la plaie; on la préserve du contact de l'air. On coupe la greffe sur trois yeux dans sa moyenne grosseur; on la taille en coin, des deux côtés, sur une longueur de dix à douze lignes, en commençant au dernier œil d'en bas, qu'on laisse sur le devant; on conserve l'écorce devant et derrière. On appuie le couteau sur la coupe du sujet à côté de la moelle; on y fait une fente en frappant avec le maillet, et on tient la fente ouverte au moyen du coin. On place la greffe de manière à en faire coïncider l'écorce avec celle du sujet. On ôte le coin sans ébranler. Si le sujet n'est pas assez fort, on fait deux ou trois tours avec de la laine serrée faiblement.

Greffe en approche. Cette greffe est la moins durable. Elle se pratique depuis mai jusqu'en août, et ne peut s'employer que sur les espèces fortes et élenées. A côté de l'arbuste qu'on veut multiplier, on met un sujet en pot, gros comme la branche sur la-

quelle on placera les greffes. On fait à l'un et à l'autre,
sur les faces qui se regardent, une amputation longue de deux pouces ; on approche les deux parties
amputées qui doivent être complétement semblables.
On assujettit avec de la laine roulée en spirale et un
chiffon. Quand, l'année suivante, la plaie est bien
prise, on coupe la tête du sujet en biseau à l'endroit
où finit la plaie, et la branche de l'arbuste en sens
inverse où la plaie commence. On laisse la ligature
un an encore en la desserrant un peu. Pendant les
chaleurs, on met le sujet à l'ombre.

M. Noisette a obtenu de la greffe divers résultats
nouveaux en plantant dans un pot plusieurs sujets
d'espèces variées, dont on enlève les feuilles inférieures, et dont on maintient les tiges en contact par
un tube de verre ; il parvient à souder les deux troncs
en un seul. On fait cette opération dans une serre, à
quinze degrés, en exposant les plantes à une humidité légère. En fendant une jeune branche de groseillier blanc et une jeune branche de groseillier
rouge de la même grosseur, les appliquant l'une
contre l'autre, les liant, et plaçant cette greffe dans
un pot, M. Noisette se procure une bouture qui s'en-
racine à l'air libre et donne enfin des groseilles
blanches et rouges. M. Noisette obtient aussi plusieurs
variétés sur le même arbre de la manière suivante.
Il greffe, par exemple, une espèce de poirier sur un
coignassier de deux ans ; quand l'arbre a six pieds
de haut, il applique une seconde greffe sur la tige
verticale ; quand cette seconde greffe a atteint six
pieds, il écussonne une troisième espèce moins grosse
que les deux autres.

Ainsi l'on greffe en fente sur le coignassier du fruit
le Catillac ou poire de cloche ; puis, quand la greffe
a acquis assez de force, on greffe sur elle du bon-
chrétien : on obtient des produits magnifiques. On

varie les feuillages sur le même sujet, soit par des greffes différentes placées à la fois sur plusieurs branches, soit par des greffes étagées, faites à quelques années d'intervalle.

La *greffe à trois pièces* ou *greffe-Musat, greffe pédicéphale*, a été récemment perfectionnée. En voici la description. Prenez une branche de citronnier bien en séve, d'environ huit pouces de long et quatre lignes de diamètre, dont les extrémités auront été coupées horizontalement; fendez-la au milieu de son bout inférieur jusqu'à six lignes verticalement; un tronçon de racine avec son chevalet extrait d'un citronnier non moins vigoureux sera introduit par son sommet, aiguisé en coin, dans ladite ouverture, et l'on aura attention de mettre en rapport autant que possible les vaisseaux séveux de la racine et de la branche ainsi articulés. La jonction sera enduite de cire à greffer.

CHAPITRE III

CONSERVATION DES PLANTES.

1. ABRIS. — Il est nécessaire de former des *abris* pour garantir les plantes contre les pluies froides, les frimas, les gelées et les mauvais vents.

Ces *abris* se font avec des *paillassons* ou *palissades*, des *brise-vents*, des *paillis*, des *verrines*, des *cloches*, des *châssis*, des *bâches* et des *hangars;* un *tertre élevé*, un *petit mur*, une *serre chaude*, une *orangerie* font encore des abris.

Des bouquets d'arbres plantés et distribués à certaines distances et convenablement, sont aussi des abris qui rompent l'impétuosité des ouragans, qui empêchent ces fléaux des campagnes d'endommager bâtiments et les couvertures des fermes, et des métairies. C'est surtout du côté de l'ouest qu'on doit opposer des remparts à la violence des vents et des tempêtes. Des arbres plantés dans les cours des fermes qui sont vastes, sont des abris utiles pour empêcher que le vent n'éparpille le fumier ou que le soleil ne le dessèche ; ils fournissent d'ailleurs de l'ombre et une retraite aux volailles et aux bestiaux dans les grandes chaleurs.

2. ADOS. — On entend par ce mot une élévation en dos d'âne, plus large du bas que du haut ; c'est aussi un endroit adossé à un mur ou à un bâtiment, et qui, par sa position, est à couvert des mauvais vents et des gelées.

On pratique quelquefois des *ados* pour tenir lieu de châssis vitrés et favoriser les primeurs. Ces ados sont exhaussés de 41 à 49 centimètres par derrière, sur 49 à 70 de largeur, venant en mourant par devant, et même creusant sur le devant pour charger d'autant sur le derrière ; on les soutient par des planches assurées avec de bons piquets. Cette pente peut produire deux bons effets : 1° de jouir durant l'hiver, lorsque le soleil est bas, du moindre de ses regards ; 2° de ne point avoir, dans le temps des gelées et des frimas, aucune humidité nuisible, et de la faire perdre et tomber dans le pied de l'ados.

Cette sorte d'ados se pratique au midi le long d'une plate-bande vers la fin d'octobre ; on ménage 48 centimètres de sentier entre le mur et l'ados, pour travailler aux plantes. Avant que de planter les pois au mois de novembre, il faut laisser quelques jours la terre se plomber tant soit peu, pratiquer ensuite des rigoles du haut en bas de l'ados, planter des pois, et les garnir de terreau. Lorsqu'il survient des neiges ou de fortes gelées, on couvre les ados de grande litière avec des paillassons par-dessus, qu'on ôte et qu'on remet à propos ; on se sert aussi de ces ados pour avoir des primeurs de fraisiers, que l'on y transporte, soit en pots, soit en mottes. Un avantage qui résulte de ces ados est de pouvoir renouveler tous les ans la terre de la plate-bande; quand elle est vide on la rabat pour y mettre des haricots nains ou d'autres légumes.

Les ados de printemps ne se distinguent de ceux d'hiver qu'en ce qu'ils sont plus inclinés à l'horizon. Le soleil commençant à s'élever dans cette saison, il faut, pour que ses rayons tombent à angle droit sur les ados, que ceux-ci lui présentent une surface plus approchée de la position horizontale : l'angle d'inclinaison le plus favorable est facile à calculer pour chaque pays dans lequel on se livre à des cultures de primeur. On pratique les ados de printemps dès le mois de février, de la même manière et aux mêmes situations que ceux d'hiver. On les emploie aux semis des diverses sortes de salades, de légumes, de fleurs et de quelques plantes d'usage dans l'économie rurale, dont on veut obtenir de bonne heure de jeunes plants propres à être repiqués en pleine terre dès que les gelées sont passées. On couvre ordinairement ces semis avec des cloches à la maraîchère ou avec des châssis, et on les garantit des fortes gelées au moyen de fanes de fougère, de litière et de paillassons.

3. MURS. — Ils remplissent un double but : d'abord de défendre les plantes alpines contre les ardeurs du soleil, et ensuite de garantir les plantes méridionales contre les atteintes du froid, de la gelée, etc. On conçoit dès lors que ces murs doivent s'étendre de l'est à l'ouest.

4. PALISSADES. — Dans le jardinage, on entend par *palissade* un assemblage d'arbres ou d'arbrisseaux, feuillus dès le pied, plantés près à près, d'un seul rang, formant une tapisserie verdoyante de telle lon-

gueur, hauteur et figure que ce soit. La *palissade* se
tond au croissant ou aux ciseaux. Les arbres préférés
aujourd'hui pour les palissades sont les *thuya occi-
dentalis*, *populus italica*, *taxus baccata*, etc. Il y a
des palissades qui n'ont qu'une face et d'autres qui
en ont deux. Les premières sont plantées le long des
murs ou bordent les pleins bois; on ne les tond souvent que par devant. Les autres palissades servent à
entourer les bosquets et à masquer les carrés semés
en foin ou destinés à de gros légumes. Elles exigent
beaucoup de régularité dans les deux faces qu'elles
présentent, pour n'être pas plus épaisses du haut que
du bas.

Les palissades se forment avec de l'ormille, de l'é-
rable, et plus souvent avec de la charmille. On choi-
sira le plant le plus fort, qu'on lèvera avec soin et
qu'on étêtera à la hauteur de 70 centimètres; c'est
le moyen de gagner trois ou quatre ans. Comme il y
a dans les plants du fort, du moyen et du petit, on
les sépare ensuite; on ôte par devant et par derrière
les branches qui s'y trouvent, et l'on conserve uniquement celles des côtés. Dans une tranchée de
70 centimètres en tous sens, on plante le plant le plus
fort; on l'espace à 70 centimètres, on met le tronc à
fleur de terre, et on plante à racines plongeantes et
pivotantes, sans en retrancher aucune; ensuite on
revient sur ses pas, et, dans l'intervalle de 70 centimètres, on place alternativement du moyen et du
petit plant. Alors, pour tenir en état cette palissade,
on enfonce en terre, de 2 mètres en 2 mètres, des
échalas auxquels on attache avec du fil de fer des
traverses, tant dans le milieu que dans le haut. La
première année on laisse pousser la palissade à son
gré et sans toucher aux côtés ni aux extrémités, on
retranche seulement les branches qui ont poussé par
devant ou par derrière, et ou lie les autres à ce treil-

lage léger, soit avec de l'osier, soit avec de la ficelle. L'année suivante, on tond la palissade aux ciseaux, sans la rabattre du haut, et ainsi d'année en année elle devient plus forte en trois ans qu'en douze, suivant l'usage de la répécer à 17 centimètres de terre.

5. PAILLASSONS. — Le *paillasson*, dans le jardinage, est un assemblage de pailles longues de froment, de seigle et autres, qu'on arrange les unes près des autres à une certaine épaisseur, et qu'on attache ensemble soit avec des ficelles, soit avec des osiers ou du fil de fer, sur des échalas ou des cerceaux, suivant une longueur et une étendue plus ou moins grandes, et déterminées quant au besoin.

On se sert de paillassons pour garantir les plantes de l'impétuosité des vents et des pluies. Un paillasson pour garantir les arbres fruitiers, tel qu'on en met, par exemple, devant un abricotier en palissade, doit avoir environ 3 mètres sur 1 mètre 33 cent. de haut; il a de chaque côté deux traverses de bois qui l'entretiennent; des crochets de fer le tiennent éloigné de 17 centimètres de l'arbre, et il est à la distance d'environ 66 centimètres de terre. Il y a aussi de petits paillassons liés avec de la ficelle, qui se roulent et qui ne servent qu'à couvrir les cloches.

6. BRISE-VENTS. — Les *brise-vents* sont des lisières de plantations destinées particulièrement à rompre l'effort des vents pour les empêcher de nuire aux cultures intérieures, ou pour en défendre l'accès aux hommes et aux animaux. On les forme ordinairement avec des arbres et des arbrisseaux qui se garnissent de branches depuis le pied jusqu'au sommet; quelquefois ils sont composés d'une seule, d'autres fois de plusieurs espèces. Tantôt on les place sur une ligne, ils ne se distinguent alors en rien des palissades, tantôt sur plusieurs. Dans quelques circonstances, ils ne présentent, dans leur élévation, que

deux lignes droites, entre lesquelles se trouve l'épaisseur du *brise-vent*; dans d'autres, ils offrent une
ligne droite et un talus, soit en dedans, soit en dehors
des possessions; d'autres fois enfin, ils forment deux
talus qui, par le haut, se terminent au milieu de l'é-
paisseur du massif. On fait aussi des *brise-vents* avec
des paillassons fort épais placés debout et tenus en
état par des pieux fichés en terre : on les place à
l'opposite des mauvais vents, autour des couches;
enfin on se sert encore pour le même but de pans de
muraille élevés du côté des mauvais vents, et faisant
l'équerre à l'extrémité d'un espalier.

7. PAILLIS. — Par ce mot on entend une couche de
litière ou de fumier non consommé, épaisse d'un à
trois doigts, que l'on répand sur les plantes mises en
plates-bandes ou en carrés. Cette méthode est un peu
dispendieuse et n'est point agréable à l'œil, mais elle
est utile pour les végétaux, en entretenant toujours
la terre humide, en protégeant les jeunes plants
contre les gelées tardives, en s'opposant à l'évaporation trop rapide des pluies, des arrosements, etc. Au
lieu de paillis, quelques horticulteurs emploient avec
succès les *mousses*, qui servent spécialement à couvrir les planches de terre de bruyère au nord, et les
petites plantes alpines délicates ou d'une conservation
difficile hors de leur pays natal. Nous ne croyons pas
devoir parler ici des *toiles*, qui ont trop peu d'épaisseur pour garantir contre un grand froid, et que les
amateurs de jacinthes, tulipes, renoncules, anémones, emploient presque exclusivement pour mettre
leurs plantes favorites à l'abri des intempéries de
l'air, et pour prolonger de quelques jours leurs inno-
cents plaisirs. En jardinage, il est très-rare qu'on ait
besoin d'employer les toiles.

8. CLOCHES. — Nous avons déjà parlé des cloches
dans un précédent chapitre. A ce que nous en avons

dit, nous ajouterons qu'on les pose perpendiculairement au sol en été, et sur un plan incliné à 45 degrés en automne et au printemps. Comme il est nécessaire de donner de temps en temps de l'air aux plantes qu'elles recouvrent, on a des espèces de fourchettes de bois pour les tenir élevées. Les cloches de verre noir ou de verre de bouteille sont celles qui communiquent le plus de chaleur aux plantes, en raison de leur couleur, qui absorbe mieux les rayons solaires. Celles de verre blanc les réfléchissent davantage, et sont, par conséquent, moins chaudes; mais les plantes qui en sont recouvertes sont plus vertes que les autres, parce qu'elles reçoivent plus de lumière.

Les *cloches soufflées* ou à la *maraîchère*, qui sont d'une seule pièce, coûtent assez cher, et, lorsqu'elles sont brisées par la grêle, causent un préjudice assez considérable. C'est pour obvier à cet inconvénient qu'on a inventé les *cloches à facettes*, fabriquées avec un certain nombre de petits carreaux de vitre réunis par des traverses de plomb laminé.

Elles sont surmontées d'un anneau servant à les transporter. Il y a, à différentes distances de la base, des pointes de fer pour fixer la cloche solidement en terre. L'entretien de ces cloches est moins dispendieux que celui des cloches soufflées : car on conçoit qu'un orage ne peut briser que quelques vitres, dont la réparation est facile et peu coûteuse. Les verrines sont préférées aux cloches soufflées dans le nord de la France.

Les *cloches anglaises* sont des espèces de cloches soufflées. Leur forme est celle d'un dôme surmonté d'un rétrécissement d'un à deux pouces de diamètre, d'un à trois pouces de hauteur, percé en forme de cheminée qu'on bouche à volonté selon le besoin d'air. Leur longueur et leur largeur sont arbitraires. Elles sont d'un emploi très-avantageux pour les boutures et les marcottes, dont elles facilitent la reprise d'une manière toute particulière.

On fait aussi des *cloches de terre cuite* qui sont très-commodes, et n'induisent pas à une grande dépense. Leur forme est celle d'un cylindre coupé obliquement, et leur ouverture est couverte d'un carreau de vitre fixé à l'aide de mastic. Ces cloches sont très-bonnes pour les boutures et les plantes qui ne rampent pas; mais si l'on veut que les plantes jouissent du soleil toute la journée, il faut tourner le verre du côté du levant le matin et du couchant le soir.

Quelques jardiniers se servent de *cloches de paille* pour garantir les jeunes plants de la trop grande ardeur du soleil, en les mettant sur les cloches de verre. Elles les garantissent de la fraîcheur de la nuit, et conservent plus longtemps les rayons condensés du soleil. Elles servent également seules, quand il ne s'agit que de procurer de l'ombre, particulièrement aux jeunes plants qu'on repique en pleine terre.

9. CHASSIS. — On peut considérer les châssis comme des espèces de grandes cloches à facettes. Ce sont des cadres formés de planches verticales placées sur le sol qu'on a préparé pour en faire une couche, et recouverts de panneaux vitrés. Ces cadres ont 2, 4, et jusqu'à 6 mètres de longueur sur 1 mètre 34 cent. de largeur environ; ils doivent être transportables, et sous ce rapport les grands ne sont pas les plus avantageux. La direction qu'on leur donne doit être de l'est à l'ouest; les planches qui sont du côté du midi sont plus hautes que celles du côté opposé, de manière que les vitraux soient inclinés vers le sud, et reçoivent toute la force des rayons solaires, tandis que le mur opposé, plus élevé, garantit les plantes des vents du nord. Des poignées de fer attachées aux deux bouts du cadre servent à l'enlever pour le déposer sous des abris lorsque la saison le

rend inutile ou que les plantes ont acquis assez de force pour ne plus craindre les variations atmosphériques.

Comme on est souvent obligé de donner de l'air sous les châssis et d'ouvrir les panneaux à différentes hauteurs, il est nécessaire d'établir des crémaillères tant sur le devant que sur le derrière. Les plus simples sont des planches d'un pouce et demi d'épaisseur, de 1 mètre de long et de 11 centim. de large, dans lesquelles on taille des crans de 4 centimètres de profondeur. Cette espèce de crémaillère n'est point fixée au châssis; lorsqu'on veut donner de l'air, on la pose sur le bord supérieur de la caisse où elle est retenue au moyen d'une entaille pratiquée à sa partie inférieure; on la dresse, et l'on pose le cadre du panneau sur le cran qu'on a choisi pour l'ouverture du châssis.

Lorsque les châssis sont destinés aux semis, il est bon que le terre-plein de la couche ne soit pas éloigné de plus de 16 centimètres des vitres des panneaux. Un plus grand éloignement nuirait à la germination, et occasionnerait l'étiolement des jeunes plantes qui lèveraient. En général, plus les plantes sont rapprochées des vitraux, pourvu toutefois qu'elles ne soient pas affaissées, mieux elles se conservent, et plus elles végètent avec force. A la place de vitres, les Hollandais se servent de papier collé sur le cadre; mais, comme ce papier serait détrempé et ensuite dissous par la pluie, ils ont soin de l'imbiber de graisse, et de le rendre ainsi imperméable à l'eau. Voici leur procédé : Le papier collé sur son cadre, ils le présentent sur un réchaud garni de charbons allumés; lorsque le papier est bien chaud sans être roussi, ils passent légèrement par-dessus du saindoux que la chaleur du papier fait fondre. Ils renouvellent la même opération pour chaque carreau. Elle rend le papier plus diaphane ; et la clarté sous le châssis, lorsque le soleil ne donne pas, est plus douce et plus forte que celle produite par la vitre.

La construction des châssis est assez dispendieuse, mais au total leur emploi est plus économique que celui des cloches : car une couche en châssis peut recevoir deux fois autant de plantes et de semences qu'une couche couverte de cloches, objet important qui épargne la dépense entière d'une couche. D'un autre côté les châssis sont peu sujets aux fractures ; les plantes ne s'y étiolent pas comme sous les cloches, parce qu'elles ont plus d'air et de liberté de s'étendre ; les fruits y sont plus hâtifs, plus savoureux. Un pied de melon sous châssis rapporte trois ou quatre fruits, tous bien conditionnés, tandis que sous cloche l'expérience prouve que si on en laisse deux, le second nuit au premier. Enfin la couverture des châssis consomme trois fois moins de litière que les couches.

10. ENTONNOIRS, CAGES, CONTRE-SOLS. — Les *entonnoirs* sont en verre blanc et destinés à couvrir les boutures sous châssis ou en serre chaude ; on les bouche pour concentrer la chaleur sur la bouture ; on les débouche pour renouveler l'air au besoin.

Les *cages* sont en verre ou en osier ; les premières ont un carreau mobile qui se lève pour donner de l'air au besoin, et sont disposées de manière à couvrir les plantes et à concentrer sur elles la chaleur dont elles ont besoin. Les cages en osier, en forme de cylindre, ont principalement pour objet de garantir les plantes de l'attaque des animaux ou de la trop grande ardeur du soleil.

On appelle *contre-sol* la moitié d'un pot fendu en deux sur la longueur, dont on entoure à demi une plante que l'on veut mettre à l'abri du soleil.

11. SERRE A LÉGUMES. — C'est un lieu sec, voûté si c'est possible, abrité des gelées, avec deux portes ou

deux fenêtres opposées pour renouveler l'air que corromprait sans cela un amas de légumes. Le sol est un sable fin ou une terre sablonneuse, légère, de 20 à 30 centimètres d'épaisseur. A l'approche des froids, les légumes, bien nettoyés et séchés, y sont placés en tas en mettant alternativement un lit de racines et un lit de sable ou de terre sèche. On plante aussi dans cette serre, pendant l'hiver, les choux-fleurs dont la tête n'est pas encore faite, les choux, les chicorées, etc.

CHAPITRE IV.

MOYENS DE COMMUNIQUER AUX PLANTES UNE CHALEUR ARTIFICIELLE.

1. Couches. — On entend par *couche* un amas de fumier qu'on assemble par lits, à la hauteur, longueur et largeur qu'on juge convenable. On laisse ce fumier s'échauffer, et communément on le couvre d'une certaine épaisseur de terreau, pour ensuite y semer et planter ce qui ne pourrait venir en pleine terre. La largeur d'une couche est d'ordinaire de 1 mètre 34 centimètres, sa hauteur de 66 centimètres ; quant à sa longueur, elle est arbitraire.

Une couche doit être placée au midi, de manière qu'un des bouts regarde le levant et l'autre le couchant. Après avoir marqué de même, avec un cordeau ou des jalons, la largeur qu'elle doit avoir, on y porte un rang de hottées de fumier à la queue l'une de l'autre, à commencer ce rang à l'endroit où doit finir la couche. Le jardinier commence ensuite à travailler par l'endroit où finit le rang des hottées, afin que le fumier n'étant embarrassé de rien qui le charge, il ait plus de facilité à l'employer promptement et proprement. Il prend donc ce fumier avec une fourche de fer, et s'il est un peu adroit, il le retrousse si habilement, en faisant chaque lit de sa couche, que tous les bouts du fumier se trouvent en dedans, et que le surplus fait une manière de dos en dehors. Le premier lit étant fait carrément de la largeur qu'on a décidée, et de telle longueur qu'il a été trouvé à propos, le jardinier fait ensuite le deuxième, le troisième, etc., les battant du dos de sa fourche, ou les piétinant pour voir s'il n'y a point de défaut, afin d'y remédier sur-le-champ, la couche devant être également garnie partout, en sorte qu'il n'y ait aucune partie plus faible que l'autre : cela fait, il continue la longueur résolue, et toujours par lits, comme il a été dit, jusqu'à ce que la couche ait la longueur, la largeur et la hauteur qu'elle doit avoir; cette hauteur est, suivant les saisons, quatre pieds quand on la fait, et diminue de deux, trois ou d'un tiers quand elle est affaissée.

Chaque couche, suivant l'usage qu'on en veut faire, après avoir été bien foulée de bout en bout à pieds joints, et particulièrement sur les bords, doit être chargée aussitôt de terreau qu'on étend de gros en gros sur toute la surface ; et pour la dose de ce terreau, on se réglera sur ce qui sera dit à l'article de chaque plante : on destinera, par exemple, une couche pour des raves ; à l'article de cette plante, on trouvera qu'elle en demande 21 à 24 centimètres ; ainsi des autres. Mais il y a une attention à faire à cet égard ; c'est d'en mettre d'abord plus qu'il n'en faut, surtout dans les temps froids, pour aider à la couche à s'échauffer, et on retire ensuite ce qu'il y a de trop lorsqu'on vient à la dresser : cela est particu‑ lièrement nécessaire à pratiquer pour les couches de melons, sur lesquelles on ne doit mettre que 5 à 8 centimètres de terreau, qui ne seraient pas capables de mettre les fumiers en mouvement ; il faut même, dans les temps de neige ou de grandes gelées, avoir

recours à des fumiers chauds, dont on couvre toute
la couche jusqu'à ce qu'elle soit échauffée.

Les terreaux ne sauraient être trop maniés, c'est-
à-dire trop fins, pour toutes les semences; et, pour
les rendre tels, le plus court et le plus sûr moyen est
de les passer à la claie : cette claie doit être en fil de
fer maillé, à petites mailles, tel qu'on en fait pour des
portes de buffet ou d'armoire, et elle doit avoir de
1 mèt. 62 cent. à 2 mètres en tous sens. On la place
sur un côté, un peu penchée et arc-boutée par deux
perches derrière le tas de terreau, à quatre pas environ, et un homme ou deux, avec des pelles de bois,
le jettent contre, de manière qu'il s'écarte en l'air et
retombe en pluie sur la claie, pour que les parties les
plus déliées passent plus facilement au travers, et que
les plus grossières tombent au pied, qu'on rabat avec
le dos de la pelle et qu'on repasse après, de la même
façon.

Avant de semer ou de planter quoi que ce soit sur
une couche nouvellement faite, il faut attendre six à
sept jours, et quelquefois dix ou douze, pour lui donner le temps de s'échauffer et permettre ensuite à
cette chaleur, qui est violente, de se modérer notablement. Cette diminution s'aperçoit quand toute la couche s'est affaissée, et quand, enfonçant la main dans le
terreau, on peut souffrir la chaleur; c'est pour lors qu'on
doit commencer à le dresser proprement. Pour dresser
ce terreau, c'est-à-dire pour l'unir également, on se
sert de quelque planche large d'environ 32 centime-
tres, et on la place sur les côtés de la couche, à 5 cent.
environ du bord; cette planche ainsi placée, on la
soutient ferme tant de la main gauche que du genou,
et de tout le corps ; et ensuite, avec la main droite,
on commence par un bout à presser ce terrau contre
la planche, et le presser si bien qu'on lui fasse acquérir une manière de consistance, en sorte que, la

planche étant ôtée, quelque meuble que soit ce terreau de sa nature, il se soutient tout seul comme un corps bien solide. Quand ce terreau est ainsi dressé de la longueur de la planche, on la change de place pour faire dans toute la longueur de la couche la même opération ; et si la planche est un peu longue, par conséquent lourde, il faut être deux ou trois personnes à travailler tous de la même manière et qui s'aident en même temps à la soutenir ; si le jardinier est seul, il faut qu'il la soutienne avec de petits bâtons fichés sur le bord de la couche. Cette opération finie, le terreau doit avoir en tous sens 16 centimètres moins d'étendue que le dessous de la couche, et dans son carré long, il doit paraître aussi uni qu'une planche dressée en pleine terre. On y fait ensuite les semences ou plantations ; et c'est dans ce point de chaleur qu'il faut le prendre, car plus tôt ou plus tard, il s'en trouverait trop ou trop peu.

La chaleur de la couche peut subsister en état de bien faire pendant dix à douze jours ; mais ce temps passé, si on s'aperçoit qu'elle soit trop refroidie, il faut y faire, avec de bons grands fumiers neufs, des réchauffements tout autour, pour renouveler et entretenir la chaleur. Quand on doit renouveler ces réchauds, il n'est pas toujours nécessaire d'employer des fumiers neufs : assez souvent il suffit de remuer de fond en comble celui qui s'y trouve, pourvu qu'il ne soit pas trop pourri. Ce remuement est capable de renouveler encore la chaleur pour huit ou dix jours ; mais si on doute un peu de l'effet, on peut y mêler un tiers ou moitié de neuf. On doit avoir attention de tenir le milieu des couches de 11 centimètres plus élevé que les bords, parce que ce milieu s'affaisse toujours plus que les côtés, et que les eaux s'y arrêtent lorsqu'il est plus bas que les bords, au lieu qu'elles s'écoulent dans les sentiers lorsqu'elles trouvent une petite pente ; et conséquemment, à cette élévation de 11 centimètres dans le milieu, il faut faire tomber le terreau proportionnément. On doit faire une espèce de choix des fumiers, et ne pas les employer indifféremment comme ils viennent ; car telle plante, comme le melon, veut trouver la paille sèche au-dessous du terreau ; et telle autre, comme le comcombre, s'accommode fort bien d'y rencontrer un lit de crottin : c'est donc suivant l'usage qu'on veut faire de la couche, qu'on doit distribuer les fumiers. On trouvera ce que chaque plante demande à son article. Comme les fumiers ne sont pas toujours égaux, et qu'il s'en trouve dans la quantité une partie plus fraîchement tirée de dessous les animaux, par conséquent plus susceptible de chaleur, il faut avoir attention de les mêler ensemble avec le plus d'égalité qu'on peut, sans quoi il arrive que votre couche ne s'échauffe pas uniformément, et quand vous venez à la planter ou semer, il se trouve trop de chaleur dans un endroit et pas assez dans l'autre, ce qui produit un mauvais effet. Lorsque les fumiers sont trop secs, il faut les mouiller en deux temps, en faisant la couche, pour donner de l'activité ; mais le dernier lit ne doit pas être mouillé quand la couche est destinée pour des melons, et on met le terreau ensuite ; une voie sur la longueur de chaque espace de 2 mètres, est à peu près la dose. Trois ou quatre jours après que la couche est semée ou plantée, il est très à propos d'adosser tout autour un peu de fumier long, pour conserver la chaleur qui se soutient beaucoup plus longtemps ; ce qui fait qu'au lieu d'y faire des réchauds en forme, dix à douze jours après, on peut en attendre quinze et vingt ; et ce même fumier qu'on a adossé grossièrement, mêlé avec d'autre, sert ensuite à faire le réchaud.

Lorsqu'une couche est dans un danger pressant par

la cessation de la chaleur, et que les plants commencent à fondre, il faut, après avoir ôté les vieux réchauds, et avant d'en remettre d'autres, tirer par les côtés une poignée de fumier de la couche, sous chaque cloche perpendiculairement, à 54 ou 81 centimètres au-dessous du terreau, ce qui forme une espèce de fourneau où la chaleur du réchaud dégorge plus promptement, et se communique plus efficacement an plant qui est dessus. Il faut employer aussi les fumiers les plus chauds qu'on puisse trouver, et mettre dans le milieu un lit de fiente de pigeon de 27 à 54 centimètres d'épaisseur; c'est pour les melons et concombres que cette méthode est très-utile. Il arrive quelquefois qu'une couche jette un nouveau feu après avoir été plantée, surtout lorsqu'il survient quelques jours de chaleur ou quelques pluies chaudes : quelquefois aussi les réchauds l'échauffent trop, et les plants sont en danger de fondre; il faut dans ce cas y faire des ventouses, c'est-à-dire faire avec un gros plantoir, sous chaque cloche, un ou deux trous par lesquels la chaleur dégorge et donne un peu d'air aux cloches mêmes; vingt-quatre heures après, quand ce grand feu est passé, on rebouche les trous.

L'épaisseur qu'on doit donner aux couches, se règle en partie sur la qualité du fond de terre, particulièremnnt pour les dernières, où on remet les plants en place. Les maraîchers qui ont des terres sablonneuses, les tiennent extrêmement basses ; à peine ont-elles 32 centimètres de fumier, et cette petite quantité leur suffit, parce que le fonds de terre, qui s'échauffe aisément, jette dans les couches un feu naturel, qui non-seulement les dispense d'un trop grand secours de chaleur artificielle, mais qui pourrait même être violent pour les plants. Dans les terres froides qui ne s'échauffent que tard, cette parcimonie de fumier ne vaudrait rien; des couches ainsi disposées ne conserveraient aucune chaleur; il faut bler au moins la dose, pour que les plantes ai toujours le degré qui leur est nécessaire.

Si l'on a plusieurs couches, il faut qu'elles soient toutes de même hauteur, sans quoi celles qui excéderaient les autres ne profiteraient pas du bénéfice des réchauds, et les plantes, privées du secours de leur chaleur, en souffriraient; on doit à cet effet comp ter le nombre des voitures de fumier qu'on emploie à la première, et mettre une quantité égale à chaque couche. Observez de même, que lorsque vous mêlez ensemble les couches de melons, concombres, laitues, et autres plantes qui demandent une dose différente de terreau, il faut plus élever en fumier celles qui en demandent peu, comme le melon : de manière enfin que la superficie de vos couches soit égale.

TABLEAU DE LA CHALEUR DES DIFFÉRENTS FUMIERS.

	Substance employée.	Degré de chaleur. (maximum)	Durée de la couche
1°	Fumier de cheval. . . .	50° à 60° R.	10 à 12 mois.
2°	» de mouton. .	60° à 70°	4 »
3°	Fumier mêlé avec moitié de feuilles sèches. . . .	40° à 45°	6 à 8 »
4°	Même mélange avec deux tiers de feuilles. . . .	25° à 35°	10 »
5°	Tannée.	30° à 35°	5 »
6°	Feuilles sèches.	30° à 35°	8 à 10 »
7°	Marcs d'huile, tourteaux	20° à 25°	12 à 15 »
8°	Poudrette.	50° à 55°	10 à 12 »
9°	Marcs de raisin.	40° à 50°	15 à 18 »

Les degrés ci-dessus sont des degrés Réaumur et non centigrades. Les fumiers d'âne et de mulet ont la même valeur que celui de cheval; le fumier d'âne passe pour être plus chaud.

Les premières couches se font en novembre et servent à repiquer les laitues semées en octobre et à en replanter d'autres semées en août et en septembre, pour pommer au commencement de janvier; elles servent de même à faire de nouvelles semences de laitues, soit pour couper, soit pour faire du plant; on sème également dans ce mois des raves et des radis sous cloche, du cerfeuil, du cresson; on transplante des pieds d'asperges, d'oseille, d'estragon, de persil, etc. Voici la distribution que vous pouvez faire de ces différents plants et semences. Il faut séparer d'abord toutes les laitues, c'est-à-dire la laitue à couper, celle qui est à repiquer et celle que vous voulez faire pommer en place; vous sèmerez ou planterez de chacune la quantité que vous jugerez à propos : s'il vous en faut peu, une seule couche peut occuper le tout; mais il faut que chaque espèce soit séparée pour pouvoir retirer les fumiers à mesure qu'une place se videra, sans causer préjudice au reste. Les pieds d'oseille, d'estragon et de persil, qui ont de longues racines et qui demandent un grande épaisseur de terreau, veulent aussi leur quartier à part, mais ils peuvent se mêler.

En décembre, on fait les mêmes semences et plants que le mois précédent : pour avoir une succession des mêmes plantes, il faut donc suivre la même distribution. On commence aussi à semer les premiers concombres hâtifs, et on hasarde quelques cloches de melons qui réussissent quelquefois, mais qui périssent souvent, parce qu'ils demeurent trop longtemps étouffés sous les couvertures. Ces deux articles se sèment sur la même couche où vous semez de la laitue à couper, parce qu'ils sont en état d'être repiqués en même temps que la laitue se lève, et que la même dose de terreau convient à l'un et à l'autre; mais au cas que vous ne vouliez pas semer de la laitue dans ce mois, il faut placer vos melons et concombres au bout d'une couche chargée convenablement de terreau.

ont servi à élever de la laitue à couper et à repiquer dans le mois précédent, doit être alors retiré et se trouve encore bon pour les nouvelles couches que vous avez à faire, mêlé avec autant de fumier neuf.

En janvier, on fait, pour la troisième fois, les mêmes semences et plants : même distribution, par conséquent; mais la saison se trouve alors beaucoup plus favorable pour les semences des melons et des concombres, qu'il faut semer séparément, parce que, au bout de quinze jours ou trois semaines, ils demandent à être repiqués sur une nouvelle couche. Les choux-fleurs tendres se peuvent semer avec eux, d'autant qu'on les repique en même temps; mais il ne faut les semer que quatre ou cinq jours après les melons; cette graine s'accommode mieux de la couche tiède que chaude. On réchauffe aussi des pieds de baume, des cives et autres fournitures de salade, qu'on peut planter sur la même couche où on replante des laitues pour pommer, parce qu'elles fournissent aussi longtemps que la laitue demeure en place. On réchauffe encore des fraisiers en pots, qui demandent une couche particulière proportionnée à la grandeur des pots. Dans ce mois, on peut disposer, pour les nouvelles couches, du fumier de celles qui ont élevé les premières laitues pommées et les premières raves, de même que les premières asperges, outre celui des laitues repiquées qu'on replante alors sur de nouvelles couches, et celui des laitues à couper qui sont levées; et, à proportion que les fumiers sont plus ou moins consommés, on les mêle avec plus ou moins de fumier neuf. On repique dans ce mois les melons et concombres semés en décembre.

En février, on replante en place plusieurs sortes de laitues pour pommer, et on en repique d'autres. On sème des melons épineux et des melonchins; on sème encore des raves et radis, qu'il faut toujours semer séparément, et sur la même couche on peut semer, si on veut, quelques carottes, qui veulent la même dose de terreau ; et comme les raves sont levées beaucoup plus tôt on en semera une seconde fois dans la même place, qui seront venues encore aussi vite que les carottes ; autrement vous pouvez mêler ensemble les graines de raves et de carottes : les raves seront tirées avant que les autres plantes puissent en être incommodées. On réchauffe pour la dernière fois des asperges et des fraisiers en pots. On commence aussi à réchauffer des figuiers, des pois et fèves en mannequin ; mais tout cela demande des couches dressées exprès, suivant la grandeur des caisses et mannequins. Les premières semences se font de pourpier vert et de choux de Milan, et on continue d'en faire de laitues : ces trois choses s'allient ensemble ; et si on veut joindre quelques fleurs annuelles, comme amaranthe, giroflée, quarantaine, etc., on peut réunir tout cela, de même que les melons et concombres, dont on doit faire alors une ample semence, parce que ces différentes plantes se coupent ou se repiquent à peu près dans le même temps. On sème des pois Michaux très-épais, pour replanter en pleine terre un mois après, le long de quelque mur bien exposé, et ceux-là suppléent à ceux qu'on avait semés en novembre et en décembre, lorsqu'ils ont péri par la rigueur de l'hiver ou, s'ils n'ont pas péri, ils leur succèdent. Sur la couche où on repique des laitues, on repique aussi les choux-fleurs, melons et concombres semés le mois précédent. On commence aussi sur la fin de ce mois à replanter en place les melons et concombres de la première semence de décembre, et autour de chaque pied on en peut mettre quatre de la semence de février, qu'on retire quand ils sont assez forts pour être mis en place. Si l'on a des châssis on garnit les intervalles des melons de toutes sorte de plantes et semences ; mais avec des cloches, tout ce qu'on met entre deux est trop en risque d'être gâté, ainsi que nous l'avons dit ci-dessus. Pour toutes les couches qu'on fait dans ce mois, on reprend de même les fumiers de toutes celles qui on fini leur service, de raves, de laitues pommées ou à couper, de même que celui des asperges, et on les mêle avec du neuf; les réchauds s'emploient de même.

En mars, c'est la grande plantation de melons et de concombres, qui veulent chacun leur quartier à part: on peut alors garnir plus librement les espaces vides, soit de semences, soit de laitues, parce que les paillassons peuvent suffire pour défendre les plants des gelées de la saison, avec l'attention de les char_ger de litière lorsqu'on les juge insuffisants. On plante aussi les dernières laitues de grossa crêpe, qui pomment sans cloche, de même que les chicons de toute espèce, et on proportionne l'étendue des couches au besoin. On repique encore différentes espèces de laitues qu'on replante ensuite sur la terre des choux, et plusieurs sortes de fleurs semées dans le mois précédent. On seme, pour la première fois, du pourpier doré, du basilic, de la chicorée, du céleri, des capucines, des potirons et plusieurs espèces de fleurs : tout cela peut se réunir. On sème aussi, au commencement du mois, des haricots qu'on remet en pleine terre à la fin d'avril ou au commencement de mai. On sème encore, pour la dernière fois, à la fin du mois, des melons ou concombres qui peuvent se mêler avec les autres semences, parce qu'on les re-pique quinze ou dix-huit jours après. On assortit les plants et les semences, comme dans les mois précé-dents, à la nature des couches, et on emploie de même les fumiers de celles qui ont fini de rapporter.

En avril, on continue de faire des couches de me-lons et de concombres, et on repique autour des pieds qu'on met en place, quatre ou cinq jeunes pieds des précédentes semences, qu'on retire quand les gros pieds commencent à leur nuire. On repique aussi dans les intervalles des cloches, tous les plants des semences de mars, choux, céleri, chicorée, etc., avec l'attention de mettre sur les couches de concombres qui ont six pouces de terreau, les plantes qui piquent le plus, comme le céleri et les choux, et sur celles des melons, on met les semences et les plantes qui ne font que tracer dans le terreau. On met toujours à profit les vieux fumiers.

En mai enfin, on fait les dernières couches de melons, et c'est l'unique plante potagère qui reste à planter, car les concombres dans cette saison se replantent en pleine terre comme toutes les autres plantes; je n'y comprends pas les fleurs annuelles, dont plusieurs ne réussissent bien que sur couches. On continue d'employer à ces dernières couches les vieux fumiers, et si on en a de reste, on peut en faire des couches sourdes, mêlées avec du neuf, ou bien on emploie ce reste de vieux fumier après l'avoir étendu pour le faire sécher, et il sert pour les couvertures de l'année suivante.

On ignore généralement l'utilité qu'on peut retirer du marc des raisins, des pommes et des poires pour donner aux couches de primeurs ou aux bâches une haute température, tellement haute même qu'il faut la diminuer par l'addition de terres. Au moyen de ce marc, on est parvenu à cultiver des ananas sans feu. Cette substance, accumulée sous les bâches, a fait élever leur température à 50 degrés centigrades, et, au bout d'un an, cette chaleur n'avait pas diminué. Dans certains pays vignobles on jette en pure perte le marc de raisin. On peut s'en servir ainsi pour produire des primeurs, et quand la fermentation s'est accomplie, le résidu devient un excellent engrais.

2. BACHES. — Les bâches sont plus grandes que les châssis, mais elles en diffèrent en ce que leur caisse est ordinairement en maçonnerie et que leur sol est plus bas que le sol extérieur. Pour la culture des primeurs, la bâche devra être exposée au midi, et à la surface du sol; pour les boutures, elle sera aussi au midi, mais plus enfoncée et chauffée par un poêle. Pour les bruyères, on expose la bâche au levant, et on la préserve seulement de la gelée. De même que les cloches, les panneaux vitrés des couches, châssis, bâches, etc., doivent être soulevés soit pour renouveler momentanément l'air, soit pour en faire jouir les plantes lorsque la température est douce. Pour les cloches, on se sert d'une petite latte en bois à crémaillère, de 40 à 50 centimètres, dont l'extrémité basse est pointue et le sommet terminé à angles droits. Pour les vitraux, ces crémaillères sont moins longues, plus épaisses et terminées carrément aux deux extrémités. Il y a des *bâches à ananas* qui exigent la plus grande chaleur, et des *bâches-cels* employées pour recevoir dans un terre-plein les arbrisseaux dont on couche les branches pour en faire des marcottes, qui ne s'enracinent que dans l'espace de dix-huit mois à deux ans. Tous les châssis de cette bâche s'enlèvent pendant la belle saison, et elle présente une face au nord et l'autre au midi.

3. SERRES TEMPERÉES. — Ce sont des bâtiments disposés de manière à recevoir la plus grande quantité possible de lumière et de chaleur solaire. Ils doivent donc être très-éclairés sur trois faces, ou au moins sur le devant au midi, qui doit être occupé dans toute la hauteur par des croisées en vitrage jusqu'à 50 ou 60 centimètres de terre. Au moyen d'un poêle ou deux, on donne à ces serres la température que l'on désire. La température d'une serre tempérée varie de 6 à 20 degrés. Les serres tempérées ont du

reste beaucoup de rapports avec les orangeries. Il y a aussi des *serres froides*, employées à la conservation des végétaux qui, restant dans l'inaction pendant l'hiver, n'ont besoin que d'être défendus des gelées qui passent 5 degrés. La construction de ces serres ne diffère pas de celle des orangeries.

4. CAVES. — On s'en sert spécialement pour la production des champignons. Elles doivent être profondes, afin que l'air qu'elles renferment n'éprouve pas de grandes variations de température, et se trouve à environ 10 degrés du thermomètre de Réaumur. Les caves de l'Observatoire, les galeries des anciennes carrières du faubourg Saint-Jacques, à Paris, sont employées avec intelligence par une classe de jardiniers dits *champignonnistes*, qui s'occupent spécialement de cette culture lucrative.

5. ORANGERIES. — Tout le monde entend par orangerie une serre où l'on garde l'hiver les orangers. La hauteur et la grandeur sont arbitraires ; l'exposition au midi est seule de rigueur : quant à la température moyenne, il suffira que le thermomètre n'y descende pas au-dessous de zéro, mais la chaleur peut y monter de 4 à 10 degrés sans inconvénient· L'orangerie, en effet, n'est employée que pour la conservation de certaines plantes, et non pour activer leur développement. Elle doit être exposée de façon à recevoir le soleil le plus de temps possible, et à n'avoir rien à redouter des vents du nord et de l'ouest; ces deux prescriptions sont dans l'intérêt des plantes cultivées, et de l'amateur qui risquerait de perdre tout dans une seule nuit. Quant à la disposition intérieure, le mur du fond, ordinairement exposé au nord, doit être épais et sans couverture, et autant que possible abrité par une colline, un tertre, etc. Le devant, exposé au midi, se forme de colonnes étroites séparées par de larges et hautes fenêtres garnies de

volets et paillassons, et la porte doit être proportionnée à la grandeur du bâtiment. Quelques orangeries
ne sont couvertes que d'un simple toit; mais il est
plus convenable et plus économique de plafonner,
cela conservant la chaleur et diminuant l'humidité. Il
est indispensable de ménager deux couloirs dans
toute la longueur du bâtiment, l'un contre le mur du
fond, où aucune plante ne doit être placée, et l'autre
entre les plantes les plus élevées qui doivent être
placées au centre, et les plantes rangées contre la
façade.

Les plantes et les arbustes que l'on conserve en
orangerie n'ayant pas tous besoin de la même température, il serait bien de diviser le bâtiment en plusieurs pièces ayant toutes, avec le foyer de chaleur,
des communications que l'on pourrait intercepter
quand cela serait nécessaire. L'époque à laquelle on
doit rentrer les plantes d'orangerie est l'approche des
froids, c'est-à-dire le milieu d'octobre; d'ailleurs les
unes étant plus délicates que les autres, on peut les
rentrer et les sortir à des époques différentes. Dans
le courant de l'hiver et du printemps, on ouvre les
fenêtres aussi souvent que le temps le permet, et on
ferme les volets; on met les paillassons également
toutes les fois que le temps l'exige, et pendant l'hiver
à peu près toutes les nuits.

6. SERRES CHAUDES. — Les serres chaudes ne sont
pas seulement destinées à la conservation des plantes, elles ont pour objet d'activer leur végétation;
elles doivent donc être construites de manière à recevoir le soleil pendant toutes les saisons, depuis son
lever jusqu'à son coucher, ce qui serait impossible si
elles étaient couvertes d'un plafond ou d'un toit plat.
Il est aussi indispensable d'y entretenir une chaleur
artificielle. Le mur d'une serre chaude, exposé au
nord, doit être épais et très-élevé, afin que la pente

du toit, composé de châssis vitrés, soit toujours accessible au soleil. La façade, construite perpendiculairement, est composée, comme le toit, de châssis vitrés, et disposés de manière à s'ouvrir et se fermer facilement. Ainsi l'on comprend que, excepté le côté du nord, tout le reste de la construction est en charpente garnie de châssis vitrés. Cette charpente doit être ajustée avec le plus grand soin, et, tout en n'ayant pas trop d'épaisseur pour ne pas intercepter les rayons, elle doit être assez solide pour ne se déjeter en aucun sens : elle doit être peinte à plusieurs couches, et cette peinture renouvelée à peu près chaque année, afin que la pluie n'y cause pas de dégradation. Au reste, rien n'est plus important pour une serre que l'entretien du bâtiment et sa parfaite clôture, puisque de là dépend la conservation de la chaleur. Des paillassons doivent se trouver continuellement à la partie supérieure pour être jetés sur les châssis au moindre changement de température et à la moindre apparence de grêle ; car le plus grand inconvénient de ces constructions à toits de verre, les seules praticables pour les serres, c'est qu'une grêle d'un instant peut tout détruire. Une surveillance de tous les moments est donc indispensable.

Une précaution indispensable, c'est de faire les constructions, et particulièrement les fondations, en briques vernissées, qui conservent parfaitement la chaleur, et d'y intercaler une couche de charbon pilé. Les charpentes peuvent être, avec beaucoup d'avantage, remplacées par des châssis en fer, ce qui ajoute à la solidité et intercepte moins les rayons du soleil. On peut aussi, au lieu de grands carreaux mastiqués, faire usage de petits vitraux ajustés dans les rainures de plomb, ce qui est plus économique, et rend les fractures moins dangereuses. L'extérieur de la serre doit, autant que possible, être dégagé ; la disposition intérieure est la même que celle de l'orangerie, c'est-à-dire que les végétaux doivent y être placés par gradation. On met quelquefois des vases qui contiennent les végétaux dans des couches de tan, ce qui favorise la végétation et entretient une douce chaleur autour des racines. Ces couches peuvent être remplacées avec avantage par le chauffage à la vapeur ou par des couches de feuilles un peu décomposées. Ces couches sont placées dans des excavations en maçonnerie pratiquées dans le sol de la serre, tantôt au milieu seulement, avec deux passages latéraux, tantôt sur les côtés, avec un couloir longitudinal au centre, selon la disposition qu'on veut donner aux plantes. Dans le premier cas, on place au centre tous les végétaux les plus remarquables et les plus importants, en ménageant l'espace autant que possible; au-dessous de ceux-ci, le long des passages, et encore le long du côté garni de vitrages, on place des pots qui renferment de petits végétaux moins apparents qui cherchent beaucoup la lumière, ou qui ne seraient pas aperçus ailleurs : enfin, le long du mur du fond on palisse quelques plantes grimpantes. Dans le second cas, la disposition est la même, si ce n'est que les végétaux élevés et remarquables sont répartis dans les deux banquettes à droite et à gauche du couloir.

Une serre bien construite ne doit jamais être chauffée par des poêles, mais bien par des fourneaux peu spacieux, placés au-dessous du sol, et qui, au moyen de tuyaux et de bouches de chaleur envoient, de distance en distance, un air chaud. Le feu ne doit jamais être trop vif, mais il est dangereux de le laisser éteindre, surtout la nuit, et la température ne doit jamais être au-dessous de 18 degrés du thermomètre de Réaumur. L'entretien d'une serre demande beaucoup de soins et un examen attentif et presque continuel de tous les végétaux qu'on y cultive, afin d'enlever les feuilles gâtées et nettoyer les plantes couvertes de poussière, remuer légèrement la superficie de la terre des pots et caisses, et ne pas laisser manquer d'eau les végétaux qui en ont besoin. Il est indispensable de renouveler souvent l'air, mais dans l'hiver, cela doit se faire avec précaution, et par l'ouverture de quelques châssis seulement. Quoique la plupart des plantes cultivées en serres chaudes puissent être mises dehors vers le milieu de mai, il peut arriver qu'à cette époque la température soit encore trop froide, et c'est plutôt le thermomètre que le calendrier qu'il faut consulter; il en est de même pour les végétaux que l'on ne sort ordinairement que vers le 15 juin, c'est-à-dire à l'époque où la température des nuits est de 14 ou 15 degrés au-dessus de zéro. Avant de sortir, comme avant de rentrer les plantes, on doit depoter et rempoter le plus grand nombre. Pour dépoter, il suffit de renverser le pot et de frapper légèrement sur ses bords; la plante se détache avec la motte de terre, et aussitôt on procède au rempotage en donnant à chaque plante un vase plus grand que celui qu'elle occupait, et en renouvelant la terre en tout ou en partie.

Pour les végétaux d'une grande dimension, on se sert d'une machine appelée poulie, au moyen de laquelle on les enlève en les attachant avec une corde; alors on démonte la caisse, on la nettoie; d'un autre côté on visite les racines les plus extérieures, on les rafraîchit; si la caisse est trop petite, on la remplace, et, dans tous les cas, on la remplit de terre neuve, convenablement préparée selon les végétaux. Cette opération faite, ou donne un arrosement copieux, et on abrite du grand soleil pendant quelques jours. Il est certaines plantes, qui ne doivent jamais sortir de la serre, et qui exigent les mêmes soins. A l'egard de celles-ci, il est souvent nécessaire de les abriter, pendant l'été, au moyen de toiles, afin qu'elles ne souffrent pas des coups de soleil dont les vitraux augmentent la violence. Les serres demandent encore un grand nombre d'autres soins. Par exemple, lorsque les plantes sont dehors, il faut s'occuper des travaux de réparation et d'arrangement. Ces travaux consistent principalement à visiter toutes les parties de la serre et à les mettre en état, à donner une couche de peinture aux bois, et à mastiquer de nouveau les vitraux. On doit encore renouveler la couche de terre ou de tan qui occupe une partie de la serre; il n'est pas nécessaire de renouveler en entier cette tannée, il suffit d'y apporter du tan neuf, et de le bien mélanger avec l'ancien; la fermentation qui s'établira de la sorte entretiendra une douce chaleur suffisante pour l'objet qu'on se propose. Cette époque du renouvellement de la couche est certainement plus convenable et plus commode sous tous les rapports; car, lorsqu'on est forcé de l'opérer dans une autre saison, le déplacement général de toutes les plantes qui s'y trouvent est fort gênant, et de plus, les fréquents passages qu'on est obligé de livrer à l'air extérieur ne sont pas sans quelques dangers. Enfin, les insectes pouvant faire de grands ravages dans les serres, il faut, pour ainsi dire, leur faire une guerre de tous les instants.

7. SERRES D'APPARTEMENT. — La serre d'appartement est une petite serre portative, composée d'une table à quatre pieds, qui supporte une cuvette de plomb dans laquelle on place des plantes amenées à l'état de floraison sous des châssis et dans les serres. Elle est couverte d'un vitrage cintré. On la roule dans les salons aux places où elle peut être éclairée par le soleil aux différentes heures du jour.

8. NOUVELLE PEINTURE POUR LES SERRES. — Un jar-

dinier ayant à repeindre les petits bois de ses serres et voulant mettre en pratique la théorie de l'absorption de la chaleur par la couleur noire, pour faire profiter les plantes et les arbustes d'une plus grande quantité de calorique, a employé à cet effet le coaltar, ou goudron produit par la distillation de la houille dans la fabrication du gaz d'éclairage. Cette substance, outre l'avantage de sa couleur, présente une économie sur la peinture, car le kilogramme de goudron vaut 10 centimes environ, tandis que la peinture la plus commune se paie 80 cent. le kilog. Au bout de deux mois le jardinier s'aperçut, à son grand étonnement, que les araignées et les insectes qui peuplaient ses serres avaient complétement disparu. Il remarqua en outre que les plantes qui dépérissaient avaient tout à coup repris de la force et de la vigueur.

9. MASTIC POUR LES SERRES. — Voici la recette d'un mastic économique pour maintenir les vitres des serres dans les châssis de fer ou de bois : Faites bouillir 500 grammes d'huile de graine de lin dans un chaudron en fer, jetez-y alors 5 kilog. de chaple, ou taillure de pierre passée au tamis fin, et 500 grammes de litharge en poudre. Mélangez le tout pendant quelques minutes et broyez à la molette en y ajoutant un kilo de blanc d'Espagne. Le jardinier de qui nous tenons cette recette nous a déclaré que ce mastic lui économisait au moins 200 francs par année, en lui évitant des frais de réparation. Ce mastic adhère non-seulement au bois et au fer, mais aussi à la pierre. On décolle facilement les carreaux brisés en passant sur ce mastic la pointe rougie d'une baguette de fer. On préserve aussi les fleurs de serres de l'ardeur des rayons trop brûlants du soleil en barbouillant ses carreaux avec une eau dans laquelle on a fait délayer du blanc d'Espagne.

6.

CHAPITRE V.

DESTRUCTION DES PLANTES ET DES ANIMAUX NUISIBLES.

1. Destruction des mauvaises herbes et des mousses.
— La pluie et l'humidité favorisent la végétation des
mauvaises herbes qui poussent dans les allées des
jardins ou entre les pierres qui forment le pavé des
cours ; le sarclage est une opération longue et qui
demande à être souvent répétée. Le moyen à employer pour détruire ces herbes est très-simple. Il
s'agit seulement de faire bouillir, dans une chaudière
de fer, de l'eau dans laquelle on ajoute, par 60 litres,
6 kilog. de chaux et 1 kilog. ou 1 kilog. 500 grammes
de soufre en poudre, de laisser bouillir quelque
temps en agitant le mélange. On laisse reposer et on
arrose avec ce liquide, étendu de deux fois son poids
d'eau, les allées et les cours, qui sont bientôt net-
toyées. On purge la terre pour plusieurs années de
ces végétations si rebelles. On peut employer encore
avec le même succès le résidu, dans lequel on ajou-
tera, en les faisant bouillir, les mêmes substances,
en diminuant d'un quart ou d'un tiers la dose du
soufre : ce dernier procédé est peut-être encore préférable.

Le moyen le plus généralement employé pour détruire les mousses des arbres fruitiers consiste à
enlever ces parasites en raclant avec un instrument
tranchant le tronc et les branches qui en sont chargés. Ce moyen est bon, mais il n'agit que momentanément, attendu que les mousses, implantées par
leurs racines dans la couche épidermique de l'écorce,
repoussent assez promptement. Quoique bon en lui-
même, le procédé reste incomplet. A cette première
opération, rigoureusement nécessaire, il faut en
joindre une seconde : il faut blanchir au lait de chaux

vive, au moyen d'un pinceau, les parties râclées de l'arbre; cette application simple et peu dispendieuse a le mérite de détruire les racines des mousses. Ce moyen de destruction n'est pas nouveau, mais il n'est pas assez généralement connu. On a vu de vieux arbres fruitiers reprendre, après cette opération, une vigueur nouvelle, se charger de fleurs et de fruits : leur écorce devient verte et moins rugueuse. L'époque de l'année pour détruire les mousses par les moyens que nous venons d'indiquer n'est pas indifférente ; c'est ordinairement au printemps que les cultivateurs enlèvent les mousses des arbres et au moment de la taille : cette époque n'est pas convenable; en voici les raisons : Au printemps, la chaleur fait sortir les végétaux, les arbres et les mousses de leur engourdissement hivernal; l'application du lait de chaux, qui a pour but de cautériser en quelque sorte les racines des parasites, n'a pas assez d'activité pour les détruire complétement. Il n'en est pas de même si on l'applique en automne, c'est-à-dire après la récolte des fruits et aussitôt la chute des feuilles. Employé pendant le sommeil hivernal des mousses, le lait de chaux agit pendant plusieurs mois, et le printemps ne voit pas renaître les plantes contre lesquelles on l'a employé. Le râclage des arbres s'exécute à l'aide de brosses mécaniques que l'on trouve chez les marchands d'instruments de jardinage.

2. EMPLOI DES MAUVAISES HERBES. — Dans plusieurs contrées, et particulièrement dans la Louisiane (Etats-Unis), les cultivateurs utilisent toutes les mauvaises herbes dont leurs champs abondent, en les convertissant en cendres de la manière suivante. On établit avec ces mauvaises herbes un lit épais d'un pied, sur lequel on étend une couche mince de chaux vive réduite en poudre grossière, et l'on continue ainsi de

superposer alternativement, en différentes couches, la quantité d'herbes que l'on a retirée des champs. Le contact de la chaux avec les herbes vertes ne tarde pas à occasionner une forte fermentation, qui irait jusqu'à l'inflammation, ce qu'il faut empêcher en couvrant les tas avec des plaques de gazon. Lorsque la décomposition est complète, la cendre qui en est le résidu possède toutes les qualités d'un excellent engrais. On peut se servir de toutes sortes de plantes pour cet usage, pourvu qu'elles soient vertes. Cette condition est absolument nécessaire; plus les herbes sont vertes et la chaux nouvellement préparée, plus la fermentation est active et plus l'engrais contient de parties nutritives.

3. UTILITÉ DES OISEAUX INSECTIVORES. — Les jardins les mieux entretenus sont souvent ravagés par une foule d'animaux nuisibles et dont la destruction demande beaucoup de soins et de patience. Nous donnerons donc les principales recettes à l'aide desquelles on peut parvenir à se débarrasser de ces hôtes incommodes. Pour la destruction des insectes, l'homme trouve de précieux auxiliaires dans les oiseaux à bec effilé, qui en consomment un nombre considérable, soit pour eux-mêmes, soit pour la nourriture de leurs jeunes couvées. Ces oiseaux, particulièrement les fauvettes, les mésanges et les tarins, exclusivement insectivores et ne se nourrissant pas d'autre chose que d'insectes, ne sauraient être trop scrupuleusement respectés. L'habitant des campagnes est doublement coupable, en détruisant d'inoffensives créatures qui n'attaquent aucun des produits de son industrie, et qui le charment par leurs chants joyeux, tout en opérant à son profit la chasse aux insectes, placés, par leur nombre ou leur petitesse, hors de portée de toutes les tentatives qu'il pourrait faire pour en arrêter la propagation.

4. ARAIGNÉES. — Les araignées qui font des toiles pour prendre des mouches nuisent très-peu dans les jardins, mais il y en a une espèce qui est toujours en mouvement sur la terre, et qui attaque plusieurs jeunes semis, particulièrement celui des carottes dont elle pique la tigelle pour en pomper les sucs. La plante alors se fane et périt. Cette araignée est quelquefois si multipliée, qu'elle détruit les semis, quelque considérables qu'ils soient. Il n'est qu'un moyen de les en écarter : comme elles craignent l'humidité, on donne chaque jour un léger arrosement aux plantes lorsque le temps est chaud et sec, jusqu'à ce qu'elles aient poussé deux ou trois feuilles. Une décoction de suie produit plus d'effet. En arrosant des arbres attaqués par les courtilières avec de l'eau dans laquelle on a mis du fumier d'une poissonnerie, on fait périr ou l'on écarte ces insectes. En plaçant sur des couches de petits pots dont les trous sont bouchés, et que l'on enfonce en terre, la courtilière, en courant, tombe dedans, et ne pouvant y grimper, reste prise. Dans les mois d'avril, mai et juin, et même dans le courant de l'été, enlevez avec la bêche des plaques de gazon avec de l'herbe bien fraîche, d'environ deux pouces d'épaisseur, placez-les dans les endroits où vous reconnaîtrez des traces de coutilières; arrosez-les tous les soirs. Ces insectes, qui recherchent l'humidité, s'y rendent pendant la nuit, et le matin, en retournant ces plaques, on les y trouve et on les tue.

5. ACHÉES. — Voulez-vous purger votre terrain des *vers de terre*, *achées* ou *lombrics*, vous avez un moyen bien simple. Lorsque le temps est humide sans être froid, donnez-leur la chasse avant le lever du soleil, ou une heure ou deux après qu'il est couché. On a un pot à fleurs et une mauvaise paire de ciseaux. On les cherche au moyen d'une lanterne sourde; on jette dans le pot ceux qui sont hors de terre, et on arrache avec précaution ceux qui n'ont qu'une partie du corps hors de leur trou. C'est au printemps qu'on en détruit le plus par cette chasse, dont on donne les produits à la volaille, qui en est friande, et on a l'avantage d'arrêter leur multiplication. Le jour on prend un pieu de 4 à 5 pieds de long, affilé par un bout, on l'enfonce de 12 à 15 pouces, en l'agitant en tout sens pendant dix à douze minutes. Ce mouvement fait sortir les lombrics de terre. S'ils étaient dans une caisse ou dans un pot à fleurs, on le frapperait légèrement de côté, avec un maillet, pendant huit ou dix minutes, et les vers sortiraient. On les en fait sortir aussi avec une infusion de brou de 30 à 40 noix vertes qu'on jette dans un seau d'eau, qu'on y laisse infuser quelques jours, et dont on arrose ensuite la terre.

6. ALTIS BLEU. — Pour faire périr le *tiquet* ou *altis bleu*, on ne connaît pas d'autres moyens que des décoctions de plantes âcres, telles que le tabac, le noyer, le sureau, de l'eau chargée de potasse ou de suie.

7. FOURMIS. — En plaçant sur la terre d'une caisse une certaine épaisseur d'absinthe sur laquelle on arrose, on en chasse les fourmis. L'huile produit sur la fourmi le même effet que sur la courtilière. Ainsi on peut inonder les fourmilières avec de l'eau et un peu d'huile. De l'eau bouillante versée dedans les détruit entièrement; mais lorsque la position d'une fourmilière s'oppose à ces moyens, on suspend aux arbres voisins de petites bouteilles d'eau miellée, où elles viennent se noyer. On bouleverse la fourmilière et on la couvre d'un pot; les fourmis y montent et on les noie.

8. LIMACES, ESCARGOTS, etc. — Pour détruire les limaces, escargots, etc., entourez vos jeunes plantes d'une traînée de chaux vive pulvérisée. Les animaux

qui franchissent cette ligne, s'attachent assez de chaux pour en être brûlés, et périr. On renouvelle la chaux quand elle est éteinte. Le moyen le plus sûr est de leur donner la chasse le matin et le soir des jours de printemps et d'automne, lorsque le temps est doux et lorsqu'il pleut. On place de distance en distance de petits tas de son, où ces mollusques se rassemblent, et là on peut facilement les faire périr en répandant sur elles de la chaux en poudre. Des planchettes, ou quelque autre abri du même genre, soulevé du côté exposé au nord, et sous lequel trouvant de la fraîcheur, elles vont se réfugier pendant la chaleur du jour, offrent encore un moyen de les détruire en bon nombre.

Pour préserver les semis des limaces, il suffit d'entourer la pièce de terre que l'on veut préserver d'un cordon en crin frisé, comme ceux qu'on emploie pour étendre le linge; on fixe ce cordon au moyen de piquets, placés de distance en distance, et jamais les limaces et insectes à peau molle ne franchissent l'obstacle que leur présentent les pointes aiguës du crin. La Société impériale d'horticulture de Paris et centrale de France a constaté l'efficacité du sel ordinaire de cuisine pour la destruction des limaçons.

9. Mouches. — Rien n'est plus dangereux que la poudre vendue par les épiciers sous le nom de *mort aux mouches*. Cette poudre grise est tout simplement de la mine de cobalt arsenical; les mouches s'empoisonnent en pompant l'eau légèrement sucrée ou miellée dans laquelle on la délaye, mais l'effet du poison n'est pas immédiat : les mouches vont tomber dans les mets et les boissons, et si elles ne les rendent pas nuisibles, elles les salissent et en altèrent le goût. Pour détruire les mouches, mettez dans un verre à boire, jusqu'à moitié de sa hauteur, de l'eau de savon très-forte; bouchez le verre par une forte tranche de

mie de pain dans laquelle vous faites un petit trou
en entonnoir; garnissez la tranche de pain en dessous, et surtout le petit trou, de confiture de miel, et
bientôt les mouches viendront s'y poser et seront
asphyxiées. Avec plusieurs verres ainsi posés, on
prend des quantités considérables de mouches. L'huile
de laurier chasse les mouches. On peut en frotter les
meubles, les portes et les boiseries.

10. PUCERONS LANIGÈRES. — C'est un terrible fléau
que le puceron lanigère, la ruine des plantations de
pommiers auxquels il s'attache. Jusqu'à présent aucun moyen efficace de destruction contre cet insecte
n'avait été proposé. M. Pilloy est inventeur d'un nouveau liquide caustique qui, cette fois, a obtenu un
plein succès. Les pommiers traités par ce moyen au
Jardin des Plantes de Paris sont restés dans l'état le
plus satisfaisant de végétation. L'application de ce
liquide tue le puceron lanigère sans endommager les
pommiers; c'est un résultat qui n'avait pas encore
été obtenu.

11. SCOLYTES. — Voici le moyen que M. Robert emploie pour la conservation des ormes atteints du sco-
lyte : il consiste à enlever la vieille écorce jusqu'aux
couches vives du liber, sans qu'il soit pour cela nécessaire de mettre à nu toutes les loges de larves de
scolytes qu'elles peuvent renfermer; au printemps
prochain il devra se former de nouvelles couches de
liber, en même temps que les précédentes renfermant
encore des larves de scolytes seront frappées de
mort; de sorte que l'opération doit avoir pour résultat de renouveler complétement le système cortical,
opération à laquelle l'auteur a cru devoir donner le
m de *Phloioplastie*. Il y a même mieux, et ceci
urra paraître paradoxal : c'est que plus un arbre
malade ou ravagé par les larves de scolytes, plus
a de chances de le voir se rétablir : les lacunes

muitipliées que forment les larves à la surface du corps ligneux, pourvu que leurs galeries ne s'entre-croisent pas, deviennent autant de centres actifs pour le développement de nouveaux bourgeons.

12. PUCERONS. — On parvient à préserver les plants de choux et de raves des ravages que causent les pucerons, par le procédé suivant. On prépare de l'eau salée en y faisant dissoudre 4 onces de sel de cuisine par pinte d'eau ordinaire : on met les graines dans cette dissolution pendant quelques minutes seulement; ensuite on les retire et on les saupoudre de chaux vive pulvérisée, et on les sème aussitôt. Lorsque les plants sont levés et les premières feuilles bien développées, on arrose avec de l'eau salée dans la proportion d'une once par quatre pintes d'eau. Après avoir répété plusieurs fois cet arrosement, on repique le plant, qui, par là, est garanti pour toujours de l'atteinte des pucerons, qui, souvent, nuisent tant à la végétation.

13. TAUPES ET MULOTS. — Pour détruire les taupes et les mulots, prenez 4 onces de farine de maïs, 1 once de vert-de-gris, 3 onces de chaux vive, 12 écrevisses, 4 onces d'huile d'aspic; pilez et mélangez le tout avec un peu d'eau de rivière, jusqu'à consistance de pâte; faites-en des pilules, et placez-en une dans chaque taupinière ou dans chaque trou de mulots. La taupe, ainsi que la courtilière, travaille au lever, au coucher du soleil et à midi. Un peu avant qu'elle se remette en mouvement, on renfonce une des taupinières (petit monticule que fait la taupe en formant ses galeries); on reste à l'affût sans faire le moindre bruit, et pendant qu'elle travaille à rétablir sa galerie, on l'enlève d'un coup de bêche en dessous. On débouche une galerie, on y place 4 ou 5 noix bouillies dans la lessive, ou des tronçons de vers de terre saupoudrés de noix vomique. La taupe, qui en est

friande, périt si elle en mange. On peut encore enterrer un pot ou une cloche de verre, en l'enfonçant à un demi-pouce de la galerie, et en la remplissant d'eau jusqu'à la moitié. La taupe, en continuant sa route, y tombe et s'y noie.

14. RATS ET SOURIS. — Le meilleur moyen pour la destruction des rats, mulots, souris, est d'avoir de bons chats. Le second est d'employer les ratières, souricières, quatre-de-chiffre, pots enterrés et autres piéges. En voici un par lequel on peut en détruire beaucoup. On coupe une barrique en deux, on en enterre la moitié, qu'on remplit d'eau à la hauteur de 6 pouces ; on la recouvre avec des planches jointes, et on ménage une ouverture par laquelle les rats, les mulots et les souris puissent entrer et se noyer dans le baquet, etc.

15. MOINEAUX. — Un moyen très-simple, qui a été indiqué dans le *Gardner Magazine*, de chasser les moineaux des bordures des jardins où ils dévorent les crocus, les primevères et autres plantes, consiste à tendre une corde noire, à 40 centimètres d'élévation de terre, sur la longueur des plates-bandes, et, si on veut préserver tout un carré, il faut placer pareillement des cordes successivement à 1 mètre 33 centimètres au plus de distance sur toute la surface du carré. Les oiseaux sont épouvantés par la présence de ce corps auquel ils ne sont pas accoutumés. Mais, pour les empêcher même de s'y habituer, il suffit de suspendre de distance en distance par ces cordes de petits fragments de verre, de porcelaine, des écailles d'huîtres, ou toute espèce de tessons : le vent, en agitant ces petits objets suspendus, produit un mouvement qui chasse les oiseaux.

FIN.

CALENDRIER HORTICOLE.

Janvier.

Travaux d'horticulture.—On fait des couches tièdes pour semer des choux-fleurs tendres, et les repiquer quinze jours après. Sur des couches chaudes, on sème séparément des concombres, des melons, pour les repiquer sur une nouvelle couche, et sans châssis, quinze jours ou trois semaines après. Pour assurer la reprise du repiquage, il serait bon de les semer en petits pots. On continue la culture sur couches, sous cloches et sous châssis, des laitues à couper, des laitues pommées, printanières, telles que la crèpe et la gotte, des radis, les fournitures de salades, comme pourpier, cerfeuil, cresson alénois, oseille, estragon, persil, chicorée sauvage; on y réchauffe des asperges, des pieds de baume, des cives, du céleri, et d'autres fournitures de salades choisies parmi les plantes potagères. Sous des châssis exprès, on force des fraisiers en pot, mais ils demandent une couche à part et recouverte de tan ou bois pourri, mêlé de chaux; on force de la même manière, mais en bâches, des petits pois, des haricots, des mélongènes, des pastèques, cardons, carottes, des plantes, des arbustes à fleurs, tels que la plupart des liliacées, jacinthes, tulipes, etc., des orangers, myrtes, héliotropes, rosiers mololença, diosma; dans des bâches plus hautes ou dans des serres, on commence à échauffer des vignes, des pêchers, des abricotiers, des cerisiers, poiriers et pommiers. On utilise les places vides en faisant fleurir des narcisses, jonquilles renoncules, anémones ; en y cultivant, près des jours et en pots, des haricots hâtifs, des petits pois nains. Le point essentiel, pour réussir dans ces primeurs, est de soutenir constamment la chaleur de quinze à vingt degrés pour les plantes herbacées, et de vingt à vingt-cinq pour les arbres et arbustes ; ne pas les noyer d'eau, afin de conserver la chaleur des couches, leur donner le plus de lumière possible, et renouveler l'air toutes les fois que le temps est favorable. On peut encore, si le temps le permet, se procurer quelques primeurs en semant le long des murs exposés au midi des pois hâtifs, des fèves de marais, et de l'oignon, que l'on recouvre avec des lits épais de litière et des paillassons, pour être enlevés toutes les fois que le temps le permet, et que l'on replace exactement. Dès que les tigelles commencent à sortir de terre, on profite du beau temps pour leur donner de l'air.

Pleine terre. — Si le temps est doux, on peut encore planter des anémones, renoncules, oignons de tulipes, jacinthes et autres plantes bulbeuses qu'on aurait oubliées en automne, mais ces plantations ne valent jamais les premières. Dans les terres sèches et légères, on peut aussi planter avantageusement des arbres ; mais la reprise en est plus assurée quand on le fait en novembre et décembre ; si les terres sont fortes et humides, attendez février et mars. On éclate les touffes de quelques plantes vivaces et robustes pour refaire des bordures, soit dans le potager, comme par exemple l'oseille, soit dans le jardin fleuriste, comme primevères, staticées, etc. C'est dans les premiers jours de janvier que l'on sème les graines d'une germination lente, telles que celles de rosier, les noyaux de prunier, mérisier, Sainte-Lucie, abricotier, pêcher, amandier. Ce mois est favorable pour tous les travaux de la terre. Que l'on se garde, en les faisant, de découvrir les racines des plantes ou des oignons, car ils périraient par la gelée. On mine, on dresse les terres destinées à être plantées et ensemencées au printemps ; on transporte les fumiers et autres engrais en place ; on prépare les terres naturelles et artificielles ; on nivelle et on trace les jardins ; on marque les endroits destinés aux plantations, on dessine les allées

Serres. — Il faut visiter les plantes, les nettoyer, enlever les feuilles moisies, la poussière et les ordures qui se trouvent dans la bifurcation des plantes ; on tranche jusqu'au vif les parties pourries. Dans les grande froids, le feu doit être soigneusement entretenu, la serre doit être éclairée et l'orangerie maintenue autant que possible à zéro, afin qu'il n'y ait pas de végétation, ce qui arriverait infailliblement si on élevait la température de quatre à six dégrés ; dans ce cas, les rameaux que ces plantes pousseraient seraient étiolés et périraient au printemps en entraînant toute la plante dans leur perte. La serre chaude sera maintenue entre quinze et vingt degrés, la serre tempérée entre huit et dix et l'orangerie entre trois et cinq du thermomètre de Réaumur. Si le froid est vif, on couvre les panneaux avec de la litière sèche, des feuilles, de la paille et des paillassons ; on les découvre toutes les fois qu'il fait du soleil, afin de faire jouir les végétaux de l'influence de la lumière ; on modère les arrosements afin de ne pas donner d'humidité ; si les couches ont perdu une partie de leur chaleur, on les remanie, on met dessus le fumier qui était dessous, on ramène le tan des bords de la couche dans le centre, et par ce moyen on obtient une nouvelle chaleur qui dure jusqu'en mars. Dans les bois, on plante les arbres dont on réserve le pivot et les grosses racines, en coupant les branches latérales.

Février.

Travaux de jardinage. — Continuer les travaux de janvier, semer sur couches les graines de fleurs qui viendraient trop tard, ou dont on ne jouirait pas assez longtemps, si on les semait en pleine terre, telles que différentes espèces de quarantaines, giroflée, amaranthe, amaranthoïde, pervenche de Madagascar, sensitive, datura fastueux, coréopsis, lotier de Saint-Jacques, cobæa, verveine de Miquelon, dahlia, molope trifide, lavater trimestre, sauge éclatante, etc. ; semer aussi sur couches les graines de plantes exotiques cultivées en serre, et qui ne lèvent qu'à une haute température. Continuer de donner aux plantes qui sont dans la serre les mêmes soins qu'en janvier ; mais comme le soleil commence à prendre de la force, qu'il échauffe et sèche l'intérieur de la serre, l'humidité et la pourriture sont moins à craindre ; renouveler l'air toutes les fois que le temps le permettra ; si, par un beau soleil, l'air extérieur était trop frais pour qu'on ne pût ouvrir quelques châssis sans danger, on exciterait une légère vapeur dans les serres, en seringuant les feuilles des plantes, et en répandant de l'eau dans les sentiers ; continuer d'entretenir les plantes dans la plus grande propreté, en leur ôtant soigneusement les feuilles mortes, les parties altérées et en binant la terre des pots ; les arrosements exigent des précautions par rapport à la nature de chaque plante et à leur état de vigueur plus ou moins grande.

Semer des pois hâtifs et des fèves de marais, après le 15, semer sur côtière des épinards, de l'oignon et du poireau destinés à être replantés plus tard ; semer du persil en planche ou en bordure. Planter sur des côtières favorables de la romaine verte élevée sous cloche, de la graine d'asperge en pépinière ou en place. Donner de l'air aux artichauts et aux céleris toutes les fois que le temps est doux, et les recouvrir si vous êtes menacé de la gelée ; à la fin du mois, replanter les bordures d'oseille, de thym et d'estragon, pendant le mauvais temps, faire les paillassons et mettre les outils et ustensiles de jardinage en bon état, réchauffer les couches garnies de semis ou de plantes déjà repiquées, en faire d'autres sur lesquelles on repique à demeure des concombres et des melons, des laitues gottes et crêpées, de la romaine blonde, des choux-fleurs hâtifs ; continuer de semer des melons, des concombres, des radis, des laitues pommées, des romaines, différentes espèces de fournitures, de la laitue à couper en attendant la laitue pommée ; détruire les couches faites en décembre qui sont vides et ont perdu de leur chaleur, prendre le fumier non consommé que l'on mêle avec du neuf pour faire de nouvelles couches ; semer des pois nains à châssis, des haricots nains, et des fèves peu après, pour les repiquer ensuite sur couches tièdes ; planter des asperges sur couches, pour remplacer celles dont le produit s'épuise où est épuisé, et en former de nouvelles planches en pleine terre, ainsi que des fraisiers ; semer des choux-fleurs et des aubergines qui se trouveront bons à être plantés en mars sur couches ou sur cotières.

Les travaux indiquée pour le mois précédent et concernant les arbres se continuent dans celui-ci ; mais il est temps de penser sérieusement à terminer les plantations en terre sèche et légère ; continuer la taille des pommiers et poiriers, achever celle de la vigne dans le mois : plus tard, il en découlerait des pleurs qui nuisent à son développement ; rabattre la tête des framboisiers pour les faire pulluler et obtenir plus de fruits. Si en décembre ou janvier on n'a pas coupé et fiché en terre au nord sa provision de greffe en fente, on aura soin, à la fin de mars et avril lors de la taille, de choisir parmi les rameaux supprimés, les plus propres à la greffe, et on les fichera en terre, chacun au pied de son arbre pour éviter les erreurs, jusqu'à ce qu'on en dispose. Après le 15 du mois, on entreprend le labour général partout où les arbres sont taillés, afin qu'il soit terminé quand les hâles de mars arriveront. On peut encore, si on ne l'a pas fait plus tôt, couper les rameaux d'arbres et d'arbrisseaux qui reprennent de boutures et les disposer comme il est dit dans le mois précédent ; on peut semer des pépins de poiriers et de pommiers ainsi que plusieurs graines d'arbres et d'arbrisseaux qui n'ont pas d'enveloppe osseuse, tels que marronniers, châtaigniers, érables, frênes, ébéniers, rosiers, etc.

Il faut, en ce mois, visiter tous les arbres et arbrisseaux du jardin d'agrément pour les nettoyer de leur bois mort, supprimer les branches nuisibles ou mal placées, puis labourer les bosquets et massifs, ainsi que le pied des arbres isolés ; ce travail doit se faire plutôt à la houe fourchue qu'à la bêche, pour ne pas couper les racines, qui, surtout dans les massifs, courent çà et là presque à la surface de la terre. On peut aussi labourer les parties destinées à être mises en gazon et le semer à la fin du mois. Rafraîchir les filets ou bordures du gazon afin qu'ils ne s'avancent pas trop dans les allées ; achever d'emplir de terre de bruyère les fossés où l'on doit planter des rosacées en mars ; planter en mottes plusieurs plantes vivaces et bisannuelles sur les plates-bandes du parterre, si on n'a pu le faire en automne, telles que œillet de poëte, julienne, giroflée, soleil vivace, verge d'or, aster, etc. Semer en bordures ou dans des petits pots de la giroflée de Mahon, pied-d'alouette, pavot et coquelicot, réséda, et plusieurs autres fleurs qui réussissent peu étant transplantées. Si on ne craint plus de fortes gelées, replanter toutes espèces de bordures, comme buis, lavande, sauge, hyssope, pâquerette, mignardises, etc. Des couches sont utiles dans les jardins d'agrément, pour se procurer du terreau et avancer ou refaire certains arbrisseaux, tels que l'héliotrope, différents jasmins, l'oranger et plusieurs rosiers.

Mars.

Travaux d'horticulture. — Dans ce mois la terre ouvrant son sein réclame toute l'activité des jardiniers ; on ne peut plus retarder les labours ; il faut enterrer les fumiers et engrais, replanter les bordures de fraisiers, d'oseille, d'estragon, etc. On commence à semer abondamment diverses sortes de pois, de fèves de marais, de la romaine, plusieurs espèces de laitues, chicorée sauvage en bordures ou en planches, du cerfeuil, persil, bonne-dame, oignons, poireaux, de la ciboule, des carottes, épinards, raves, radis et tous les légumes de pleine terre, excepté les haricots, parce qu'ils ne peuvent supporter la moindre gelée. On plante les premières pommes de terre hâtives ; on découvre, on débute et on laboure les artichauts ; après le 15 du mois on laboure et on fume les asperges, on met en terre les bulbes et racines de l'année dernière destinées à porter graines, telles que céleri, oignons, carottes, navets, betteraves, etc. ; et pour éviter les mauvais effets du hâle et petites gelées qui règnent ordinairement dans cette saison, on recouvre les semis et plantations d'une mince couche de terreau ou d'un léger paillis ; on plante les asperges, mais en terre forte et froide ; il vaut mieux attendre jusqu'aux premiers jours d'avril ; s'il reste encore des salsifis, on les arrache et on les porte dans la serre, afin d'en retarder la pousse. On continue dans ce mois d'entretenir la chaleur

des couches sur lesquelles sont plantés à demeure des melons et concombres de première saison et les choux-fleurs. On
replante sur de nouvelles couches pour la seconde saison des
melons et concombres, des choux-fleurs et des laitues déjà
élevées, des aubergines, et on sème de menues graines pour
la troisième saison ; on sème en outre des raves, des salades
et fournitures pour attendre les produits de la pleine terre,
des haricots, les uns pour donner en place, les autres pour
être replantés ou sur couche ou sur bonne côtière avec des
soins convenables ; il faut encore planter des pieds d'asperges
sur couches et en former quelques planches en pleine terre,
pour attendre la saison où ce précieux végétal donne naturellement.

On doit achever en mars la taille de tous les arbres fruitiers en espaliers, excepté ceux qui sont d'une trop grande
vigueur, afin de leur laisser porter un peu de sève dans les
bourgeons à supprimer, ainsi que les pêchers pour ne pas
hâter la floraison qui pourrait être endommagée par les gelées tardives ; quant aux contre-espaliers et aux quenouilles
on pourra les tailler aussi ; mais pour l'espalier tous les rameaux qui doivent être attachés le seront immédiatement
après la taille, avant que leurs yeux se soient allongés, afin
que ceux-ci ne puissent être cassés ou abattus dans l'opération de l'attache ; après avoir enlevé tout le bois supprimé, on
labourera le pied des arbres et l'on y répandra un bon paillis ;
on doit aussi se hâter d'achever les plantations en pépinière,
de tailler les quenouilles et les arbres à hautes tiges, de leur
donner des tuteurs et de labourer le tout ; on marcotte ou
l'on butte les mères de coignassier, de paradis, et de tous les
arbrisseaux qu'on multiplie de cette manière ; on peut encore
semer des pepins de pommier, de poirier, beaucoup de graines d'arbres, d'arbrisseaux, en pleine terre et en terreau ; à
la fin du mois on pourra commencer à replanter les boutures
préparées, comme nous l'avons dit en février, et les pailler
de suite convenablement.

Quant aux travaux de pleine terre, il est temps d'achever
les labours, toutes les plantations d'arbres, d'arbrisseaux et
de plantes vivaces, excepté les arbres verts et résineux, que

l'on plante avec plus de succès; enfin il faut donner au jardin toute la propreté qu'il exige, en ratissant et en sablant les allées si elles en ont besoin et nettoyant les gazons de tout ce qui peut nuire à leur beauté; on peut encore semer en boutures, en touffes ou en masse plusieurs fleurs annuelles, comme giroflée de Mahon, pieds d'alouette, réséda, pavot et coquelicot, pour succéder aux semis d'automne, ou pour les remplacer s'ils ont mal réussi. On sème sur couche des balsamines, des quarantaines, des seneçons des Indes, belles-de-nuit, capucines, zinuci élégant, cosmos pinatifide, ainsi que plusieurs autres plantes, pour en hâter la floraison, ce qui n'empêche pas d'en semer aussi à bonne exposition en terre légère jusqu'au 15 avril. On dépose à nu sur une couche les tubercules de dahlia, on les recouvre de châssis pour que la chaleur les mette en végétation et détermine la sortie des bourgeons de leur collet; alors on divise les touffes en ayant soin que chaque tubercule emporte au moins un bourgeon et on les plante dans des pots tenus sur couche ou du moins en châssis jusqu'au moment de les planter en place; on met sur une couche tiède de petits orangers malades, ainsi que plusieurs autres plantes de serre qui sont dans le même cas; après on visite leurs racines et rafraîchit les tiges s'il y a lieu; dans ce cas, il est ordinairement avantageux de dépoter les plantes, de mettre leurs racines à nu dans la terre de la couche; à l'automne elles sont refaites et on les rempote pour entrer en serre.

Serres, bâches, orangerie. — Le soleil prenant de la force, on n'a plus besoin de faire souvent du feu; il est même quelquefois nécessaire de couvrir les serres d'une toile légère pour préserver les plantes dont les pousses souffriraient de ses rayons brûlants; on arrose plus amplement, on seringue les feuilles, on répand de l'eau dans les sentiers des serres pour produire une vapeur salutaire quand on ne peut donner d'air aux plantes; la propreté est toujours de rigueur. On peut commencer à faire des boutures sous cloches et des marcottes selon les différents procédés. Si l'on n'a pas porté les tubercules le dahlia sur une couche pour exciter leur végétation, on pourra les jeter dans un coin de la serre chaude, où ceux qui seront semés développeront promptement des bourgeons.

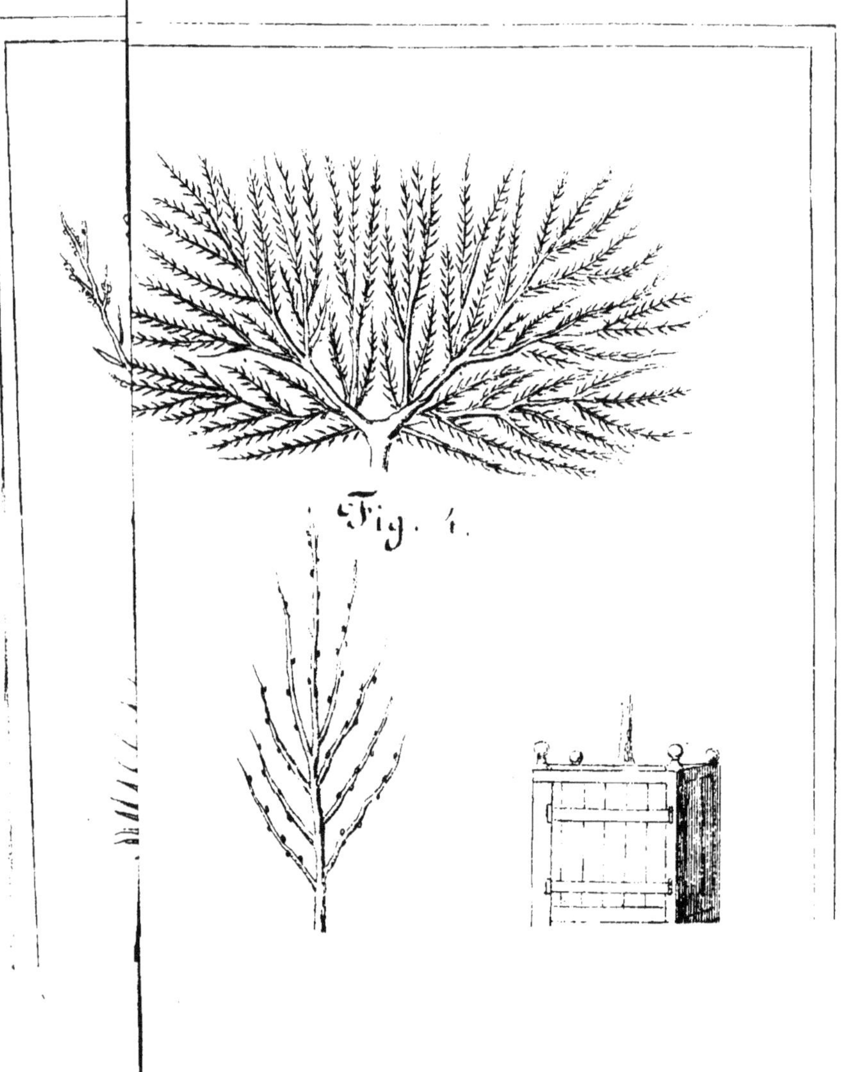

Fig. 4.

Avril.

Travaux horticoles. — Continuer les travaux de pleine terre du mois de mars, sarcler les semis précédents, éclaircir, œilletonner les pieds d'artichauts et planter les plus beaux œilletons; planter toutes sortes de légumes, pailler toutes les plantations, arroser le matin et dans la journée. Semer chicorée d'été, céleri, cardons en pleine terre, tétragone, choux de Milan et de Bruxelles, raves, radis, épinards, cerfeuil, pois, laitue, romaine, betteraves, haricots dans une bonne exposition, concombres et cornichons sur côtière dans des potolets de terreau, potirons quand on ne les a pas élevés sur couches; étêter les premiers pois, les premières fèves, pour les avancer, cesser de forcer sous châssis les asperges qui donnent naturellement en pleine terre, retirer les réchauds des sentiers, et y remettre la terre qu'on en avait enlevée. Ne plus faire de couches pour les raves, salades, fourniture; en faire pour les haricots, les melons, les concombres, les choux-fleurs, les aubergines, les tomates; à la fin du mois faire des couches sourdes pour planter les melons de la dernière saison, les patates et les primeurs.

Soins à donner aux arbres fruitiers. — Finir la taille, supprimer les bourgeons inutiles ou mal venus, garantir les espaliers des gelées tardives avec des paillassons et des herbes, écheniller, greffer en fente, achever les labours et les plantations, répandre du paillis pour empêcher la croissance des mauvaises herbes, mettre des tuteurs, planter les amandes.

Travaux du jardin d'agrément. — Le nettoyer, semer les plantes annuelles, mouiller, écheniller, semer sur couches les plantes exotiques, donner de l'air aux terres et mouiller.

Mai.

Travaux d'horticulture. — Pleine terre. Les travaux de ce mois sont si multipliés qu'il serait trop long de les rappeler tous. Nous dirons seulement qu'il ne doit pas y avoir un seul coin de terre vide; qu'il faut, dans la première quinzaine du mois, faire la grande plantation des haricots pour manger en sec, ce qui n'empêche pas d'en manger tous les quinze ou vingt jours; pour manger en vert, ainsi que des pois et des fèves; et comme les laitues, les romaines, les épinards, le cerfeuil, etc., montent vite en graine, il faut en semer souvent et peu à la fois. On continue le semis de carottes, betteraves, chicorée d'été, céleri, ceux de cardons, de tétragone; on sème choux de Milan à grosses côtes, brocolis, choux de Bruxelles, choux-navets et navets de Suède, un peu de navets hâtifs; on met en place du céleri et des cardons élevés sur couches, ainsi que des aubergines, tomates, concombres, cornichons, choux-fleurs; enfin, on sème en plants de tous les légumes usités dans le pays qu'on habite. On fait des couches tièdes et sourdes pour les melons de la dernière saison, pour des patates, si on ne plante pas ces dernières sur des buttes. On fait aussi des meules à champignons en plein air; on replante du céleri, des choux-fleurs sur de vieilles couches, pour les faire avancer plus vite qu'en pleine terre, et on les tient à l'eau pour augmenter leur végétation.

Outre les soins généraux de conservation qu'exigent les espaliers, on doit les visiter souvent pour suivre les progrès que fait le développement des fruits, et aviser aux moyens de le favoriser : il faut aussi que le jardinier porte son attention sur l'accroissement des diverses sortes de branches, afin que chacune d'elles atteigne le plus possible le but de sa destination; quand, par malheur, une branche à fruit d'un pêcher n'a conservé aucune pêche, il convient de la rabattre de suite sur la branche de remplacement, afin que celle-ci prenne plus de force. C'est aussi le moment de supprimer les pousses nuisibles ou mal placées qui auraient pu échapper à l'ébourgeonnement à œil poussant, exécuté le mois précédent. Les soins à donner aux pépinières consistent à surveiller les greffes en fentes, à détruire les limaçons qui pourraient monter les manger, à faire la chasse aux lisettes et coupe-bourgeons, à rattacher les arbres qui se seraient détachés, et enfin à donner le premier binage. On commence à greffer en flûte et en écusson.

Jardin d'agrément. — Le ratissage des allées, le binage des plates-bandes et massifs, l'extraction des mauvaises herbes dans les gazons, et la fauchaison de ceux-ci, sont les principaux travaux de ce mois et du suivant, nonobstant les arrosements ; on met les dahlias en place du 10 au 15 du mois, c'est-à-dire quand on n'a absolument plus de grêles ni de gelées à craindre.

Couches. — Ordinairement on n'en a plus besoin pour élever des fleurs ; mais, en tout temps, elles sont utiles pour recevoir des plantes malades, soit en pot, soit plantées à nu. Il n'y a guère de plantes qui ne soient infiniment mieux sur couches que partout ailleurs.

Orangerie. — Du 10 au 15, on met les orangers dehors, ainsi que toutes les plantes d'orangerie, et, du 15 au 30, on sort de la serre chaude toutes les plantes qui peuvent passer quatre mois dehors, et on en profite pour mettre plus au large celles qui ne sortent jamais. On continue de faire des boutures sous cloche et des greffes en approche.

Serres, bâches. — On lève les châssis des serres tempérées, et on les met à l'abri sous un hangar. On porte dehors les plantes en pot et en caisse, ou on les laisse en place si elles sont en pleine terre, car elles ne craignent pas la chaleur de notre été ; seulement, il ne faut pas les exposer aux rayons directs du soleil. La tradition, l'expérience et la connaissance que l'on a du parallèle et de la hauteur du lieu où croît naturellement chaque plante, apprennent cette distinction. Ainsi on placera les bruyères et une partie des plantes de la Nouvelle-Hollande au levant, ou dans un endroit où les rayons du soleil seront brisés par quelques grands arbres ; si les plantes grasses n'exigent pas précisément le midi, du moins elles ne le craignent pas. Mais toutes les plantes délicates, comme les protées, bruinées, etc., demandent une lumière diffuse.

Juin.

Les travaux, les semis et plantations sont absolument les mêmes, ou plutôt ne sont que la continuation de ceux du mois précédent ; l'important est de faire en sorte qu'on ne manque d'aucun légume de la saison, et que ceux qui doivent donner leurs produits plus tard soient en nombre suffisant et dans un état de végétation satisfaisant. Sous ce dernier point de vue on sèmera des choux-fleurs pour l'automne, des brocolis, des navets, choux-navets de Suède, des choux à grosses côtes, de la chicorée, de la féverole, des haricots, des pois Clamart, un peu de radis noirs; la carotte peut encore se semer dans tout le mois.

Couches. — Les melons ayant envahi toutes les couches, elles n'offrent plus guère, en fait de légumes, que quelques choux-fleurs et des aubergines.

Arbres fruitiers, pépinières. — On visite les espaliers pour veiller au maintien de l'équilibre dans toutes les parties de chaque arbre; l'abricot précoce est le seul fruit qui puisse avoir besoin d'être découvert dans ce mois et dont les branches exigent d'être palissées; quant aux branches des autres arbres, il sera peut-être besoin d'en attacher quelques-unes, d'en pincer d'autres, pour maintenir l'équilibre. Dans la pépinière on entretient la propreté par des sarclages, des binages; on veille à ce que les arbres se forment bien, et en cela on les aide merveilleusement par le pincement et par la suppression des bourgeons inutiles et des gourmands; on peut greffer en écusson à œil portant tous les rosiers, si on n'a pas de raison pour préférer la greffe à œil dormant; on greffe aussi beaucoup d'autres arbres et arbustes.

Jardins d'agrément. — Travaux de pleine terre. La fauche des gazons, le ratissage des allées, le binage des massifs et bosquets, la mouillure des fleurs et des nouvelles plantations, sont les plus grandes occupations de ce mois; il ne faut cependant pas négliger de donner de bons tuteurs à toutes les plantes qui ne se soutiennent pas d'elles-mêmes, telles que les roses trémières, les dahlias, quelques asters, etc.; de donner des rames ou échalas à celles qui grimpent, comme les convolvulus, cobæa, clématite, etc. On coupe les tiges de toutes les plantes herbacées dont la fleur est passée, en ne réservant que celles dont on veut bien recueillir des graines.

Couches. — Les couches qui ont servi à élever des fleurs sont excellentes pour recevoir des plantes languissantes, soit qn'on les y place à nu ou en pots; avec les soins nécessaires, des mouillures bien raisonnées, ces plantes deviennent promptement en parfaite santé.

Serres, bâches. — Les soins à donner aux plantes restées en serre consistent à les ombrer quand le soleil est trop ardent, et à les entretenir dans un grand état de propreté. On fait des boutures sous cloche, et des greffes en approche comme dans le mois précédent. Quant aux plantes de serre mises dehors, la mouillure à propos est de grande nécessité; viennent ensuite le binage des pots et caisses, l'entretien des tuteurs, des abris, de leurs formes, et l'attention que ces plantes n'enfoncent pas de trop grosses racines en terre au travers des fentes de leurs pots.

Juillet.

Travaux horticoles. — Potagers. Travaux : Continuer les semis, les plantations de tous légumes, tels que haricots, pois, fèves, concombres, cornichons, aubergines, choux-fleurs d'automne, brocolis, choux-navets, carottes, navets, etc.; on sème pour l'année suivante choux pommés, choux d'York; enfin le jardinier aura soin de récolter les graines à mesure qu'elles mûriront. Le moment des grands arrosages est arrivé si la saison n'est pas pluvieuse. Produits : tous les légumes. Continuer à semer tout ce qui peut être consommé ou recueilli avant les gelées : raves, radis, salades, fournitures, et même haricots, pois, fèves, si on peut les couvrir de châssis la veille des premières gelées. Semer pour l'automne et l'hiver des navets, mâches, cerfeuil, épinards; pour l'année suivante, choux d'York, pain-de-sucre, cabus, choux-fleurs, etc., pour repiquer sur les premières couches que l'on fera en décembre. Continuer les meules de champignons, amonceler le fumier pour l'époque où il faudra faire des couches, buter le céleri, empailler les cardons.

Produits. — Les légumes ne sont pas moins abondants que le mois précédent, et plus faciles à obtenir, la chaleur étant plus modérée.

Vergers et pépinières. — Travaux : Continuer les greffes

des sujets dont la séve était trop forte le mois précédent; donner le dernier sarclage dans les pépinières, mettre les plus belles grappes de raisin et particulièrement les chasselas en sac pour les préserver des insectes et des oiseaux.

Produits. — Excellents fruits de toute espèce : fraises des quatre saisons, cerises du nord, melons sur couches sourdes, deuxièmes figues, si l'on a pincé les bouts des rameaux; les meilleures pêches, le chasselas et le muscat, les prunes reine-Claude, damas, diaprée, Sainte-Catherine, couetsche; les poires beurré gris, d'Angleterre, doyenné, bon chrétien d'été, gros rousselet, etc.; les pommes reinettes jaunes, hâtives et belles d'août.

Jardins d'agrément. — Travaux : Même disposition que dans le mois précédent. Surveiller la maturité des graines, afin de récolter chacune au moment convenable; commencer le mouvement des terres, afin qu'elles aient le temps de s'affaisser avant qu'on les plante de nouveau. On plante des jacinthes, jonquilles et tulipes; on sème des quarantaines pour repiquer en caisse. Vers le 15 on rentre les plantes de serre chaude et on se hâte d'achever le rempotage de celles de terre tempérée et d'orangerie; à la fin du mois on remplace les panneaux des serres, bâches et châssis.

Produits. — Les plus jolies fleurs sont l'amaryllis belladone et le colchique d'automne; on a en abondance les asters, soleils, grandes sarrettes, verges d'or, coréopsis, silphium; les dahlias, balsamines, reines-marguerites, œillets et roses d'Inde brillent surtout dans les parterres; on a aussi des pavots et coquelicots, si l'on en a semé au printemps, et des bordures de thlaspi, giroflée de Mahon, si on en a semé en juin et juillet.

Août.

Travaux horticoles. — Quand il ne pleut pas on arrose les concombres et les cornichons, et même s'il tombe un peu de pluie, les choux-fleurs, les cardons, le céleri Maine, l'oignon blanc, le poireau, le salsifis, les scorsonères, la laitue de la Passion, les épinards, le cerfeuil, les navets, les mâches, les carottes, les choux-fleurs durs, les choux d'York et pain de sucre ; on replante en pleine terre sur allée ces quatre dernière plantes. On fait les semis quinze jours plus tôt ou plus tard, suivant la nature du terrain. On fait des mouillures, sarclages et binages ; on lie la chicorée et l'escarole ; on bute le céleri par petites parties, et souvent on empaille les cardons et les cardes de poirée. Si les plants du fraisier sont dégarnis, ou ont plus de deux ans, ou on en fait de nouveaux ; en replante les bordures d'oseille, de lavande, d'estragon, d'hyssope, etc. On fait des meules de champignons en plein air ; on abat la tige des oignons rouges pour empêcher la séve de monter et les mieux faire mûrir.

Travaux fructicoles. — On palisse complétement, en laissant les branches qui poussent encore et ne sont pas assez longues. On ébourgeonne les arbres dans la pépinière, on greffe en écusson à œil dormant toutes les espèces d'arbres fruitiers, arbres et arbustes d'ornement, on recueille les fruits à mesure qu'ils mûrissent.

Travaux des jardins d'agrément. — On lève en mottes les fleurs annuelles d'automne, qui n'ont pas été mises en place, telles que balsamines, reines-marguerites, œillet d'Inde, etc. On serre les marcottes d'œillets et on les plante en pots ou en pleine terre. On sème des quarantaines pour repiquer ; on sème en place adonis, pied-d'alouette, thlaspi, coquelicot, pavots, bluets, et vers le 15 on rempote les plantes qui en ont besoin, afin qu'elles puissent reprendre avant l'hiver ; on met les plantes à l'ombre pour faciliter leur reprise ; ratissage, arrosement, binage, coupe de gazon, tonte de bordure, tout est le même que dans le mois précédent.

Septembre.

Travaux en pleine terre : on continue donc de semer et planter ce qui peut être consommé ou recueilli avant les gelées, comme raves ou radis, diverses salades et fournitures, même des haricots, pois et fèves, si on peut les couvrir de châssis, la veille des premières gelées ; on peut encore semer, pour l'automne et l'hiver des navets, des mâches, du cerfeuil,

chervis, ciboule, chicorée, persil, roquette, et des épinards;
et pour l'année suivante, des choux d'York, pommé hâtif,
frisé hâtif, de Bonneuil, de Milan, pain de sucre, câpres,
choux-fleurs, de la laitue de la Passion, que l'on repiquera en
côtière ou en pépinière et même sur les premières couches
que l'on fera en décembre; on bute le céleri; on en arrache
pour le replanter dans de profondes rigoles, pratiquées dans
le terreau des vieilles couches, ou tous autres. On empaille la
chicorée et les cardons pour les faire blanchir ainsi que des
cardes de poirée, si on n'aime mieux les planter en rigoles
comme le céleri, ce qui est plus simple et vaut mieux. Si les
pommes de terre sont mûres, on les arrache, on les met dans
un fossé creusé en terre, et on les recouvre de la même terre.
On plante les fraisiers, pour avoir des fruits l'année suivante.
Vers la fin du mois on plante des jonquilles, narcisses et tulipes dans les terres non froides et humides, à moins qu'elles
ne soient garanties au moyen d'une grande litière. On peut
aussi marcotter des œillets pour ne les relever qu'au printemps. On sème des quarantaines pour repiquer de bonne
heure, et d'autres fleurs capables de supporter l'hiver. On peut
encore semer des graines d'anémone, renoncule, et autres
plantes bulbeuses ou tubercules à éclater, les plantes vivaces
à tiges persistantes, comme violettes, oreilles-d'ours, primevères et autres analogues.

Octobre.

Mâches et épinards à leur exposition; ils donnent leurs
produits au mois de mars. On sème sur ados, au pied d'un
mur, au midi, des pois d'hiver et des pois michaux. On
plante, pour en faire usage au besoin, des œilletons d'artichaut que l'on fait blanchir. On repique, soit en pépinière
pour n'être replantés qu'en février ou en mars, soit en place,
les jeunes choux d'York et les choux à pomme semés en
août; il convient surtout de mettre les choux d'York en pépinière sur les ados exposés au midi ou dans les plates-bandes,
le long des murs, à même exposition. On repique les choux-
fleurs semés en septembre, les laitues d'hiver et plants d'œi-

gnons blancs. On continue d'empailler les cardons et de buter le céleri pour le faire blanchir. On nettoie les planches d'asperges et d'artichauts de toutes leurs vieilles tiges, afin qu'ils soient prêts à être couverts au besoin et être préservés du froid et de l'humidité. Il faut buter les artichauts, non avec la terre qui se trouve au pied, ce qui les expose à la gelée, en découvrant la racine, mais avec de la terre rapportée. La paille, les feuilles sèches, le fumier, peuvent servir à les couvrir. On peut déjà planter les arbres fruitiers dans des terrains légers et secs; on élague les arbres, on les nettoie de leurs branches mortes ou mal placées. On plante encore des plantes à bulbes ou à oignons; elles résistent mieux à la gelée que celles plantées en septembre, et elles fleurissent presque aussitôt.

On peut risquer quelques plantes annuelles craignant peu le froid. C'est le moment de séparer et lever les marcottes d'œillets pour les mettre en pots et en place, les marcottes et boutures d'un grand nombre d'autres plantes, et les drageons et rejets enracinés. On sépare, on éclate les touffes de la plupart des plantes vivaces, soit pour massifs, soit pour bordures, opération qui doit se faire avec les mains et par déchirement.

On sépare les bulbes et caïeux des plantes que l'on aurait négligées. On défait toutes les vieilles couches pour en tirer les terreaux ou fumiers qui servent à l'amendement des planches et carrés. On commence l'amendement des terres. On couvre et empaille les jeunes plantes délicates, et surtout les semis. On profite du beau temps pour tondre les haies, les charmilles, les palissades, les tourelles, etc. On ne doit fumer les plantes bulbeuses qu'avec des engrais consommés, autrement elles périraient. C'est l'époque de recréer, de reconstruire ou modifier son jardin, de renouveler les bordures et les changer de situation s'il est utile, de niveler les allées, de semer du gazon, le cerfeuil, ciboules, raiponces, coriandre, laitue gotte, mâche, panais, pimprenelle, pois d'hiver, cresson, épinards, laitues crépées, de la Passion et coquille, raves, radis, raifort, roquette, romaine et romaine hâtive; de planter les fraisiers, l'hyssope, la laitue, la lavande, les oignons blancs, l'oseille; de semer le réséda, l'immortelle et quelques autres plantes annuelles rustiques; de planter les anémones, jacinthe, narcisse, marcottes, boutures, drageons, arbustes, renoncules, tulipes et oignons à fleurs. On ramasse tous les fruits; ceux qui ne sont pas arrivés à maturité mûrissent dans le fruitier. On plante encore dans le mois d'octobre certains arbrisseaux, tels que le myrte, romarin, etc. On met en serre les orangers, citronniers et figuiers, et tous les arbres ou plantes auxquels le froid peut nuire. On donne la dernière façon aux allées; on ramasse les feuilles qui tombent; on coupe les tiges des plantes vivaces qui ont cessé de fleurir; on nettoie, on fume et on laboure les plates-bandes dégarnies pour y planter des œillets de poëte ou des scabieuses. On peut planter, en les exposant à la lumière sur le devant des carrés, les plantes herbacées et toujours vertes; donner aux pots et aux caisses un labour; en prolongeant la végétation des camélias, ils peuvent encore se greffer en fente et se bouturer sous cloche avec succès. Une foule de fleurs embellisent encore les parterres, notamment les roses Bengale, noisettes, muscades, la sauge éclatante, les nombreux dahlias, etc., et plusieurs asters et phlox, etc.

Novembre.

Travaux d'horticulture. — Les travaux de pleine terre sont peu considérables dans ce mois; il est encore temps de labourer et buter les artichauts après avoir coupé les montants et raccourci les plus longues feuilles; on butte aussi le céleri en place et on en arrache pour le planter profondément dans un terreau de vieilles couches, où il blanchit plus promptement; on repique encore sur côtières des choux-fleurs d'York, cabus, et des laitues d'hiver; on peut même mettre immédiatement en place une portion des choux d'York et cabus, ils y gagneront si l'hiver n'est pas rigoureux; si la gelée menace, on arrache une provision de carottes, betteraves, navets, poireaux, chicorée frisée, etc., que l'on porte dans la serre à légumes; les racines s'accumulent en tas dans les encoignures, en mettant alternativement un lit de racines et un lit de terre légère ou de sable, les autres légumes se placent avec leurs racines l'un contre l'autre, on met de la litière ou des feuilles sur les artichauts, céleri, chicorée et escarole restés en place. On arrache les choux-fleurs qui manquent et on les replante près à près dans la serre à légumes après avoir coupé une partie de leurs plus grandes feuilles, ou bien on les replante dans de larges tranchées creusées en terre et sur lesquelles on place des châssis, ce dernier moyen est préférable au premier. Les jeunes choux-fleurs repiqués sur côtière, dans le mois précédent et dans celui-ci, veulent être couverts de litière légère lorsqu'il gèle et découverts toutes les fois que le temps se radoucit. On sème encore sur des couches, sur du terreau ou sous cloches, laitue crêpe, gotte, romaine verte, choux-fleurs durs, pour être traités comme les pareils semis du mois précédent. On fait des couches tièdes sur lesquelles on sème de la laitue à couper, des raves et des radis roses, du cresson, du cerfeuil, on y replante les plants assez forts de semis de salade et choux-fleurs faits en octobre, et l'on continue les semis et plantations sur couches d'asperges, d'oseille, d'estragon, de persil, etc., jusqu'à ce qu'on puisse les faire en pleine terre, c'est-à-dire en mars et avril; mais il faut pour cela avoir toujours en avance un tas de fumier neuf pour faire successivement de nouvelles couches et de nouveaux réchaud pour entretenir leur chaleur. On commence à forcer des asperges en pleine terre, et à en chauffer sur couche, on a dû poser des châssis sur un ou plusieurs plants de fraisiers quatre-saisons en plein rapport, pour entretenir leur végétation, de manière que les récoltes de fraises ne soient pas interrompues pendant l'hiver. A la fin du mois on sème les premiers concombres, en petits pots sur couches et sous châssis, pour être mis en place sur une autre couche à la fin du mois suivant. On peut commencer à tailler les arbres à fruits à pépins qui sont vieux ou faibles, afin que la sève ne monte pas inutilement dans les bourgeons à supprimer; on arrache les arbres usés ou à supprimer, et on en change la terre de suite afin de pouvoir les remplacer le plus tôt possible. Les travaux de la pépinière ne consistent guère que dans la levée des arbres, à mesure qu'on en a besoin, et dans le défoncement du terrain que l'on destine à une nouvelle plantation ; toutes les fois qu'on en aura la possibilité, on fera bien d'attendre trois ou quatre ans avant de replanter des arbres-tiges dans le carré qui vient d'en produire, et au bout de ce temps on fera encore bien de n'y pas remettre la même espèce ; en attendant on y sème des légumes ou des graines. Quand les figuiers ont perdu leurs feuilles, ou même plus tôt si on craint les gelées, on rassemble leurs branches en faisceaux, et on les enveloppe avec de la paille ou de la fougère sèche, on couvre également dans la pépinière les arbres, arbrisseaux, semis et plantes que l'on sait craindre la gelée. On peut faire dans les terrains secs et légers des plantations d'arbres fruitiers et autres, ils réussissent mieux qu'au printemps. Ainsi qu'on a dû le faire depuis le 15 du mois précédent, il faut, une fois par semaine, ramasser au râteau toutes les feuilles qui tombent dans les allées, sur les pelouses, afin de s'en servir pour couvrir les plantes délicates ou pour mélanger avec le fumier des couches, ou enfin pour les faire pourrir et obtenir un terreau particulier. On arrache toutes les plantes annuelles dont les fleurs sont passées, et on replante toutes sortes de plantes vivaces : elles fleurissent mieux l'année suivante que si on les replantait au printemps.

C'est aussi le mois le plus favorable pour la plantation de la majeure partie des arbres résineux qu'il vaut mieux planter au printemps, ainsi que la plupart des arbrisseaux dits de terre de bruyère, parce que leurs racines, extrêmement menues et délicates, souffriraient beaucoup pendant l'hiver si on les déplaçait à l'automne. Toutes les plantes de terre et d'orangerie ayant dû être définitivement mises en place à la fin du mois précédent il suffit de les mouiller avec discernement, entretenir dans les terres une température convenable, renouveler l'air le plus souvent possible, et tenir les plantes propres.

Décembre.

Jardinage. — Il y a peu de chose à faire à la pleine terre pendant ce mois, à moins qu'on n'ait des défoncements à opérer ou à continuer. Si cependant le potager est en terre forte, on peut, quand la gelée ne s'y oppose pas, labourer grossièrement la terre des carrés vides, afin que les gelées futures la pénètrent, car elle s'échauffera mieux au printemps, et les semis et plantations y prospéreront d'autant plus qu'elle aura été plus divisée ; on s'occupe d'ailleurs à porter les engrais et fumiers où l'on doit les enterrer, à démolir les anciennes couches, à séparer la terre ou le terreau du fumier non consommé, à mettre celui-ci de côté pour faire les paillis, ou pour l'enterrer. Pendant les pluies ou le froid rigoureux, on fait des paillassons. On raccommode les outils, les coffres et les châssis, on nettoie les graines et on s'occupe de se procurer celles dont on manque. Si la pleine terre n'occupe guère, les couches, au contraire, occupent beaucoup : il faut en faire successivement, et pour de nouveaux semis, et pour repiquer le plant de ceux faits dans le mois précédent ; aussi, on en fera pour recevoir les concombres semés en petits pots sur couches dans le mois de novembre, pour repiquer sous cloches des laitues crêpée et gotte, de la romaine, des choux-fleurs, pour semer de la laitue à couper, des radis, des laitues gotte et romaine, destinées à pommer, des concombres bons à succéder à ceux semés dans le mois précédent, et enfin les premiers melons en pot, destinés à être mis en place trois semaines après, sur une autre couche toute neuve. Toutes les couches de primevères se font à 31 ou 46 centimètres l'une de l'autre ; et quinze jours après qu'elles sont semées ou plantées, on emplit de fumier neuf les intervalles pour entretenir leur chaleur ou les réchauffer, on continue d'ailleurs à forcer les asperges en pleine terre et à en planter sur couches tous les quinze jours, parce que les dernières s'épuisent très-vite. Si le froid vient à surprendre la végétation des fraisiers quatre-saisons sous les châssis, on les entoure d'un bon réchaud de fumier neuf, fait dans une tranchée autour des châssis, ou simplement posé sur la terre. Toutes les cultures précoces ou forcées doivent être soigneusement garanties des froids de la nuit par de la litière ou de bons paillassons.

Quand il ne gèle pas trop fort, on taille tous les pommiers

et poiriers, excepté ceux qui pèchent par trop de vigueur, mais on doit attendre jusqu'en février, ou jusqu'à ce qu'on ne craigne plus de fortes gelées pour tailler les arbres à fruits à noyaux, parce qu'ils ont le bois plus tendre et qu'ils pourraient être endommagés s'il survenait des gelées un peu fortes après leur taille ; du reste, il n'y a rien à faire aux uns et aux autres, à moins qu'on ne les laboure, et qu'ils n'aient besoin de quelques engrais. Les travaux de la pépinière ne consistent guère que dans la levée des arbres lorsqu'il ne gèle pas, et dans la fumure et le défoncement des carrés que l'on se propose de planter. Si l'on a de jeunes semis de tulipier catalpa, en terrine ou en pleine terre, il sera prudent d'avoir toujours sous la main des feuilles ou de la litière pour répandre dessus, la veille des fortes gelées. Dans les travaux de pleine terre du jardin d'agrément, il ne peut y avoir à faire que des changements de distribution, des plantations, des défoncements pour renouveler les gazons, des rechargements d'allées enfoncées ou dégradées, d'élagages pour obtenir quelque point de vue nouveau ou obstrué par la crue de certains arbres, etc. Il faut entretenir les serres chaudes entre 10 et 20 degrés de température, renouveler l'air toutes les fois qu'il est possible, arroser convenablement les plantes qui poussent un peu, celles qui paraissent dans l'inaction et les tenir toutes dans le plus grand état de propreté, en ôtant les feuilles et les tiges altérées et en binant la terre des pots ; quand le soleil est vif, qu'il gèle dehors, on détermine une légère vapeur humide dans la serre en seringuant de l'eau en forme de pluie sur les feuilles des plantes, et en en répandant un peu dans les sentiers : cette opération doit se faire au plus tard à midi afin que l'humidité soit à peu près dissipée à la nuit. La bâche aux ananas se tient à peu près à la même température que la serre chaude.

Quant à la terre tempérée et à l'orangerie, il suffit que le thermomètre de Réaumur n'y descende pas au-dessous de zéro ; mais on ne s'opposera pas à ce que le soleil y produise une chaleur de 4 à 10 degrés quand il luit et on profite, de ces moments pour renouveler l'air, chasser l'humidité, en ouvrant plus ou moins les châssis ou les croisées aux deux extrémités, et même au milieu de la serre et de l'orangerie, avec l'extrême précaution de les refermer avant la disparition du soleil afin de retenir dedans la chaleur. Les plantes de serre tempérée et d'orangerie se tiennent aussi dans un grand état de propreté; mais on les arrose moins, parce qu'elles ne poussent que peu ou point; les grosses caisses d'orangers, grenadiers, lauriers-roses, n'ont pas même besoin d'être arrosées du tout pendant l'hiver. Les poêles ou fourneaux ne suffisent pas toujours seuls pour entretenir une température convenable dans les serres, lorsque le froid est très-vif dehors; il faut donc avoir toujours sous la main des paillassons que l'on déroule sur le verre, et que l'on tend au-devant des croisées. Quand les fortes gelées menacent, les couvertures sur les vitres pendant la nuit sont même préférables à l'augmentation du feu des fourneaux, parce que dans le premier cas la chaleur est plus uniforme par toute l'étendue de la serre, tandis que dans le second cas, ce qui avoisine le foyer est échauffé avec excès et ce qui est près du verre ne l'est pas assez.

EXPLICATION DES FIGURES.

CULTURE

DES

PLANTES POTAGÈRES

ABSINTHE. Il y en a deux espèces, la grande et la petite. L'absinthe se multiplie de graines ou de rejetons qu'on sépare des vieux pieds et qu'on replante dans l'automne ou au printemps. Elle réussit parfaitement en tout climat et en toute terre, mais elle a plus de vertu dans les pays chauds. Elle n'est pas délicate à élever et résiste fort bien en pleine terre à toutes les rigueurs du temps. Le même pied se conserve quinze et vingt ans.

ACHE DE MONTAGNE. Plante vivace et rustique dont les feuilles sont assez semblables à celles du céleri. Etant pilées et appliquées sur les contusions, elles agissent comme résolutives. Rien ne prouve mieux l'influence de la culture que la conversion de l'ache en céleri. Cette plante perd, dans nos jardins, son mauvais goût et sa mauvaise odeur pour acquérir une saveur excellente.

AIL. L'ail est une plante vivace. Il végète partout; mais certains terrains lui conviennent mieux que d'autres. Une terre franche, légère, substantielle, lui est particulièrement favorable; il faut surtout que cette terre ne soit ni trop fumée ni trop humide, autrement l'ail serait exposé à graisser. Une tête d'ail contient de 10 à 15 caïeux ou gousses. Ce sont ces gousses que l'on sépare et que l'on plante en février ou mars, soit en planches, soit en bordures. Entre chaque caïeu il faut laisser une distance d'environ 15 centimètres, et en

foncer la gousse à une profondeur de 6 ou 7 centimètres.
Pendant sa végétation l'ail n'exige aucun soin. Il suffit d'arracher les mauvaises herbes qui viennent sur son terrain
Dans les premiers jours de juin on fait un nœud à la tige,
ce qui augmente la grosseur des bubes. Bientôt les fanes se
dessèchent. C'est le temps d'arracher la plante, qu'on laisse
ensuite sur la terre huit à dix jours exposée au soleil. Après,
on lie les aulx par bottes et on les dépose dans un lieu très-
sec, la moindre humidité pouvant les faire germer.

AIL ROSE. On cultive depuis quelque temps avec succès
dans les environs de Paris une variété d'ail, nommée *ail
rose*, à cause de la couleur de ses tuniques. L'ail rose est
beaucoup plus précoce que l'ail commun; mais il se conserve moins bien.

AIL D'ESPAGNE OU ROCAMBOLE. Ne se cultive guère que dans
le Midi, sa saveur est un peu moins âcre que celle de l'ail
commun.

AIL D'ORIENT. Il a la forme du poireau et la saveur de l'ail
ordinaire. Il se compose d'un gros bulbe divisé en plusieurs caïeux beaucoup plus gros que la gousse de l'ail commun.

ANANAS. Plante vivace, épineuse, au port élégant, aux
feuilles longues, vertes, charnues et robustes, enveloppant
une tige assez forte, couronnée elle-même d'un épi de fleurs
nombreuses et violacées auxquelles succèdent des baies si
pressées qu'elles ne semblent faire qu'un seul fruit. Ce fruit
a la forme d'une pomme de pin. A la maturité, il est ordinairement d'un jaune doré; il exhale un parfum des plus
agréables. Sa chair est délicieuse; elle est blanche ou rosée,
d'une odeur et d'une saveur exquises qui ressemblent à celles de la fraise unie au citron.

On possède maintenant près de 60 variétés d'ananas. Les
plus estimés sont l'*ananas commun*, à *fruit rond*, ou pomme
de reinette, l'*ananas à fruit en pyramide*, l'*ananas à fruit vert*
ou pitte, l'*ananas à feuilles panachées*, etc.

L'ananas se multiplie d'œilletons qu'on fait éclater du pied
avec une partie de la racine, nommée *talon*. Les bornes de
cet ouvrage ne nous permettent pas d'entrer dans de longs

détails sur la culture de cette plante dont peu de personnes s'occupent.

ANGÉLIQUE. Plante indigène et trisannuelle, de la famille des ombellifères. Non-seulement elle fournit des compositions utiles et agréables, mais elle peut être encore rangée au nombre des substances alimentaires. En France on ne mange l'angélique que confite au sucre, mais en Islande et dans plusieurs autres contrées du Nord, c'est une plante légumineuse d'une grande ressource.

Le terrain destiné à la culture de l'angélique doit être substantiel, humide et exposé au soleil. Un sable gras lui convient mieux que tout autre sol. Règle générale : il faut que l'angélique ait la racine dans l'eau et la tête au soleil. On sème en septembre, dès que la graine est mûre, ou bien au mois de mars. Quand on sème en mars, on répand la graine à la pincée, en la mêlant avec un peu de terre fine, et on ne la recouvre point; les pieds, dans ce cas, se transplantent à la mi-septembre.

ANIS. Cultivée seulement pour sa graine, cette plante se sème fort clair au printemps. On la mouille pour la faire lever, et on l'éclaircit quand le plant est assez fort. Elle demande une terre meuble et légère. Chaque pied forme sa tige dans le mois de juin et sa graine au mois d'août. On coupe le pied à fleur de terre et on le laisse quelques jours au soleil avant de battre la graine. Il repousse au printemps suivant de nouveaux drageons, qui donnent une seconde fois de la graine,

ARROCHE DES JARDINS, connue aussi sous le nom de *Belle-Dame, Bonne-Dame, Follette.* Plante potagère annuelle qui sert à corriger l'acidité de l'oseille Ses feuilles sont larges, jaune-vert ou rouges. Semis en mars, si elle ne se reproduit pas d'elle-même. On la sème par rayons ou à la volée, mais toujours très-clair.

ARTICHAUT. L'artichaut est une plante vivace, originaire des pays méridionaux. Elle peut s'élever de graines qu'on sème au mois de mars, mais il vaut mieux planter les œilletons qu'on détache des vieux pieds qui ont passé l'hiver. Les œilletons se lèvent vers la mi-avril, quand les

feuilles ont environ 30 centimètres de hauteur. Des sarclages, des arrosements sont nécessaires dans la jeunesse du
plant; il est bon de les continuer pendant les années suivantes.

Si l'on plante deux œilletons ensemble, c'est pour être sûr
d'en avoir un; car il faut jeter le moins fort quand la reprise des deux est assurée. Les plants d'*artichauts* ont besoin d'être renouvelés tous les quatre ans; beaucoup de jardiniers et d'amateurs sont dans l'usage d'opérer ce renouvellement par quart chaque année. Dès qu'un pied est
déchargé de son fruit, il faut ôter ce qu'il a de mort ou de
sec, et couper les tiges le plus près de terre possible; je dis
couper, parce qu'en éclatant on occasionne, dans la partie
déchirée, une sorte de gangrène qui fait souvent périr le pivot. — Dès le mois de novembre, il faut biner le plant pour
ôter les mauvaises herbes, et butter si la terre est légère.

Quand l'hiver approche, on commence à couvrir, et l'on
augmente plus ou moins les couvertures selon l'intensité du
froid : elles se retirent successivement à mesure que les gelées diminuent. En avril, lorsque la végétation est commen-
cée, on procède au nettoyement des souches et à la séparation des œilletons, pour multiplier les espèces qui, comme
nous l'avons dit, se propagent encore par les graines. Si l'on
veut faire usage de ce dernier moyen, on sème au mois de
mars dans des pots tenus sur couche, ou en pleine terre dans
les premiers jours de mai, époque à laquelle le plant du premier semis peut être mis en place. Ce dernier donne souvent des fruits en automne; les autres produisent au printemps suivant.

Les variétés d'artichaut les plus estimées sont le *gros vert
de Laon* et le *gros camus de Bretagne*. Le *violet* et le *rouge*
sont les meilleurs à manger crus.

ASPERGE. Plante vivace qu'on multiplie ordinairement de
plantes élevées en pépinière. On la sème aussi très-clair au
mois de mars. Le terrain qui convient le mieux aux asperges est un composé de terre calcaire, de sable, de terre
franche et de terreau. Comme l'*aspergerie* doit subsister un
certain nombre d'années, on fait choix, dans le jardin, du

terrain le plus convenable pour ce genre de culture. On défonce l'emplacement de 54 centimètres; on rétablit dans la fosse 9 centimètres de bonne terre, sur laquelle on place à la distance de 42 centimètres, en tous sens, une griffe d'asperges bien choisie, âgée de deux ans, et récemment arrachée. Cette opération doit se faire au commencement de mars. La fosse se recouvre de 18 ou vingt centimètres de bonne terre, terreau, curures de fossés bien mûries, fumiers consommés, débris de chaux, de vieux murs, terres de voiries, etc., selon que l'on peut avoir ces objets à sa disposition. Il est prudent de fixer des piquets auprès de chaque griffe d'asperge, afin qu'on puisse sarcler et biner le terrain sans être exposé à marcher sur les jeunes plants : tel est le travail de la première année. La seconde il faut, à la fin de février, découvrir les *asperges* jusqu'auprès de la griffe, remettre dessus 3 centimètres de terreau consommé et 9 centimètres de fumier bien mûri et devenu presque terreau. et recouvrir de 9 centimètres de la bonne terre qu'on avait retirée de la fosse pour faire le travail que nous venons de prescrire. On continuera, comme l'année précédente, de sarcler et de serfouir avec précaution. A la troisième année, on renouvellera l'opération de l'année précédente; c'est-à-dire qu'au mois de février on découvrira de nouveau les griffes, qu'on mettra 9 centimètres de fumier consommé et 27 centimètres de terreau. La quatrième année, même opération que la précédente, quinze centimètres de terreau de plus et couper les plus fortes jusqu'à la fin de mai, etc.

En résumé, on divise le terrain en planches de la largeur de 1 mètre 66 centimètres, distantes l'une de l'autre de 60 centimètres. On creuse ces planches à la profondeur d'environ 66 centimètres; on y entasse du fumier de vache ou de cheval bien pourri, jusqu'à la hauteur de 6 centimètres au-dessus du niveau du terrain creusé. On couvre ce fumier de 6 centimètres de bonne terre légère. On arrange alors les griffes d'asperges à 83 centimètres de distance l'une de l'autre, et à 33 centimètres du bord de la planche, en mettant une plante au milieu de 4. de la manière suivante :

On couvre ces plantes de 3 centimètres de terre sur laquelle on met 6 centimètres de fumier, qu'on recouvre par 6 autres centimètres de terre.

Les deux premières années après la plantation, on découvre les plantes jusqu'aux œillets vers la fin de janvier ou en février, si le temps le permet : on les laisse dans cet état jusqu'au commencement de mars; on y met alors 9 à 12 centimètres de fumier que l'on recouvre de 16 centimètres de terre On fait la même opération la troisième année et les deux suivantes, avec la différence cependant que l'on met sur le fumier 33 centimètres de terre au lieu de 16 centimètres, afin que les asperges puissent être coupées d'une belle longueur. On peut remplacer, pendant les deux ou trois premières années, les plantes qui périssent, en observant de ne couvrir de terre les nouvelles griffes qu'à la proportion du temps de leur plantation, selon la manière indiquée ci-dessus.

AUBERGINE ou MELONGÈNE. Cette plante n'est guère en usage que dans le Midi; on la mange ordinairement cuite dans l'huile. La culture en est fort simple. Dans les pays chauds on sème la graine en pleine terre à une bonne exposition et l'on repique ensuite le plant dans une terre bien préparée, sans autre soin que de l'arroser souvent. Dans le Nord, il faut la semer de bonne heure sur couche et la replanter ensuite en échiquier, à 75 centimètres de distance, sur une couche sourde ou au moins dans une terre bien fumée et bien exposée, avec l'attention de la mouiller souvent dans les sécheresses. Elle n'est pas fort délicate à élever, mais elle périt aux premières gelées de l'automne. Il y a quatre variétés d'aubergine : deux dont le fruit est rouge, l'une allongé et l'autre ronde ; et deux de couleur jaune, l'une *d* forme ronde, l'autre longue.

BASELLE ROUGE ET BLANCHE, ou ÉPINARD DU MALABAR. Les feuilles de cette plante bisannuelle et grimpante peuvent être mangées comme celles de l'épinard ordinaire; elles sont même préférables et beaucoup plus productives. Semer sur couche chaude et piquer le plant à bonne exposition, près d'un appui, où les graines peuvent mûrir. Il est cependant bon d'en rentrer quelques pieds dans la terre chaude.

BASILIC. Plante annuelle et aromatique dont il existe plusieurs variétés. Elles doivent être semées sur couche au printemps, repiquées en pots remplis de bonne terre ou de terreau consommé, exposées au soleil quand elles sont bien reprises et souvent arrosées

BETTERAVE. Cette plante, que l'on mange en salade et dont on tire un sucre qui le dispute en bonté et en beauté au sucre de çanne, offre plusieurs variétés qui se cultivent de même : la petite et la grosse rouge, la jaune, la blanche, la rouge ronde hâtive (mûre en août), et celle champêtre de grande culture que l'on nomme *racine de disette* ou *betterave sur terre*, parce que l'espèce préférée sort à moitié de terre. La graine de toutes, bonne pendant deux ans, se sème de mars en mai dans une terre profonde, légère et bien cultivée. Le plant doit être sarclé, arrosé, biné plusieurs fois, et grandement éclairci. Si l'on repique dans les places où la semence n'est pas levée, il faut le faire par un temps humide, et surtout ne rien couper des racines. On donne aux bestiaux les feuilles de cette plante, dont la récolte se fait, comme celle des carottes, en octobre ou novembre.

BOURRACHE. Plante annuelle qui se propage d'elle-même et fleurit l'été. On peut la semer aussi en toute saison; elle lève très-promptement, presque sans préparation. Les feuilles ont des propriétés médicales bien connues; ses fleurs peuvent, comme celles de la *capucine,* être mangées en salade.

CAPUCINE, Cresson du Pérou ou des Indes. Cette plante, annuelle dans nos jardins, se multiplie par le semis au printemps, en bonne terre, près d'un treillage, au pied des arbres ou contre un mur. Les fleurs de la capucine ornent les salades et en relèvent le goût; ses fruits, confits au vinaigre, peuvent remplacer les câpres.

CARDON. Plante potagère, dont il existe deux espèces, celle d'*Espagne*, sans épines, et le cardon *de Tours*, très-épineux. Ce dernier est préféré comme plus tendre et moins sujet à monter. Les *cardons de primeur* se sèment en place au printemps, dans des trous de fumier consommé. Ils aiment la chaleur et les arrosements. Par un temps sec on les couvre pour les faire blanchir. Ils sont ordinairement bons quinze jours ou trois semaines après l'opération, que l'on renouvelle à diverses époques, et qui consiste à les lier, les empailler, et les buter autour d'environ 33 centimètres de terre.

CAROTTE. Annuelle pour l'usage, et bisannuelle pour la durée. Cette plante potagère offre les variétés suivantes : *grosse rouge, grosse jaune, courte de Hollande rouge, jaune hâtive, rouge hâtive*, et *violette d'Espagne*. La *carotte* étant essentiellement pivotante, demande une bonne terre profonde et bien ameublie. Elle se sème du commencement de mars à la fin de mai, et quelquefois dans les premiers jours d'octobre pour en jouir au printemps. Le semis se fait plus ordinairement à la volée, après avoir bien frotté la graine pour la répartir également sur le terrain, qu'il faut entretenir proprement et arroser au besoin pour faire grossir les racines que l'on retire de terre en octobre. On peut se procurer des primeurs en semant sur couche, dès le mois de décembre, la *carotte courte de Hollande*. La graine se conserve trois, quatre ou cinq ans; celle de l'année donne des plants sujets à monter; aussi emploie-t-on de préférence des graines de deux ans.

CÉLERI. Plante potagère dont les meilleures variétés sont le *céleri creux*, le *céleri à couper* pour fourniture de salade, le *céleri plein blanc*, le *gros blanc*, le *céleri turc*, le *nain frisé*, le *plein rouge et rose*, et le *céleri-navet blanc* ou *bleu veiné de rose*. Ce dernier est préférable. Pour avoir du *céleri à di-*

verses époques, on le sème en février et mars sur couche; en avril, mai et juin, dans un terrain gras et léger. Le plant assez fort se repique, soit en planches à une distance convenable, soit dans des rigoles d'environ un pied de profondeur, dont la terre sert à buter les plantes, qui, de cette manière, blanchissent beaucoup mieux et plus vite que celles empaillées. La racine du *céleri-navet* étant la seule partie mangeable, les liens ou le butage ne sont pas nécessaires. Il faut soigneusement couvrir, pendant l'hiver, les pieds demeurés en terre pour porter graines; les autres se conservent à l'abri du froid comme les *carottes* et *navets*. Cette plante demande à être souvent arrosée. Sa graine se conserve trois ou quatre ans; mais la plus nouvelle est la meilleure.

CERFEUIL. Plante annuelle qui monte facilement en graine; par cette raison, il est bon de semer tous les quinze jours, du commencement de mars au mois d'octobre. Les deux ou trois premiers semis se font à bonne exposition, et tous les autres dans une situation ombragée. Même culture pour le *cerfeuil frisé*. Le *cerfeuil musqué* ou *d'Espagne* se reproduit de semis en automne; il est vivace et possède une saveur d'anis qui le fait rechercher.

CHAMPIGNON. Plante dont la famille est très-nombreuse. Parmi les espèces estimées pour la table, il est un choix à faire, choix d'autant plus important que quelques-unes, très-bonnes à une certaine époque de la végétation, seraient, à une autre, dangereuses et même mortelles. L'espèce la plus connue est l'*agaric des jardins*. C'est la seule espèce que l'on puisse cultiver et faire venir à volonté au moyen de *couches* ou *meules*. Ces couches se préparent en décembre, à l'exposition du levant. Dans un terrain sec on ouvre une tranchée de 65 centimètres, terminée en dos d'âne. Quelques jours après, on jette dessus, à diverses places, un peu de son et de sel ammoniac, qu'on couvre aussitôt de terre légère et mieux de bon terrain. La couche reste ainsi jusqu'en avril, époque à laquelle il faut la couvrir d'environ 54 centimètres de litière. Fin de mai, ou commencement de juin, on ramasse, tous les deux ou trois jours, les *champignons* parvenus à leur grosseur. La litière levée pour faire cette récolte doit être replacée aussitôt et arrosée légèrement au besoin. Une couche bien faite produit plus de trois mois. Lorsqu'elle est épuisée, on la détruit en séparant du fumier tout le *blanc de champignon* pour l'employer aux *meules* qui s'établissent de la manière suivante .

Après avoir laissé reposer pendant quinze jours ou un mois du fumier de même qualité que celui dont il vient d'être parlé, on dresse la meule d'une longueur indéterminée, sur 1 mètre de largeur et 80 centimètres de hauteur; on l'arrose et cinq ou six jours après on la détruit pour la reconstruire aussitôt, après avoir ôté un tiers du fumier que l'on remplace par du neuf. Une seconde opération peut être nécessaire si le fumier s'échauffe trop. Reposée de nouveau, et réduite à une chaleur très-modérée, le blanc de champignon se place par morceaux enfoncés de 6 centimètres et à 17 ou 22 centimètres les uns des autres. On remue le fumier conservé, tant sur les bords qu'au-dessus. Quelques jours après, quand le blanc se trouve bien attaché, il faut couvrir la meule de 6 centimètres de litière, qu'on arrose assez ordinairement pour entretenir le dessous un peu humide. Deux fois dans l'espace d'une quinzaine, on renouvelle la couverture, que l'on remplace en dernier lieu par du fumier long, arrangé de manière à faciliter l'écoulement des pluies. Peu de temps après, les *champignons* se montrent, et tous les trois ou quatre jours on peut en cueillir pendant plus de trois mois. Quand les froids viennent, il faut augmenter les couvertures pour entretenir une douce chaleur. On peut se procurer des champignons tout l'hiver en construisant une meule dans une serre ou dans une cave tenue bien fermée. De cette manière, elle n'a pas besoin d'être formée en dos d'âne, et peut demeurer sans couverture de litière. Il faut de temps en temps lui donner un léger arrosement.

CHERVIS, Berle des potagers, Chérouis. Racine potagère, pivotante et bisannuelle, d'une saveur fine et très-sucrée, qui se multiplie le plus ordinairement par semences en terre légère et profonde qu'il faut arroser souvent. Les bourgeons qui poussent des touffes principales peuvent être plantés en avril, mais les sujets qui en proviennent sont moins beaux que ceux de semis. La graine que cette plante donne quelquefois la première année, ne vaut pas à beaucoup près celle de deux ans. En novembre et pendant tout l'hiver, on enlève, au fr , et à mesure des besoins, les racines, qui se mangent prépi , rées comme les scorsonères.

CHICORÉE FRISÉE ou ENDIVE. Plante potagère que l'on sème sur couche dès le mois de février, mais plus ordinairement dans une terre substantielle, à bonne exposition, de la mi-mai aux premiers jours d'août, pour en avoir successivement pendant plus de six mois. Le plant assez fort se repique à 33 ou 40 centimètres de distance, dans des planches bien fumées, qu'il faut nettoyer souvent et arroser au besoin.

Pour blanchir la *chicorée*, il faut la lier par un temps sec, d'abord vers le bas, ensuite au milieu, et à l'extrémité. Cette opération doit être faite en deux fois dans l'espace de douze à quinze jours; peu de temps après, la plante liée sera blanche et tendre. Quand il n'est plus possible de défendre des premiers froids les *chicorées* dernières semées, on les enlève en mottes pour les rentrer dans un lieu qui, sans être chaud, les préserve de la gelée. On peut en conserver ainsi jusqu'à la fin de l'hiver.

La *chicorée de Meaux* est une variété de la précédente. Ses feuilles sont plus profondément découpées et très-frisées, mais elle monte facilement dans les années pluvieuses : elle aime la sécheresse, et réussit mieux en automne qu'en été.

La *chicorée fine d'Italie* ou *d'été* convient pour les semis de février; elle est hâtive, et ne monte pas promptement.

La *chicorée* connue sous le nom de *scarole* ou *d'escarole* offre plusieurs variétés qui se cultivent comme les précédentes.

CHICORÉE SAUVAGE On en connaît trois variétés. Plantées à la cave vers le mois de novembre, elles produisent, pendant tout l'hiver, la salade dite *barbe de capucin* ou *cheveux de paysans*.

La graine de *chicorée* se conserve près de dix ans. La plus ancienne donne des pieds plus frisés, et moins sujets à monter.

CHOU. Les principales espèces sont le *chou blanc*, le

chou pommé ordinaire, le *chou frisé hâtif*, le *chou de Savoie frisé*, le *chou pancalier*, le *chou de Milan*, le *chou à grosses côtes*, le *chou rave* et le *chou rouge*.

La culture de ces différentes espèces de choux est à peu près la même; ils se multiplient de graines provenant des meilleures espèces et de ceux les mieux pommés, qu'on replante au mois de mars en pleine terre : pour les aider à pousser leurs tiges, on les coupe en forme de croix. La graine de toutes les espèces de choux à pommes se sème sur couche au commencement de mars, et à défaut de couches, en pleine terre bien fumée et préparée, à une bonne exposition; s'ils lèvent trop épais, il faut les éclaircir et surtout les arroser au besoin : on en plante des carrés entiers que l'on doit avoir soin de bien fumer et labourer plusieurs fois, parce que plus la terre est remuée, meilleure elle est. On plante les choux vers le commencement de juin, à 1 mètre les uns des autres en tous sens; on ne doit point négliger de les arroser, comme aussi de leur donner certains petits labours de temps à autre; ces attentions font périr les mauvaises herbes et croître les choux à vue d'œil.

On sème encore la graine de choux, vers la mi-août, pour les repiquer en pépinière à quelques bons abris en octobre, et les transplanter, au mois de mars suivant, dans une terre bien fumée et bien préparée; on a l'agrément de les voir pommer dans le mois de juillet, et ils peuvent se conserver pour l'usage jusque dans l'hiver. Sur la fin de novembre, on déplante les choux, pour les replanter en pépinière, un peu courbés, le long de quelques murailles, à l'abri des fortes gelées : on les couvre de grandes et longues litières. Ils peuvent se conserver jusque dans le carême : après la récolte des choux on arrache les pieds, on laisse reposer la terre jusqu'au mois de mars; pour lors, on donne un labour pour y semer des oignons

CHOU-FLEUR. Il y a trois variétés de chou-fleur : le *dur*, le *demi-dur* et le *tendre*. L'usage le plus général est de semer les choux-fleurs en juin sur plate-bande bien terreautée et de les repiquer en juillet. En les arrosant suffisamment on aura une récolte abondante depuis septembre jusqu'à novembre. On enlève, à la fin de novembre, chaque pied en motte; on les débarrasse des feuilles gâtées et on les replace dans du terreau, en un lieu fermé et suffisamment garanti du froid. On doit, en les replantant, laisser autour des têtes de chaque chou-fleur un espace d'environ 8 centimètres. Les soins ultérieurs se bornent à une surveillance journalière, et dont le but est d'enlever les feuilles qui se pourrissent, et de couper, pour la consommation, les têtes qui ont de la disposition à se gâter. Quand le froid devient très-rude, on peut couvrir ces *choux* avec du foin court et bien sec.

Cette méthode fournit à la consommation pendant tout le cours de l'automne et de l'hiver, et jusqu'au mois de février.

Les *choux-brocolis* sont une variété intermédiaire entre le *chou-fleur* et le *chou* proprement dit : on distingue le *brocoli commun*, le *brocoli violet de Malte* et le *brocoli blanc*.

On sème les *brocolis* en juin ou en juillet, et on récolte les jeunes pousses dès les premiers jours de mars. Les *brocolis* semés en janvier sur couche sont bons en juin. Ils durent plus longtemps, s'ils sont arrachés avant le développement des drageons et replantés à l'ombre. Semés en avril, ils donnent en octobre; ceux non fermés lors des premières gelées, et portés dans la serre, y produisent comme les *choux-fleurs*.

Le *brocoli* aime une terre légère, substantielle, et de fréquents arrosements

CHOU-MARIN ou CRAMBÉ. Plante vivace, dont les jeunes pousses annuelles, feuilles et tiges, se mangent blanchies avant leur premier développement. Se sème en mars, avril et mai en terre substantielle et profonde.

CIBOULE. Plante bisannuelle. Sa graine se conserve deux ou trois ans, gardée dans les capsules. En février et mars, semis en pleine terre, légère et substantielle, pour replanter en avril et mai, deux à deux, à quinze centimètres de distance et à dix centimètres seulement si l'on ne met qu'une seule plante dans chaque trou. On sème aussi à la mi-juillet et en août. On cultive une autre espèce de ciboule, vivace et se multipliant par graines et par caïeux en septembre.

CIBOULETTE, CIVETTE, APPÉTIT. Plante de même famille que la précédente, se multipliant de caïeux qu'on plante en mars ou en automne, 3 ou 4 dans le même trou, soit en planche, soit en bordure. On relève tous les trois ans pour éclaircir les touffes et renouveler la terre, qui doit être substantielle. Bonne exposition au midi; arrosements bien ménagés en été. On coupe les feuilles en automne et on couvre la plante d'un peu de terre, ce qui la dispose à pousser au printemps avec plus de vigueur.

CITROUILLE. *V. Courge.*

CONCOMBRE. Plante annuelle, de la famille des *melons*, dont on connaît plusieurs variétés : le *blanc*, le *jaune*, le *hâtif de Hollande*, et le *petit vert*, nommé *concombre à cornichons*. Les *concombres* de primeurs se sèment sur couche en janvier et février, même en novembre et décembre. Il faut les repiquer deux fois, et toujours sur couche; ils demandent presque les mêmes soins que le *melon*. Il en faut beaucoup moins pour les derniers semis, qui peuvent se faire en place dans des trous remplis de bon fumier, recouvert de terreau. C'est ainsi qu'on sème, en mai, les *concombres verts* destinés aux *cornichons*, qui mûrissent en septembre.

COQUERET ou ALKEKENGE. Plante s'élevant en touffes de 30 à 60 centimètres de haut. Ses fruits, renfermés dans le calice, qui se renfle à la maturité, sont très-nombreux, de la grosseur d'une cerise, remplis d'un suc acidulé qui les fait rechercher. Multiplication par semis sur couches en mars, pour repiquer en mai; ou mieux par éclats de racines, en automne et au printemps.

CORIANDRE. Plante aromatique et annuelle que l'on sème au printemps, en terre meuble, franche et bien exposée. Les graines sont très recherchées des confiseurs.

CORNE-DE-CERF. Plante annuelle qui doit être semée au printemps, en terre substantielle, légère, et souvent arrosée. Ses feuilles, coupées deux mois après, repoussent promptement; elles sont employées comme fournitures dans les salades

CORNICHONS. *V. Concombre vert.*

COURGE. Renferme un grand nombre de variétés : la *citrouille* ou *potiron commun*, le *potiron d'Espagne*, les *gi-*

raumons turban et noir, *patisson*, *long de Barbarie*, etc. Toutes ces espèces aiment l'eau et la chaleur et sont cultivées sur couches ou en planches. On sème les potirons dans des pots sur couche, en février ou mars, mais plus ordinairement en avril, à bonne exposition, dans des trous remplis de fumier recouvert de terreau. Cette plante aime beaucoup l'eau. Ses fruits mûrissent en août et septembre.

CRESSON ALÉNOIS. Plante annuelle qui se mange en salade. Elle a deux variétés : le *petit frisé* et le *cresson à larges feuilles*. Dans les provinces méridionales on sème le cresson alénois en février sur couche; en mars, mai et octobre en pleine terre; dans celles du nord également sur couche en février, et de quinze en quinze jours pendant les trois autres saisons. En été, il faut le semer à l'ombre et le mouiller fréquemment.

CRESSON DE FONTAINE. Croît naturellement dans les fontaines, les ruisseaux, les fossés. Se cultive aussi dans des *cressonnières*. On dérive d'une source d'eau vive le filet nécessaire pour entretenir toujours couverte d'eau, à la hauteur de 3 à 6 centimètres, une aire de grandeur quelconque, aplanie avec du gros sable et du gravier, sur laquelle on plante avec ordre de jeunes pieds et racines de cresson. Dès que les tiges commencent à durcir on renouvelle le plant après avoir exactement balayé le sédiment de vase qui a pu s'attacher au sable. On coupe chaque jour le jeune cresson avec des ciseaux immédiatement au dessus de la surface de l'eau, dont l'écoulement est proportionné à ce que peut en fournir le filet dérivé.

DENT DE LION ou PISSENLIT. Plante chicoracée très-commune dans les prés. On la sème en mars, et elle ne demande d'autre soin que d'être couverte d'un peu de litière afin de blanchir plus vite.

DOLIQUE. V. *Haricot*.

ÉCHALOTE. Cette plante se multiplie de ses bulbes, qu'on sépare comme celles de l'ail, et qu'on plante au commencement de mars, en bordures ou en planches, à 12 centimètres de distance en tous sens, en ayant soin de ne les enterrer qu'à fleur de terre. Quatre jours après on voit pour.

ser le germe, et dès le mois de mai on commence d'en faire usage; mais pour conserver les échalotes, il ne faut pas les arracher avant que la fane soit tout à fait sèche, et c'est ordinairement sur la fin de juin; elles se conservent parfaitement tout l'hiver, pourvu qu'on les laisse bien sécher avant de les enfermer, et qu'on les tienne dans un lieu sec. Leur culture ne demande aucun soin particulier; beaucoup de jardiniers les plantent autour des planches d'oignons. Il faut avoir soin, quand on les plante, de choisir les bulbes les plus déliés et les plus allongés. Il y a trois variétés d'échalotes, la *commune* et la *grosse*, qui se ressemblent, à la grosseur près, et l'*échalote de Jersey*, plus précoce, se multipliant par caïeux et par graine.

ESTRAGON. Petite plante vivace qu'on renouvelle et multiplie tous les trois ans, en séparant ses touffes au printemps, et replantant les éclats à 30 centimètres de distance entre chaque touffe. Pendant l'été, on le mouille souvent, et on le coupe tous les quinze jours afin de l'avoir plus tendre. Les tiges et les feuilles se mangent en fourniture de salade. L'ertragon entre dans la composition des sauces et on en fait un vinaigre aromatisé très-agréable.

FENOUIL. Le *fenouil commun*, grande plante vivace, et le *fenouil doux*, plus petit, appelé aussi *anis de Paris*, se sèment en mars en place ou en planche pour repiquer. Le fenouil doux peut n'être semé qu'en mai et juin, pour être cultivé comme le céleri et employé aux mêmes usages.

FÈVE DE MARAIS. Plante annuelle de la famille des légumineuses, dont on connaît diverses variétés · les fèves de Windsor, la julienne, la violette, la naine, etc., qui toutes se sèment au printemps, en terrains un peu humides et à l'abri de la chaleur. Les rayons sont espacés de 20 à 25 centimètres, et les trous sont faits à la même distance, pour recevoir trois ou quatre graines; on donne deux binages, on butte chaque fois, et après la floraison, on pince l'extrémité des tiges et des rameaux, pour faire tourner la sève au profit du fruit. Pour avoir des fèves de bonne heure, il faudrait semer dès décembre ou janvier, en planche ou platebande au midi, en garantissant des rats, des mulots, etc. La fève naine, très-précoce, est cultivée sous châssis; on connaît encore les fèves à longues cosses et les fèves vertes.

FRAISIER. Plante vivace dont on connaît un grand nombre d'espèces ou de variétés, plus ou moins savoureuses. Les fraisiers en général se multiplient de semis, et le plus souvent de leurs drageons, traces ou coulants. Ces coulants se plantent en bordures ou en planches, en terre bien ameublie, amendée avec du fumier consommé, au midi. Les principales espèces de fraisiers sont : le *fraisier commun des bois*, le *fraisier des Alpes*, le *capron* et les fraisiers anglais *keen's seedling* et *elton*, récemment importés en France et précieux à cause de leur parfum et de leur abondante production.

GOMBAUD, KETMIÉ COMESTIBLE. Plante annuelle, cultivée pour ses fruits, avec lesquels on assaisonne les ragoûts et qu'on ne peut élever à Paris que sous cloche et sous châssis. Terre légère et bien fumée; de l'eau au temps des chaleurs.

HARICOT. Plante annuelle, dont il existe un grand nombre d'espèces et de variétés. Sous le nom de *haricots écossés*, on comprend les *haricots verts*, dont on mange les graines à peine formées avec l'écorce, et les espèces plus tardives qui se mangent de même. Dans une seconde série sont rangés les *haricots mange-tout* ou sous parchemin; dans une troisième les *haricots nains* et *à rames*. Les plus estimés sont, parmi les haricots qui se mangent en vert, le *hâtif de Hollande*, le *flageolet* ou *nain hâtif de Laon*, et parmi les haricots à rames le *haricot de Soissons*. Très-sensibles aux gelées, les haricots aiment une terre substantielle, bien fumée, légère et souvent cultivée. On commence les semis fin d'avril ou dans les premiers jours de mai. Ils peuvent se continuer pendant quinze, vingt ou vingt-cinq jours pour les espèces qu'on désire récolter en sac, et jusqu'au quinze juillet pour les *haricots* qui se mangent verts en été. Les haricots se sèment à la profondeur de 5 à 6 centimètres seulement, par touffes de cinq, six ou huit graines, mais jamais plus. Il faut choisir un temps sec; l'humidité de la terre et les pluies leur sont très-contraires. Quand ils sont parvenus à la hauteur de 9 centimètres on donne un premier binage qui se renouvelle deux ou trois fois dans le mois. La graine est bonne pendant deux ans, et trois ou quatre si on la conserve dans sa gousse.

LAITUE. Plante potagère connue et cultivée partout. Il en existe un grand nombre de variétés, dont les meilleures sont : parmi les *laitues de printemps*, la *laitue petite crêpe*, *à graine noire*. Cette espèce, très-petite, est celle qui se soutient le mieux sur couche pendant l'hiver; elle fait sa pomme sous cloche, pour ainsi dire sans air. On peut la semer fin août, dans du terrain à bonne exposition, et la repiquer sur couche : elle est bonne à Noël. Le second semis se fait fin d'octobre, le troisième en décembre, et successivement jusqu'en mars. Elle réussit parfaitement en pleine terre, mais seulement au printemps. Parmi les *laitues d'été*, la *laitue de Versailles*, à graine blanche. Toutes les laitues d'été peuvent être semées dès le mois de février jusqu'en juillet. Avec une terre douce et légère, de l'eau et quelques soins, on est toujours certain d'obtenir de belles productions. Parmi les *laitues d'hiver*, la *laitue morine*, à graine blanche. Les laitues d'hiver se sèment du 15 août à la fin de septembre, sur de bons ados couverts au besoin. On repique en automne, et mieux en bordure au commencement de mars. On compte aussi de nombreuses variétés de *laitues romaines* ou *chicons*. La plupart des *chicons* ont besoin d'être liés, d'autres se coiffent naturellement; la culture de tous est semblable à celle des *laitues*. La récolte des graines demande les mêmes soins.

LENTILLE CULTIVÉE. Plante annuelle, dont les deux principales variétés sont : la *blonde large de Galardon*, et celle dite *à la reine*. Semis au printemps, en rayons ou à la volée, dans une terre légère et non fumée. En ne buttant que pour s'en servir, on peut conserver la graine deux à trois ans.

MACHE, DOUCETTE OU BOURSETTE. Se sème d'août en octobre, de quinze jours en quinze jours, dans une terre légère et substantielle. Les graines doivent être peu recouvertes et le semis arrosé au besoin. Les pieds réservés étant parvenus à maturité se coupent par la rosée, pour éviter la perte des graines qui se détachent facilement. Une espèce, connue sous le nom de *mâche d'Italie*, est beaucoup plus volumineuse, mais moins tendre que l'espèce ordinaire, qui offre une variété connue sous le nom de MACHE A FEUILLE RONDE, bonne et très-étoffée. La graine de *mâche* conserve six à huit ans ses facultés végétatives, et lève moins bien la première année de sa récolte que les suivantes.

MARJOLAINE ou ORICAN. Employée comme assaisonnement, cette plante vivace et d'une odeur agréable ne s'élève pas au-delà de 33 centimètres. Feuilles petites et douces au toucher, fleurs d'été en épis blanchâtres. Se multiplie par boutures ou par l'éclat des pieds en octobre ou au printemps.

MAUVE. Les jeunes pousses de cette plante peuvent se manger en salade. Se multiplie de graines semées, aussitôt après leur maturité, en terre ordinaire.

MELON. Plante dont on connaît un grand nombre de variétés, dégénérant aisément, si l'on n'a pas l'attention de les éloigner des concombres et potirons. Les couches destinées aux melons doivent être entretenues dans une chaleur égale. Depuis février jusqu'en mai on y enfonce de petits pots de terreau, dans chacun desquels sont semées une ou deux graines. On place dessus des cloches ou des châssis que l'on couvre avec soin, surtout quand les jeunes plants commencent à pousser; alors il faut les habituer à l'air et les garantir de l'humidité. Aussitôt qu'ils ont acquis assez de force pour être transplantés; on les place sur une nouvelle couche, à 70 centimètres de distance; on les arrose légèrement, puis on leur donne les mêmes soins que précédemment; un peu plus d'air quand la chaleur augmente, et de très-légers arrosements, avec l'attention de ne pas mouiller les plantes. La première opération, qui consiste à retrancher la tige au-dessus de la quatrième feuille, et qui doit être faite par un temps sec, détermine des pousses latérales et avance le temps de la fructification. Il faut ôter avec soin les pousses allongées et dépourvues d'yeux, une partie des vrilles, les feuilles plus grandes, plus épaisses et plus vertes, et les branches gourmandes qui sortent du tronc. Il est facile de les reconnaître à leur direction verticale et à leur vigueur. Les bonnes branches sont courtes et ont les yeux rapprochés. Quand les *melons* sont noués, on supprime ceux mal conformés pour conserver les beaux, dont il ne faut laisser qu'un sur chaque branche, qui doit être taillée à un œil au-dessus du fruit, ou à deux, selon qu'elle est plus ou moins forte. Dès ce moment, il faut cesser d'arroser, à moins d'une extrême chaleur qui nécessite un peu d'eau autour du pied seulement. Pour éviter aux fruits qui sont à la veille de mûrir de contracter un mauvais goût et les préserver de l'humidité de la couche, on les pose sur un morceau de tuile, d'ardoise ou de planche; ils sont bons à cueillir quand ils deviennent très-odorants et que la queue se détache. Ils sont d'autant meilleurs que la queue est courte et que le fruit est ferme, bien brodé et pesant. La graine peut se conserver bonne pendant sept à huit ans, quand elle provient d'un beau fruit qu'on a laissé bien mûrir sur la couche. Voici les espèces qui sont le plus généralement cultivées :

MELON MARAICHER. Le plus commun et le moins bon.

MELON SUCRIN DE TOURS. (Gros et petits.) Chair rouge et sucrée.

MELON DES CARMES. Qui offre plusieurs variétés.

MELON GROS DE HONFLEUR. Assez beau.

MELON CANTALOUP, ORANGE et CANTALOUP FIN. Tous deux très-hâtifs; chair rouge et ferme.

MELONGÈNE. *V. Aubergine.*

MENTHE DES JARDINS ou BAUME A SALADE. Se multiplie au printemps par boutures et drageons. Le semis peut être employé; mais on y a rarement recours.

MORELLE, BRÈDE LAMAN. Les feuilles se mangent en été comme les épinards. Se sème sur place au printemps.

MOUTARDE. Plante annuelle d'un goût très-piquant, cultivée pour sa graine dont l'usage est généralement connu. Les semis se font, au printemps, en terre bien ameublie, et les récoltes à la fin de l'été.

NAVET. Plante bisannuelle dont on cultive un grand nombre de variétés; les plus recherchés pour la cuisine sont le *Freneuse*, le *Saulieu* et le *petit Berlin*, désignées sous la qualification générale de navets secs; ils ne réussissent que dans une terre sèche et sablonneuse. On distingue ensuite les navets tendres, c'est-à-dire dont la chair se fond ou se délaie en cuisant, comme celui des *Vertus*, des *Sablons*, etc.; Les navets demi-tendres, comme le *noir d'Alsace*, les *jaunes d'Écosse* ou *de Hollande*, etc. Il est à remarquer que la plupart des navets tendres semés en terre forte et substantielle, perdent en saveur ce qu'ils gagnent en grosseur; aussi sont-ils dans ce cas réservés pour la nourriture du bétail pendant l'hiver; tels sont les *navets gros-longs d'Alsace*, les *turneps*, etc. Semis de la mi-juin à la mi-août, et, pour les espèces hâtives, jusqu'au commencement de septembre. En semant dès avril et mars, on aura des navets d'été, mais ils sont sujets à monter.

Si l'on veut garantir les *navets* de la voracité des insectes pendant le mois de juillet et d'août, il suffit de mêler de la fleur de soufre avec la graine et de tenir le tout dans un vase bien bouché pendant deux ou trois jours avant de semer. Ce moyen éprouvé peut être employé pour la graine de beaucoup d'autres plantes. —A l'approche des gelées on arrache les *navets*, qui se conservent en cave comme les autres racines. Ceux destinés à porter graines doivent être plantés en mars ou avril. Le *navet* est un des végétaux les plus inconstants; il varie beaucoup de forme, de volume et de goût, selon le sol, le climat ou la culture.

NIGELLE, POIVRETTE OU TOUTE-ÉPICE. Plante annuelle, dont les graines servent à l'assaisonnement des ragoûts. Semis en place au printemps. Terre et soins ordinaires.

OIGNON. Variétés : le *rouge-foncé*, le *rouge-pâle*, le *jaune*, le *blanc hâtif*, le *blanc tardif*, l'*oignon en poire* jaune pâle et celui *d'Égypte*, qui, comme la *rocambole*, produit au bout de sa tige des bulbes qui servent à le multiplier. L'oignon demande une terre légère, substantielle et bien cultivée. Celle amendée depuis au moins six mois est préférable à celle nouvellement fumée. Les semis se font dès le commencement de février jusqu'en avril, selon la température. Les planches destinées aux oignons doivent être piétinées ou foulées au rouleau, avant ou après avoir répandu la graine, opération qui se fait à la volée ou à claire voie. On se sert de la fourche pour enterrer le semis, et du râteau pour unir le terrain sur lequel on peut répandre une légère couche de terreau qui contribue à la prospérité des oignons. Cela est surtout très-utile pour les terres sèches et celles compactes et fortes. Dans ces dernières, il faut semer plus tard, moins unir la surface que les pluies battent et que le hâle fait fendre ou gercer. Quand le temps est sec, il faut arroser le soir s'il fait chaud, et le matin si les gelées sont à craindre. Lorsque la graine est bien levée, il faut sarcler avec soin; dès que le plant a acquis assez de force, l'éclaircir de manière à laisser au moins deux pouces entre chaque pied. On repique au besoin dans les parties dégarnies. Quand les *oignons* sont à peu près à leur grosseur, on abat les fanes pour arrêter le cours de la sève. Cette opération est moins utile dans les terres sèches que dans celles fortes et humides. A mesure que les fanes jaunissent, on arrache les *oignons,* qu'il faut laisser à l'air pendant huit ou dix jours pour *s'aoûter;* on les rentre ensuite, et quinze jours après on les épluche. Il faut avoir soin de les visiter souvent, d'ôter ceux qui se gâtent, et de garantir les autres des gelées avec de la paille sèche ou des paillassons. La beauté des *oignons* dépend de la qualité des graines et des soins donnés à leur culture, à laquelle il ne faut mêler ni laitues, ni radis, qui épuisent la terre et étouffent les jeunes plantes. Les *oignons* les plus gros, les mieux faits et les plus sains doivent être choisis pour porte-graines, et plantés avant ou après l'hiver à 6 centimètres de profondeur et dans une bonne exposition. On plante encore en mars et en avril les plus petits *oignons,* qui grossissent promptement et donnent une verdure très-utile. Le *blanc-hâtif* peut être semé en août; il passe l'hiver étant un peu couvert, et mûrit au mois de juin.

ORPIN BLANC ou TRIQUE-MADAME. Cette plante, qui sert comme fourniture de salade se sème à la fin de mars; elle demande une exposition chaude et beaucoup d'eau.

OSEILLE. Plante vivace qui se multiplie par l'éclat de ses racines au printemps ou à l'automne: elle peut encore se semer au printemps. Sa graine se récolte comme celle des épinards et dure trois ou quatre ans. Plantée et semée au midi, l'oseille est plus précoce; au nord elle est plus fraîche et moins acide; on la récolte en coupant près de terre ses feuilles, qui repoussent à mesure. L'espèce dite *oseille-épinard* se cultive de même; elle est beaucoup plus précoce et sa saveur est très-douce.

OXALIDE, SURELLE, ALLÉLUIA ou PAIN DE COUCOU. Petite plante bulbeuse qui croît sans culture dans les lieux ombragés. Les feuilles, d'un vert pâle et lisses, sont assez semblables à celles du *trèfle*, et ont à peu près le même goût et les mêmes vertus que l'*oseille*.

PANAIS. Plante annuelle pour l'usage, et bisannuelle pour la production de ses graines. Sa culture est la même que celle des carottes.

PATIENCE. Plante vivace dont les feuilles peuvent, jusqu'à un certain point, remplacer celles de l'oseille. Culture peu difficile et s'accommodant, comme la morelle, de tous les terrains.

PERCE-PIERRE ou FENOUIL MARIN. Plante vivace et délicate qui se sert en fourniture de salade confite au vinaigre comme les cornichons; elle excite l'appétit et flatte le goût. Multiplication de graines semées sur couche en mars. Le plant assez fort se place dans une bonne terre au midi; il faut le couvrir pendant les gelées.

PERSIL. Le persil vient dans toutes les terres et à toute exposition : mais il réussit mieux dans les terres calcaires, exposés au midi, bien ameublies et bien fumées. Dans ces dernières terres, on le sème à l'automne, et on en a de bonne heure au printemps; dans le premier cas, on le sème depuis mars jusqu'en août. La plante ne monte à graine que la seconde année. On peut avoir du persil en hiver, si on a la précaution de le couvrir avec des paillassons pendant les neiges ou les fortes gelées.

PHYTOLANA ou RAISIN D'AMÉRIQUE. Les grosses racines de cette plante rustique sont vivaces; les tiges, d'un beau rouge, s'élèvent à près de 2 mètres; elles sont grosses, cylindriques, fermes et garnies de belles feuilles, qui, dans leur jeunesse, peuvent se manger comme les *épinards*. Le *phytolana* se multiplie par l'éclat des racines, ou par les semis faits au printemps dans des terrines placées sur couche tempérée.

PIMENT, POIVRE LONG ou CORAIL DES JARDINS. Plante annuelle classée parmi celles potagères, et dont il existe plusieurs variétés qui ne diffèrent que par la forme du fruit Plus cultivé pour le plaisir que pour l'utilité, le *piment* se sème, au printemps, sur couche, où bientôt, étant arrosé souvent, il pousse des tiges herbacées garnies de feuilles luisantes et pointues. Les fruits qui parviennent à maturité se colorent d'un beau rouge corail. Ces mêmes fruits, verts et confits au vinaigre, se mangent avec les viandes : ils excitent l'appétit et facilitent la digestion.

PIMPRENELLE DES JARDINS. Cette plante vivace, employée comme fourniture de salade, se multiplie, en octobre et au printemps, par semences et par l'éclat des pieds.

POIREAU. Plante potagère aussi connue et cultivée que l'*oignon*, que l'on sème en mars dans une terre légère et substantielle sans être nouvellement fumée. On repique les jeunes plants assez forts dans un terrain bien ameubli, et dans des trous espacés de 18 centimètres. Un copieux arrosement suffit pour ramener la terre autour de la plante, qui ne demande plus d'autres soins que d'être arrosée et entretenue proprement. Beaucoup de personnes sont dans l'usage de semer avec les *oignons* quelques graines de *poireaux*, qui demeurent après la récolte des autres. C'est en novembre ou décembre qu'il faut les planter, pour les faire blanchir dans des rigoles abritées.

POIRÉE ou BETTE. Plante potagère et bisannuelle qui sert à corriger l'acidité de l'*oseille*; elle se sème en bordures comme en planches, aux mois de mars et d'août. La première peut être employée l'été et l'automne, et la seconde est pour le printemps. La variété connue sous le nom de *carde-poirée* peut être mangée comme les *cardons*. Mêmes culture et multiplication que pour la précédente.

POIS. Plante annuelle connue et cultivée dans tous les jardins. Il y en a deux espèces, qui se subdivisent en un grand nombre de variétés. L'espèce de pois qui ne se mange qu'en grain sans la cosse, se nomme *pois à écosser*; l'autre espèce se compose de variétés de pois que l'on mange avec la cosse et se nomme *pois goulus*. Les *pois*, quoique assez vigoureux, ne doivent pas être semés indifféremment partout, plus voraces que les autres plantes des sels naturels de la terre, ils s'accommodent mal des terrains nouvellement fumés qui les font pousser si vigoureusement qu'ils donnent peu de fruits. Les *pois hâtifs* le sont encore plus dans les terres légères; celles chaudes et sablonneuses, bien exposées et abritées par des murs, conviennent aux semis de ces mêmes *pois* destinés à donner des primeurs. Ils se font dès la fin de novembre, si le temps le permet, mais beaucoup mieux de la mi-janvier à la fin de février. On commence les autres semis en mars et successivement jusqu'en juillet, sur des planches de trois ou quatre rayons, dans lesquels on fait des touffes de six ou huit grains, espacées d'environ 28 centimètres. Quand les *pois* sont parvenus à la hauteur de 12 centimètres, il faut les sarcler, les rechausser par un beau temps, les ramer, et, si l'on veut hâter la maturité, les pincer à la troisième ou quatrième fleur. Le *michaux* et plusieurs autres espèces hâtives dégénèrent facilement, ce qui oblige de changer la semence chaque année. Voici l'indication des meilleures espèces à cultiver, présentées dans l'ordre de leur précocité : LE PLUS HATIF ou POIS DE QUARANTE JOURS. D'un bon produit, moins élevé et plus délicat que le *michaux*. — MICHAUX DE HOLLANDE. — MICHAUX DE RUELLE. — MICHAUX ORDINAIRE. — MICHAUX A ŒIL NOIR. Tous quatre très-bons. — NAIN HATIF. Produit beaucoup de petites cosses qui renferment cinq ou six *pois* bien arrondis. — NAIN DE HOLLANDE. Plus nain que le précédent. — NAIN VERT (petit et gros). Tous deux assez productifs. — CLAMART ou CARRÉ FIN. Très-sucré; il convient pour les semis de l'arrière-saison. Grains serrés dans leurs cosses. — CARRÉ BLANC et CARRÉ A ŒIL NOIR. Assez bons et sucrés. — GROS VERT NORMAND. Tendre, moelleux et très-bon, surtout en sec. — POIS SANS PARCHEMIN ou MANGETOUT. — NAIN HATIF DE HOLLANDE. Propre aux chasses.

— A DEMI-RAMÉ. Très-productif; cosse étroite et remplie.
— NAIN DE SECONDE SAISON. — POIS TURC ou COURONNÉ. Grand; cosses nombreuses, très-tendres et sucrées.

POMME DE TERRE. La culture de cette plante est fondée sur un seul principe qui consiste, quelles que soient la nature du sol, l'espèce ou la variété des pommes de terre, à rendre la terre aussi meuble que possible avant la plantation et pendant toute la durée de l'accroissement. On peut planter les pommes de terre depuis février jusqu'en mai. On les plante dans des fosses de 18 à 20 centimètres, disposées en quinconce et distantes l'une de l'autre d'environ 54 à 60 centimètres. On les fait à la houe, avec le soin de rejeter la terre sur les bords, parce qu'une partie de cette terre doit servir d'abord à couvrir de l'épaisseur de deux ou trois doigts la petite pomme de terre qu'on y mettra, ou, à son défaut, un morceau de grosse racine muni de deux ou trois yeux. Le surplus de la terre ôtée du trou est destiné à butter la plante lorsqu'elle aura la hauteur de 15 à 18 centimètres. Le profit que donne la pomme de terre est uniquement dans ses racines ou tubercules; on a donc intérêt d'en augmenter le nombre et le volume. En amoncelant la terre autour de sa tige, on excite les germes de sa base à émettre un rang supérieur de nouvelles racines qui auront grossi au moment de la récolte. Plus ces plantes sont rechaussées et plus considérable est leur produit; voilà pourquoi le buttage se recommence encore en juin ou juillet. Les principales variétés de pommes de terre sont : la *grosse blanche, tachée de rouge,* la plus vigoureuse; les *grosses rouge et jaune;* la *blanche longue;* la *jaunâtre ronde aplatie,* ou *anglaise hâtive;* les *rouges oblongue, vitelotte, longue* ou *Hollande rouge;* la *longue rouge,* ou *corne-de-cerf;* la *jaune de Hollande;* la *petite jaune;* la *rouge longue, marbrée;* la *rouge ronde,* ou *truffe d'août;* la *violette;* la *petite blanche, chinoise* ou *sucrée.*

Pour conserver les pommes de terre pendant toute l'année, il suffit de les abriter des gelées. Au moment du développement de la végétation, il faut les mettre dans un lieu sec et les couvrir de sable, également bien sec, ou mieux de cendres. Dès qu'on aperçoit les germes qui se développent, on visite les pommes de terre et on casse toutes les pousses.

POURPIER CULTIVÉ. Plante employée dans les salades. Ses variétés sont le *pourpier doré*, qui dégénère souvent, et le *pourpier doré à très-larges feuilles*. Toutes ces plantes se multiplient de graines semées sur couche au printemps, ou en pleine terre substantielle et légère quand les froids ne sont plus à craindre.

RAIFORT ou **RADIS NOIR**. Il y a deux espèces de raiforts : l'un est hâtif, l'autre tardif : la graine du premier se sème en mars, afin d'en avoir de bonne heure, et le second vers la mi-mai; en le semant plus tôt, il serait sujet à monter en graine; il lui faut une terre bien amendée et profondément labourée; s'il lève trop épais, il faut l'éclaircir et le placer à 24 ou 30 centimètres l'un de l'autre, afin de lui procurer une belle croissance. Le raifort se mange ordinairement cru, son goût est à peu près celui du radis ordinaire, et il a toutes les propriétés de ce dernier.

RAIPONCE. Cette plante constitue l'une des meilleures salades d'hiver. Son goût est plus agréable que celui de la mâche, dont elle a, du reste, toutes les propriétés. Semis à la volée en mai et juin. Exposition ombragée. On couvre le semis d'un centimètre de terrain fin et l'on entretient la terre légèrement humide. On peut aussi semer vers la fin d'août. La plante levée est sarclée de toutes mauvaises herbes, on la laisse jusqu'après l'hiver. On commence à en jouir depuis le commencement de février jusqu'à la fin d'avril, qui est le temps de pousser sa tige. On laisse ce qu'on veut pour monter en graine. Cette graine se conserve trois ans.

RAVES et RADIS. Les raves et les radis, dont on compte plusieurs variétés, aiment en général une terre meuble, fraîche et qui ait de la profondeur. On en sème la graine presque toute l'année. En été, on doit semer à l'ombre et arroser souvent, pour que les racines soient tendres. En hiver on les sème en couches. Si on veut en avoir pendant une partie de l'hiver, on les sème à la fin de septembre, et on les repique en novembre, au pied d'un mur à exposition chaude, et on les enterre jusqu'à la naissance des feuilles; il est indispensable de les couvrir pendant les gelées.

RHUBARBE. Plante à grandes feuilles, dont les côtes sont alimentaires. La *rhubarbe ondulée*, moins volumineuse, est utilisée par les Anglais, qui font des tartes avec les côtes. La rhubarbe se sème en pots sur couche et sous châssis ; repiquage *idem*. A la troisième année, pleine terre à bonne exposition, et bonne couverture l'hiver. La *rhubarbe ondulée* se sème en place à large distance. Mêmes semis et même exposition

ROQUETTE. Plante annuelle, employée en salade. Semis clairs et successifs, à partir du mois de mars jusque dans le cours de l'été, si l'on veut avoir des feuilles jeunes et tendres pendant tout l'été; on éclaircit, on sarcle et on arrose au besoin. La graine dure de trois à quatre ans.

SALSIFIS. Plante qui, par sa nature pivotante, demande une terre profonde, légère, substantielle et bien cultivée. L'usage de cette racine est généralement connu ; on la sème depuis février jusqu'en mai, pour en faire usage dès le milieu de l'automne; elle peut rester en terre l'hiver; on la conserve aussi dans le sable comme les *carottes* et les *navets*.

SARRIETTE Plante annuelle d'une odeur assez pénétrante, qui se propage d'autant plus facilement que ses graines se sèment souvent d'elles-mêmes. La *sarriette* parfume agréablement les *fèves de marais*. C'est son principal usage. On peut faire des bordures avec une *sarriette vivace* dont les feuilles et le port ressemblent à l'*hysope*. Les abeilles aiment beaucoup ses fleurs.

SCORSONÈRE ou SALSIFIS D'ESPAGNE. Ne diffère du salsifis commun que par sa racine noire; sa culture et ses propriétés sont les mêmes.

SOUCHET COMESTIBLE. Plante dont les racines donnent un grand nombre de tubercules nommés *amandes de terre*, qui sont nourrissants et se plantent et se récoltent comme les pommes de terre. Il leur faut un terrain léger et humide.

SPILANTHE ou ABÉCÉDAIRE. Plante annuelle cultivée pour assaisonnement. Semis au printemps sur couche; repiquage au midi, quand le plant est assez fort ; arrosements fréquents.

TETRAGONE ÉTALÉE. Plante rampante, dont les feuilles se renouvellent à mesure qu'on les coupe ; s'emploie comme épinards d'été ; elle aime beaucoup la chaleur. Semis en pleine terre, douce, terreautée, fin d'avril ou commencement de mai ; trois ou quatre graines par touffes espacées de 54 centimètres en tous sens, car la plante s'étale beaucoup en couvrant le terrain ; on ne laisse ensuite que le pied le plus vigoureux. Plus communément on sème sur couche, en petits pots, ou en plein terreau, à 12 ou 15 centimètres de distance, ou sur un bon ados de terreau, puis, à l'époque indiquée ci-dessus, on lève le plant en motte et on le met en place à la distance de 54 ou 72 centimètres.

THYM. Se cultive comme la sarriette. On en fait aussi des bordures. On compte comme variété le *thym à larges feuilles*, le *thym citronnelle* et le *thym panaché*.

TOMATE ou **POMME D'AMOUR.** Plante annuelle dont les fruits sphériques et d'un beau rouge vif sont employés dans nos cuisines pour relever le goût des sauces. La culture de la *tomate* est la même que celle du *piment.* Il faut pincer les tiges quand les fruits sont bien noués, et effeuiller peu à peu pour que la chaleur du soleil achève de les mûrir.

TOPINAMBOUR ou **POIRE DE TERRE.** La racine de cette plante, classée parmi celles potagères, produit un grand nombre de tubercules allongés et de forme irrégulière, moins recherchés et beaucoup moins bons que la *pomme de terre.* La culture de cette dernière peut être suivie pour le *topinambour*, qui n'est pas difficile sur le choix du terrain. Quelques tubercules laissés en terre produisent, presque sans soin, d'assez bonnes récoltes pendant plusieurs années

VALÉRIANE. Plante vivace. La variété dite *valériane d'Alger*, dont les feuilles se mangent en salade comme les mâches, se multiplie au printemps jusqu'en juillet, afin d'en avoir tout l'été, par l'éclat des pieds ou par semis dans toute sorte de terre

CULTURE

ARBRES FRUITIERS

ABRICOTIER. Cet arbre aime la chaleur et réussit mieux en espalier qu'en plein vent; cependant les fruits venus de cette manière sont préférables aux autres. On le greffe en écusson sur l'*amandier*, le *prunier* ou l'*abricotier* provenu de semis. Ses fleurs, qui paraissent de très-bonne heure, sont souvent détruites par les gelées; mais on peut les garantir avec des toiles ou des paillassons. La taille de l'*abricotier* est à peu près la même que celle du *pêcher*, excepté que celui-ci ne supporte pas la suppression des branches usées qui, sur l'autre, peut avoir lieu jusqu'auprès de la greffe. Voici les noms des meilleures espèces d'abricots : *petit abricot hâtif, gros abricot hâtif, abricot d'Angoulême, abricot ordinaire, abricot-pêche, abricot d'Auvergne, abricot royal, abricot panaché*. Les *abricots* mûrissent depuis la fin de juin jusqu'au 15 ou 20 août. L'abricotier en espalier se taille comme la figure 1. Il peut se disposer aussi comme le pêcher; ainsi que tous les autres fruits à noyaux; l'abricot peut être hâté à l'espalier au moyen d'un châssis vitré (*fig.* 2).

AMANDIER. Arbre d'une moyenne taille, à rameaux flexibles, qui se multiplie d'amandes semées au printemps et croît très-promptement. C'est le sujet le plus propre à recevoir les greffes des pêchers et autres sujets à noyau. On compte dans les fruits plusieurs variétés : *amande à coque dure, amande amère, amande à coque tendre, amande princesse* ou *des dames*, etc. L'amandier se cultive en plein vent, en espalier ; il est facile de le garantir des gelées comme on fait pour les *abricotiers*.

ARBOUSIER COMMUN, ARBRE AUX FRAISES. Arbrisseau dont les rameaux rouges s'élèvent a 4 mètres. Ses feuilles sont d'un beau vert et persistantes. Fleurs en grappes simples ou doubles, blanches ou rouges selon les variétés. Fruit comme la fraise, sans en avoir la bonté. Marcottes ou semis sur couche aussitôt la maturité des graines. Terre de bruyère. Bons abris l'hiver, mieux encore l'orangerie.

CAPRIER COMMUN. Arbrisseau dont les tiges, d'environ 1 mètre 33 cent., sont épineuses et cylindriques. Feuilles lisses et arrondies. Belles fleurs grandes et blanches, en mai et juin. Exposition chaude, et terre légère. Couverture pendant les froids. On fait confire dans le vinaigre les boutons de ses fleurs, que l'on nomme *câpres*. Il s'en fait un grand commerce dans les environs de Marseille. Les fruits charnus, de la grosseur d'un gland, se préparent aussi comme les *cornichons*. Le *câprier*, dont il existe beaucoup d'espèces, se multiplie de marcottes ou de graines sur couche et dans des pots, qu'il est bon de rentrer l'hiver en orangerie. Les sujets se mettent en place quand ils sont assez forts.

CERISIER. Arbre d'un beau port, généralement connu et cultivé. Ecorce lisse, grisâtre et luisante. Fleurs blanches avant les feuilles, qui sont très-belles et diffèrent selon les espèces et variétés. Le *cerisier* vient partout, mais il préfère une terre profonde et légère. On le propage de noyaux, de drageons ou de rejetons, et par la greffe en écusson à œil-dormant, ou en poupée sur le *merisier*, le *prunier*, *l'arbre de Sainte-Lucie*, et les *sujets provenus du semis*. Le fumier et la taille ne sont pas nécessaires à cet arbre, qui ne demande d'autres soins que d'être dégagé du bois mort et de la gomme, maladie à laquelle il est très-sujet. Mis en espalier et gouverné à peu près comme le *pécher*, on obtient du fruit plus hâtif et plus beau. Voici quelques-unes des principales variétés : MERISIER, *cerisier sauvage ou des bois*; GUIGNIER à fruits noirs, gros et petits, à gros fruits blancs, plus ou moins gros, hâtifs ou tardifs. Parmi ces derniers, on remarque le *cerisier des quatre à la livre*, dont le fruit est très-gros, la chair ferme, et les feuilles très-grandes; et le *bigarreautier à fruit jaune,* plus petit, mais beaucoup meilleur.

Les *cerisiers* ou *griottiers* produisent des fruits acides; les principaux sont : la *petite cerise précoce de mai,* la *grosse précoce,* la *Montmorency,* la *cerise d'Angleterre,* le *gros gobet à courte queue* et la *griotte de la Toussaint,* dont le seul mérite est de mûrir en septembre et quelquefois en octobre.

CHATAIGNIER. Grand arbre dont les feuilles dentées, lancéolées, et d'un beau vert, produisent un ombrage épais. Le bois sert à faire de très-belles charpentes, du treillage, des cerceaux et d'excellent charbon. Le fruit fait la principale nourriture des habitants de certaines contrées de la France. La substance farineuse qu'il renferme est sucrée. Il se mange rôti ou bouilli.

CHATAIGNIER-MARRONNIER. Il ne diffère du précédent que par ses fruits, beaucoup plus gros, qui se nomment *marrons.* Ceux de *Lyon* et d'*Agen* sont très-renommés. Les *châtaigniers* offrent plusieurs variétés qui se multiplient toutes de semis au printemps, et, par la greffe d'une espèce sur l'autre, en flûte ou en écusson à œil poussant. Ces arbres aiment une terre légère, franche et profonde. Ils ne viennent pas partout.

COIGNASSIER. Arbre à tige noueuse, dont les fruits, nommés *coings,* servent à faire des confitures et des liqueurs. C'est principalement pour greffer les *poiriers* qu'on élève des *coignassiers,* qui aiment un terrain profond, léger et frais, et l'exposition du midi. Ils se multiplient par boutures, marcottes et rejetons, ou par le semis; mais ce dernier moyen est rarement usité.

ÉPINE-VINETTE COMMUNE. Charmant arbuste, dont les fruits servent à faire des confitures. L'épine vinette se place comme le groseillier; on en fait aussi des haies. On ne la taille pas; on se contente d'élaguer le bois mort et les branches trop serrées. Il y a une variété, *à gros fruits,* une autre *à fruits blancs,* et une troisième à *fruits violets.*

FIGUIER. La culture du figuier consiste à lui donner quelques labours, et à enlever les branches mal placées. S'il était atteint par la gelée assez fortement pour que l'on craignît de le perdre, il suffirait de le couper par le pied; ses racines, dans ce cas, produisent de nouvelles tiges qui donnent des fruits dès la seconde année. On emploie deux moyens faciles pour augmenter la grosseur du fruit et hâter sa maturité. On supprime le bouton à bois placé au-dessus de la jeune figue, et, en juin, on pince le bouton terminal du bourgeon; puis, quand le fruit atteint un peu plus des deux tiers de sa grosseur, on prend une grosse aiguille ou poinçon que l'on trempe dans l'huile d'olive, et on l'enfonce dans l'œil de chaque figue, à 7 ou 9 millimètres de profondeur. Avec un peu de soin, on peut obtenir du figuier deux récoltes, l'une en été, l'autre en automne; il suffit pour cela de retrancher sur quelques branches les figues de la récolte d'été, lorsqu'elles ont atteint la grosseur du doigt, et de cicatriser les plaies en jetant aussitôt dessus un peu de poussière de plâtre ou de chaux vive. Ces branches poussent aussitôt des bourgeons qui se couvrent de nouveaux fruits; on pince le bouton terminal quand ceux-ci sont bien formés, et ils ont le temps de mûrir avant les gelées. On compte trois variétés principales : la *figue blanche longue,* la *blanche ronde d'automne* et la *violette.* La première est la plus généralement cultivée et la meilleure. La *violette,* plus tardive, a un goût très-agréable.

FRAMBOISIER. Cet arbrisseau épuise la terre et nuit aux plantes voisines, en absorbant les sucs nutritifs; il a besoin d'engrais à l'automne, mais du reste il n'est pas difficile sur le terrain, quoiqu'il préfère un sol frais et un sol demi-ombragé. En novembre, mars, multiplication de drageons qu'on plante au fur et à mesure des besoins prévus. A la fin de l'hiver on taille les rejetons qui ont fructifié pour faire ramifier la plante, et un labour soigné complète l'opération. Il y a des framboisiers à *fruits rouges,* à *fruits blancs,* à *fruits noirs* et à *fruits rosés.*

GRENADIER. Arbrisseau de pleine terre dans le midi de la France; mais qui ne subsiste dans le climat de Paris qu'à bonne exposition. Il lui faut une terre légère et bien terreautée, le soleil et de fréquents arrosements l'été; il demande à être rentré l'hiver dans l'orangerie, et il se multiplie de boutures, marcottes et drageons enracinés, ou par la greffe sur le franc.

GROSEILLIER. Ce genre ne compte chez nous que trois espèces cultivées . les groseilliers à *fruits rouges*, à *fruits noirs* ou *cassis, épineux*, ou *à maquereaux*. La dernière espèce est remarquable, dans quelques variétés, par la grosseur de ses fruits. Les groseilliers, du reste, se cultivent de la même manière. Tous veulent une terre légère et sablonneuse et demandent à être changés de place tous les cinq ou six ans. Semis, marcottes, boutures, rejetons ou éclats; ces deux derniers moyens sont les plus usités.

MURIER. Arbre d'une moyenne taille dont il existe trois espèces · fruits noirs, fruits rouges et fruits blancs, qui ne sont pas également bons. Les *mûriers* s'accommodent de toutes sortes de terrains; cependant ils préfèrent une terre légère et substantielle, et demandent à être abrités des vents du nord. Ils se multiplient de graines, mais beaucoup plus promptement de marcottes, de boutures et de rejetons, ou par la greffe. Les *mûriers blancs* et surtout ceux *de Constantinople* offrent les feuilles les plus propices aux vers à soie. Le *mûrier noir* a des fruits très-gros et agréables au goût.

NÉFLIER ou MESLIER. Arbre fruitier, dont il existe plusieurs variétés à fruits plus ou moins gros et bons qui se nomment *nèfles* ou *mesles*. C'est ordinairement sur la paille qu'en automne ils acquièrent le dernier degré de maturité. Le *néflier à gros fruits* est le plus estimé. Le *néflier sans noyaux* ou *osselets* a le fruit petit mais délicat. Les *néfliers* ne demandent pas à être taillés. Si l'on veut avoir des fruits, il ne faut rien déranger de leur forme irrégulière, car on diminuerait les récoltes des nèfles, qui apparaissent toujours à l'extrémité des rameaux. Chaque nèfle contient cinq noyaux qui mettent ordinairement deux ans à lever; aussi emploie-t-on des moyens plus rapides, tels que le marcottage, la greffe sur aubépine, néflier des bois, azerolier, coignassier, poirier. Tout terrain et toute exposition. La culture n'exige pas de grands soins.

NOISETIER, COUDRIER, AVELINIER. Arbuste qui vient en buisson dans les terres légères et humides, à l'exposition du nord ou du levant. Il se multiplie plus ordinairement par les marcottes ou les drageons enracinés que par le semis, ce moyen étant fort long. Les *noisettes* et les *avelines* sont connues partout. Voici les principales variétés : NOISETTE COMMUNE, blanche; NOISETTE FRANCHE, rouge, brune ou blanche; AVELINE, fruit très-gros et rond.

NOYER. Très-grand et très-bel arbre, trop connu pour qu'il soit besoin de le décrire. Il offre plusieurs variétés dans les fruits, parmi lesquelles le *noyer à coque tendre* paraît mériter la préférence. Ses fruits non formés, confits au sucre, sont stomachiques, et d'un goût agréable. Un peu plus avancés, ils se nomment *cerneaux* et sont très-recherchés, quoique peu convenables aux individus faibles et délicats. Le voisinage du *noyer* est nuisible aux plantes, qui ne viennent jamais bien sous son ombre. Ses émanations sont aussi contraires à la santé, c'est pourquoi on le plante en avenue ou à l'extérieur des clos, dans des places vagues, où il peut croître utilement sans être nuisible.

ORANGER. L'*oranger* est originaire de la Chine, d'où il a été apporté au seizième siècle. Il tient le premier rang parmi les arbres d'ornement, et mérite, sous tous les rapports, les soins que lui donnent les véritables amateurs, qui ont de jolies collections de ses nombreuses espèces et variétés. Ce bel arbre, auquel il faut une terre particulière et composée, est assez vigoureux et d'un port régulier, que la taille rend encore plus gracieux. Ses feuilles sont persistantes et lisses; ses fleurs très-odorantes et blanches, et ses fruits délicieux Il faut transplanter les *orangers* tous les cinq ou six ans, e les placer dans des caisses ou vases proportionnés à leur vo lume. La terre doit être souvent binée et arrosée. Deux ou trois fois pendant l'été des arrosements se font avec une eau dans laquelle on aura mis une certaine quantité de crottin de mouton, de fiente de pigeon et de sciure de corne. Leur taille n'est pas assujettie à des règles particulières comme celles des autres arbres fruitiers; elle consiste à leur donner une forme régulière. La terre à orangers se prépare au moins trois ans à l'avance pour que le mélange ait le temps de fermenter, et que, les éléments en étant bien combinés, on puisse s'en servir sans craindre de brûler les arbres ou de les laisser manquer de nourriture. Voici la composition la plus généralement adoptée : terre franche et terreau de couche mélangés par égales portions; un dixième de fumier gras de vache, autant de poudrette et de fiente de pigeon; un quarantième de marc de raisin, un vingtième de crottin de mouton, et un cinquième de terre de pré. On laisse fermenter ce mélange pendant trois ans avant de s'en servir. Les orangers se cultivent en orangerie dans toute la France, excepté dans quelques départements du midi; ils se multiplient de graines, de marcottes, de boutures, et par la greffe. Les pépins se sèment en mars et avril, en pots ou terrines enfoncés dans une couche chaude, sous châssis. On arrose et on traite le jeune semis comme ceux des plantes délicates. Au printemps suivant on sépare les sujets, on les enlève autant que cela se peut avec une portion de motte, on les plante chacun dans un pot. On arrose et on les place sur une nouvelle couche pour faciliter la reprise. Ils n'exigent que les soins ordinaires jusqu'à ce qu'ils soient assez forts pour être greffés. Cette opération se fait en écusson.

C'est vers le milieu d'octobre qu'il faut rentrer les *orangers* dans la serre, dont on laisse les croisées ouvertes le plus longtemps possible. Les arrosements doivent diminuer à mesure que le froid augmente. Il faut souvent renouveler l'air et éviter la trop grande humidité, nuisible aux arbres renfermés. Dès que les gelées ne sont plus à craindre, on cesse de fermer les ouvertures pour les habituer au grand air avant leur sortie fixée au 15 mai, plus tôt ou plus tard suivant le climat ou la température. Le *citronnier* et ses variétés diffèrent peu de l'oranger; leur culture et les soins qu'ils demandent sont les mêmes. Le fruit du *limonnier*, dont on connaît aussi plusieurs variétés, a l'écorce plus douce que celle du *citron*. Ces deux arbres craignent un peu plus le froid et l'humidité que les *orangers*.

PÊCHER. Arbre originaire de la Perse, susceptible d'une grande élévation, et qui se prête volontiers à toutes les formes et à toutes les directions. Les *pêchers* sont délicats et durent bien moins que les autres arbres fruitiers. Les terrains argileux et froids ne leur conviennent nullement. Ils aiment une terre légère, substantielle et profonde, et l'exposition du midi ou du levant, selon qu'ils sont tardifs ou précoces. Ils se multiplient par la greffe en écusson, à œil dormant sur l'*abricotier* venu de noyau, sur les *pruniers de Saint-Julien* et de *Damas noir*, et de préférence sur l'*amandier doux* et *amer*. C'est le nouveau bois qui donne des ruits. La taille est plus ou moins longue, selon que le *pêcher* pousse avec vigueur ou modération. Trois ou quatre branches de même grosseur et bien conduites suffisent pour alimenter celles qui doivent garnir l'arbre, sur lequel on ne conserve de boutons à fruits que ceux doublés, et au milieu desquels se trouve un œil à bois. Les branches, allongées et garnies seulement de boutons à fruits, doivent être supprimés et remplacées par une ou plusieurs branches à bois, selon le vide à remplir. La beauté des *pêchers* dépend de la taille, de l'ébourgeonnement et du palissage. Après cette dernière opération, il faut supprimer une partie des fruits, si leur nombre excède les forces ou l'étendue de l'arbre, en observant de laisser les branches montantes plus chargées que les descendantes. Les *pêchers* appuyés contre des murs de terrasse ne viennent pas aussi bien qu'ailleurs. L'humidité les fait languir, et s'oppose presque toujours à la maturité des fruits. Ces arbres sont sujets à plusieurs maladies. La *gomme*, qui oblige de tailler les branches au-dessus des plaies; la *cloque*, produite par un mauvais air, qui, en épaississant les feuilles, les fait recoquiller et devenir comme galeuses. Il faut ôter toutes ces feuilles, et couper les branches gâtées. Il n'y a pas de remède quand cet accident arrive une seconde fois. Voici les pêchers le plus généralement cultivés : *alberge jaune*, *alberge rouge*, *grosse Madeleine*, *Madeleine mignonne*, *pourprée hâtive*, *grosse violette hâtive*, *belle de Vitry*, *gros brugnon violet*, *grosse mignonne*, *téton de Vénus*, *Bellegarde rouge*, *admirable rouge*. Le pêcher se taille de différentes manières, dont les plus usitées sont : la *taille en V ouvert* (fig. 3) et la *taille en carré* (fig. 4).

POIRIER. Arbre indigène qui se greffe en fente, en écusson ou en couronne, sur le poirier sauvage pour former des pleins vents en terrain profond; sur les petit et grand coignassiers en espalier, suivant la profondeur du terrain. Les poiriers greffés sur coignassier se mettent plus tôt à fruit, mais ils sont sujets à jaunir, parce que tout terrain ne convient point au coignassier. En général les poiriers en espalier rapportent de beaucoup plus beaux fruits que ceux en plein vent, et ils préfèrent les expositions du levant et du couchant à toute autre; il en est cependant qui s'accommodent de toutes, pourvu que le terrain leur convienne. Les variétés les plus recherchées sont : le *petit muscat*, le *muscat Robert*, le *petit blanquet*, la *blanquette à longue queue*, la *poire d'Espagne*, le *gros blanquet*, la *madeleine*, le *bon-chrétien*; les *beurrés gris*, *d'Aremberg* et *d'Angleterre*; les *doyennés roux*, *blanc*, *d'été*, *d'hiver*; les *bergamottes d'été*, *d'hiver*, *de Hollande*, les *crassane*, *noisette*, *messire-Jean*, *Martin-sec*, *virgouleuse*; *Saint-Germain*, *ambrette*, *Colmar*; *de Saint-Père*, *poire de livre*, *catillac*, etc. Le poirier se taille en *éventail* (*fig.* 5), en *pyramide* (*fig.* 6), en *vase* (*fig.* 7), etc.

POMMIER. Arbre de moyenne grandeur qui se cultive à peu près de même que le précédent. Tous les terrains lui conviennent; cependant il préfère les terres grasses, profondes et un peu humides; l'exposition au midi paraît lui être nuisible. Ainsi que le poirier, il se prête à toutes les formes qu'on veut lui donner, en espalier, contre-espalier, en entonnoir, en quenouilles, etc. L'une des plus jolies formes qu'on puisse lui donner est celle de *buisson nain* (*fig.* 8). Quelques espèces, abandonnées à elles-mêmes en plein vent, sur le bord des chemins ou dans les vergers négligés, acquièrent une grande hauteur, tandis que d'autres restent toujours naines au moyen de la taille. Les pleins vents de hauteur médiocre, les entonnoirs, les quenouilles, les espaliers et les contre-espaliers se greffent d'ordinaire sur le *doucin*, espèce plus petite que le sauvageon; ce dernier, comme le sujet élevé de pepin ou d'éclat de racine, donne les arbres de plein vent à haute tige. Les petits buissons et les contre-espaliers se greffent sur une espèce. naine, très-féconde, qu'on appelle *paradis*. Les greffes se font en écusson à œil dormant, en fente ou en couronne, sur des sujets de leur espèce. Voici les noms des meilleures pommes selon l'ordre de maturité : *calville d'été rouge, rambour d'été, reinette grise, calville rouge d'automne, grosse reinette blanche, reinette dorée, reinette franche, reinette d'Angleterre, reinette du Canada, reinette royale, reinette grise d'hiver, reinette à côtes, calville rouge et blanc d'hiver, courtpendu rosat, petit drap d'or, petit api, gros api.*

PRUNIER. Le prunier se greffe du 1er au 10 mars, en fente sur des sujets de 3 centimètres de diamètre et de 1 mètre 70 centimètres ou 2 mètres de haut. On a du fruit dès la seconde année. Il y a plusieurs variétés de pruniers. Voici, par ordre de maturité, celles qui méritent d'être placées dans les jardins et les vergers :

PRUNE DE SAINT-JEAN OU DAMAS HATIF DE PROVENCE. Fruit moyen, oblong; peau noire, chair jaune, sucré, bon productif; mûrit en juin.

PRUNE DE MONSIEUR. Peu productif; fruit gros, rond, violet, médiocre; fin de juillet.

ABRICOTÉE BLANCHE. Productif, fruit très-gros, rond, jaune, pâle à l'ombre, doré au soleil, bon; commencement d'août.

GROSSE REINE-CLAUDE. Productif; fruit très-gros, rond, vert, tiqueté de rouge au soleil, sucré, également bon, cru ou cuit; mi-août.

PETITE MIRABELLE. Productif; fruit petit, allongé, jaune d'or et tiqueté de rouge; sucré, bon ; fin d'août.

REINE-CLAUDE VIOLETTE. Peu productif; fruit rond, un peu allongé et ridé vers la queue, ayant une faible rainure, peau violette, chair verte, bon, sucré; mûrit fin d'août.

PERDIGON BLANC. Fruit moyen, un peu allongé, ayant une rainure, peau vert-jaunâtre; bon, sucré; mûrit en septembre.

ABRICOTÉE ROUGE. Fruit gros, rond, doré d'un côté, rouge de l'autre, sucré, bon ; mûrit en septembre.

SAINTE-CATHERINE. Arbre grêle; fruit gros, allongé, d'un vert jaune, queue très-longue, sujet à verser, bon en pruneaux; fin septembre.

DAMAS DE SEPTEMBRE. Productif, bois cassant; fruit petit, peau noire, assez bon; fin septembre.

Prune de Saint-Martin. Arbre grêle, fruit rond, moyen, violet, rougeâtre, assez bon pour la saison; mûrit en novembre, supporte très-bien trois ou quatre degrés de froid

La grosse reine-Claude, le perdigon blanc, le Saint-Julien et tous les damas se reproduisent de noyaux; mais ce moyen est long; et, comme il n'offre aucun avantage, il vaut mieux greffer. L'espèce de *Saint-Julien* est préférable pour cet usage; elle drageonne beaucoup et ses drageons font d'excellents sujets si l'on a soin, en les plantant, de diriger en bas l'extrémité de leurs racines. Le prunier est peu délicat, il s'accommode de tout terrain, pourvu qu'il ne soit pas trop sec et qu'on le place dans un lieu aéré. On ne l'élève guère qu'en plein vent et il faudrait avoir bien de l'espace à perdre pour le mettre en espalier, où il donnerait autant de peine qu'un pêcher, sans que cela contribuât à améliorer son fruit, au contraire, quoique en plein vent, le prunier a besoin d'être taillé de temps en temps, d'être dirigé, dans les deuxième et troisième années de la greffe, en rabattant les jeunes pousses, et d'être dépouillé de l'extrémité des branches et des gourmands. Le tout se fait depuis novembre jusqu'en février. Dans les espèces trop productives, on retranche, le long des branches, un bourgeon à fruit sur trois ou quatre. La figure 9 représente un prunier en espalier. Lorsque les *prunes* sont mûres, on casse des branches dont on enfonce le bout dans des trous pratiqués au mur d'une cave; les fruits qu'elles portent se conservent jusqu'au printemps.

VIGNE. Cet arbrisseau aime un terrain sec et léger, ayant beaucoup de profondeur, une bonne exposition et l'abri des vents froids; il se multiplie de marcottes ou de drageons, et se plante contre les murs, en berceaux, en treille ou en plein champ. Dès la fin de février, on commence à tailler les vignes de treille exposées au midi; les autres se taillent plus tard. Chaque climat, ou, pour mieux dire, chaque pays a sa règle pour l'époque et pour la manière; mais partout l'on est d'accord d'ébourgeonner souvent (excepté dans le temps de la floraison), de palisser, d'effeuiller, enfin de sarcler, biner et labourer. Pour tailler convenablement la

vigne, il est indispensable d'en examiner la force, l'étendue
et la hauteur, afin de la tailler plus ou moins longue ou
courte; on doit commencer à ôter non-seulement tout le
bois mort, mais encore celui qui est superflu et capable d'é-
puiser une partie de la séve · il faut toujours choisir et conserver les branches les mieux nourries, elles doivent être
taillées à trois, quatre et cinq yeux; on peut leur donner
même encore plus de longueur, lorsqu'il s'agit de garnir
quelques lieux plus éloignés, pour les faire monter plus vite.
La branche plus basse doit être taillée au second œil que
l'on nomme *courson,* pour produire deux autres branches
propres à remplacer par la suite celle qu'on a taillée à quatre ou cinq yeux : cette observation se fait lorsqu'il manque
des placés et qu'on ne veut point la faire monter plus haut.
Les espèces les plus généralement cultivées pour la table
ou pour l'office, sont les suivantes : *raisin précoce de la Ma
deleine; chasselas de Fontainebleau, noir, doré, ciouiat,* etc.,
*verdal, muscat, blanc, rouge, d'Alexandrie; cornichon blanc,
corinthe blanc. Verjus,* etc.

CULTURE

DES

PLANTES D'AGRÉMENT.

——

ABRICOTIER. L'abricotier à *fleurs doubles*, qui se cultive comme l'abricotier ordinaire, donne de très-jolies fleurs au printemps.

Abricotier de Sibérie ou Armeniaca. Charmant arbrisseau de 2 mètres de hauteur, produisant de jolies fleurs rouges. Culture de l'abricotier ordinaire.

Abricotier a feuilles panachées. Même culture.

ACACIA. Bel arbre, à fleurs blanches ou jaunes, en grappes, odorantes, qui paraissent au mois de mai. Il se multiplie par ses rejetons ou des graines semées au printemps.

Acacia ou Robinier rose. Il ne s'élève pas au-delà de 4 mètres. Les tiges sont couvertes de poils rougeâtres. Fleurs en grappes inodores et très-belles. Il est plus cassant que le précédent, sur lequel on le greffe en fente au mois de mars.

ACACIE. Il existe sous ce nom beaucoup de plantes ; les feuilles de plusieurs se resserrent le soir ou dès qu'on les touche ; elles demandent toutes une bonne terre, des soins particuliers, et l'orangerie ou la serre chaude. On peut les multiplier de boutures ou par le semis au printemps sur couche chaude. Voici les noms de quelques espèces : *acacie de Constantinople ou arbre de soie, acacie de Farnèse, acacie odorante, acacie à grappes, acacie de Malabar, acacie à deux épines, acacie à feuilles de lin, acacie à feuilles de myrte, acacie blanche, acacie élégante, acacie pudique ou sensitive. V.* ce dernier mot.

ACANTHE SANS ÉPINES. Plante vivace, cultivée pour la

beauté de son feuillage. Éclat des racines, en automne, ou semis au printemps. Garantir des gelées avec de la litière.

ACHILLÉE. Plante dont il existe plusieurs espèces, qui fleurissent de juillet à septembre. Elles demandent une terre fraîche, légère, une exposition chaude ; couverture dans les froids intenses. Elles se multiplient de semences ou de racines. On distingue *l'achillée rose*, fleurissant de juin à septembre|; *l'achillée d'Égypte*, à fleurs d'un beau jaune ; *l'achillée élégante*, à jolies fleurs blanches, etc.

ACHIMÈNE ÉCARLATE. Plante à fleurs rouges, à racines tuberculeuses, originaire de la Jamaïque. Elle ne se multiplie qu'en serre chaude.

ACONIT. Plante vivace et de pleine terre dont les fleurs, imitant un casque, paraissent en été. Il y en a plusieurs espèces qui toutes se multiplient de graines en terre douce à mi-ombre, et par éclats ou par la division de leurs touffes. Les aconits à *fleurs bleues*, parmi lesquels on distingue *l'aconit napel* et *l'aconit porcelaine*, sont les plus jolis. *L'aconit du Japon* fleurit jusqu'en novembre. Parmi les aconits à *fleurs jaunes* figurent *l'aconit tue-loup*, *l'aconit des Pyrénées*, etc.

ACTÉE. Genre de plante donnant en avril des fleurs blanches en épi, puis des fruits rouges ou noirs. Elle se cultive comme l'aconit.

ADATODE, NOYER DES INDES OU DE CEYLAN, CARMANTINE. Arbrisseau de 3 à 4 mètres, à feuilles persistantes, donnant en été un épi de grandes fleurs blanches ; multiplication de boutures et marcottes. Orangerie, exposition chaude; arrosements fréquents en été.

ADONIDE ou ADONIS. Plante dont on cultive surtout les deux espèces suivantes :

ADONIDE D'ÉTÉ, GOUTTE DE SANG, RUBIS OU RENONCULE DES BOIS. Plante en buisson de 33 centimètres. Les feuilles sont découpées, et les fleurs très-petites d'un beau rouge vif ; elles se montrent en juin et juillet. Bonnes terre et exposition. Semis en place aussitôt la maturité des graines. *Variétés à fleurs jaunes et blanches.*

ADONIDE PRINTANIÈRE. Cette espèce est vivace et se multiplie par l'éclat des racines ou de graines qui, semées en automne, ne lèvent qu'au printemps suivant. Feuilles semblables à celle de la camomille.

AGAVÉ. Il existe plusieurs espèces d'*agavés* qui demandent des soins particuliers, la serre ou l'orangerie. Les tiges de toutes s'élèvent très-haut, et produisent une quantité innombrable de fleurs d'un vert blanc-jaune ou d'un blanc-verdâtre.

AIL. Plusieurs espèces d'ail se cultivent comme plantes d'ornements. Telles sont *l'ail blanc*, *l'ail jaune*, *l'ail odorant*, etc. Les aulx se cultivent partout; ils préfèrent un terrain sec; multiplication de graines et de caïeux. Les aulx à odeur de vanille et à fleurs de lis veulent l'orangerie.

ALCÉE, Passe-rose, Rose trémière ou Althée. Cette plante, dont le port est joli, fait l'ornement des jardins par ses fleurs simples ou doubles et de couleurs très-variées qui durent une partie de l'automne. La *rose trémière de la Chine* est plus basse; ses fleurs ont beaucoup plus d'éclat. La *rose trémière à feuilles de figuier* ne diffère de la première que par son feuillage. Toutes trois, *trisannuelles* ou *quadrisannuelles*, se sèment sur couche en septembre ou en mars. La graine de deux ans vaut mieux que celle de l'année.

ALISIER TORMINAL ou Alouchier des bois. Arbre de moyenne grandeur dont les feuilles sont assez semblables à celles du mûrier blanc. Il produit de jolis petits fruits, et se multiplie de marcottes et de rejetons, ou par la greffe sur épine. On distingue plusieurs espèces dont voici les principales:

Alisier de Fontainebleau, Alisier blanc, Alisier a larges feuilles, Alisier amelanchier, Alisier a épi, *Amelanchier du Canada*. Ils diffèrent entre eux par la taille, le feuillage et les fruits plus ou moins gros.

ALOÈS. Plante dont il existe beaucoup d'espèces et variétés qui demandent toutes la serre chaude l'hiver. Elles se multiplient de semis sur couche ou de drageons qu'on laisse sécher une huitaine avant de les mettre en pots. Les feuilles de l'*aloès* sont charnues, épaisses, épineuses sur les bords et longues. Les tiges, plus ou moins élevées, sont terminées par des fleurs verdâtres, blanches, rouges, purpurines, en épis ou en grappes suivant les variétés.

AMANDIER. On cultive pour l'agrément plusieurs *aman-diers* qui se multiplient par la greffe sur le commun. Tels sont l'AMANDIER A FLEURS DOUBLES BLANC ROSE, qui paraissent en mai, c'est un bel arbrisseau; l'AMANDIER NAIN ou de PERSE, à fleurs simples ou doubles en avril; rouge vif d'abord, et roses ensuite : ce joli petit arbuste produit un effet charmant; l'AMANDIER SATINÉ, etc.

AMARANTHE TRICOLORE. Plante annuelle fleurissant pendant l'été. Terre substantielle. Semis sur couche au printemps. Plant repiqué à bonne exposition.

AMARYLLIS. Plante de la famille des narcissées, oignon moyen qui se plante fin septembre dans une terre légère, un peu à l'ombre. Tous les deux ou trois ans on les relève quand les feuilles sont sèches et l'on sépare les caïeux pour les replanter en terre neuve. Bonne couverture l'hiver. La plante donne de mai en août une ou deux grandes fleurs, d'un pourpre velouté très-brillant.

AMARYLLIS-BELLADONE, *Narcisse Madame*. Ses fleurs, qui se montrent en septembre, sont blanches, mêlées de rose, semblables à celles du lis ordinaire et odorantes.

AMARYLLIS RAYÉE. Grandes fleurs blanches rayées d'un beau rouge, paraissant au printemps.

AMARYLLIS A FLEURS EN CROIX, *Lis ou Croix de Saint-Jacques*. Belles fleurs d'un velours rubis, parsemées de petits points d'or. Elles n'ont pas d'odeur, et se montrent en juillet ou août.

Les espèces d'*amaryllis* que nous venons de décrire sont les plus cultivées; elle s'élèvent de 18 à 72 centimètres, et se multiplient de caïeux au printemps. Bonne terre, mieux encore celle de bruyère.

Il en existe *quinze* ou *vingt autres*, presque toutes de serre chaude.

AMBROISIE, THÉ DU MEXIQUE. Plante annuelle et très-aromatique qui se produit souvent d'elle-même, et que l'on peut semer au printemps sur couche ou en place à bonne exposition.

AMÉTHYSTE BLEUE. Jolie plante annuelle de 33 centimètres qui se sème en place au printemps. Fleurs petites, d'un beau bleu et d'une odeur agréable. Terre légère et l'ombre.

AMORPHA, Indigo bâtard, Barbe de Jupiter. Arbrisseau qui se multiplie par semences, marcottes, rejetons ou boutures. Ses feuilles ailées ressemblent à celles de l'*indigo*. Fleurs violettes et jaunes, petites et en longs épis ; elles paraissent l'été.

AMSONIA A larges feuilles. Se multiplie d'éclats et de graines. Terre de bruyère humide et ombragée. L'*amsonia à feuilles étroites* et l'*amsonia à feuilles de saule* se cultivent de même. Toutes donnent de belles fleurs bleues.

ANCOLIE. Plante qui se cultive comme les pivoines. On distingue l'*ancolie des jardins*, dont il existe plusieurs variétés à fleurs doubles, blanches, bleues, rouges et violettes; l'*ancolie de Sibérie* et l'*ancolie du Canada*.

ANDROMÈDE du Maryland. Plante qui se cultive en buisson presque toujours vert. Feuilles ovales et luisantes. Fleurs en grappes, grandes, blanches et en cloche, paraissant au mois de juillet. Il existe encore différentes espèces d'*andromèdes* qui sont toutes des arbrisseaux plus ou moins grands, à l'exception de *celle en arbre*, dont la taille est d'environ 3 mètres 66 centimètres. Terre légère et entretenue humide. Exposition abritée du soleil. Multiplication par semis sur couche, éclats des pieds, rejetons ou marcottes.

ANDROSACE. Trois espèces de cette plante forment de jolis gazons mélangés de fleurs rouges ou blanches, et jaunâtres dans l'intérieur. Éclat des pieds ou semis en avril.

ANÉMONE. Plante donnant au printemps des fleurs de toutes couleurs, simples, semi-doubles, ou doubles, dont on fait des planches magnifiques.

En octobre ou novembre on plante les pattes d'anémones à 15 ou 18 centimètres d'intervalle en tout sens, et à 4 à 5 centimètres de profondeur, en planches bien dressées de bonne terre meuble ou ameublie, sans aucun engrais neuf; il est bon de couvrir les planches de 3 ou 6 centimètres de terreau consommé. Arroser dans les printemps secs. Préserver les anémones défleuries du soleil après les pluies d'orage, qui les ruineraient. Lorsque les feuilles jaunissent et se sèchent, déplanter les pattes, les nettoyer; éclater les plus grandes excroissances pour multiplier les individus; les étendre en lieu sec et aéré; les ramasser sèchement; ne les replanter que 15 à 24 mois après.

ANSÉRINE a balais, Belvédère, Cyprès d'été. Plante annuelle, odorante, dont les tiges s'élèvent à 1 mètre ou 1 mètre 33 centimètres. Feuilles étroites, fleurs en grappes en été.

Ansérine rouge. Toute la plante est rouge, comme les fleurs qui paraissent en même temps que celles de la précédente. Semis en place, mieux sur couches.

Ansérine ambroisie. Voir ce dernier mot.

ANTHOLYSE. Parmi plus de quinze espèces ou variétés de cette plante bulbeuse, on distingue l'*antholyse éclatante*, dont les feuilles sont longues de 66 centimètres et les fleurs, en tube évasé, d'un écarlate brillant, en bel épi à l'extrémité de la tige. Toutes les *antholyses* se multiplient de caïeux au printemps, en terre légère ou de bruyère. On peut aussi semer aussitôt la maturité des graines. Les jeunes élèves fleurissent la quatrième année. Les pots doivent être rentrés en orangerie pendant l'hiver.

ANTHOSPERME D'ETHIOPIE, Arbre d'ambre. Arbrisseau de forme pyramidale. Feuilles persistantes, vert foncé et à odeur d'ambre. Les fleurs, qui paraissent en été, sont petites et jaunâtres. Marcottes ou boutures au printemps. Ombre et eau l'été; orangerie l'hiver.

ANTHYLLIDE ARGENTÉE, Arbuste d'argent, Barbe de Jupiter. Arbrisseau très-joli d'un mètre 33 à un mètre 66 centimètres. Feuilles petites, persistantes et argentées comme les rameaux; fleurs en bouquets, jaunes, bleues, purpurines ou blanches selon les variétés, qui se multiplient toutes de marcottes, drageons et boutures, ou de graines semées sur couche en automne. Orangerie l'hiver.

APOCIN, Gobe-Mouche, Tue-Chien. Plante vivace dont les fleurs paraissent l'été, répandent une odeur du goût des mouches, qui viennent s'y prendre par la trompe. Feuilles velues, fleurs roses dehors et blanches dedans.

Apocin denté. Plus élevé que l'autre. Fleurs rouges ou blanches; feuillage du saule. Pour les deux, semis au printemps, pieds enracinés en octobre; terre légère et bonne exposition. Le dernier doit être garanti des grands froids.

ARBOUSIER. Arbre aux fraises. Arbre d'une hauteur d'environ 5 mètres, toujours vert, donnant de septembre en janvier des grappes pendantes de fleurs rouges ou blanches auxquelles succèdent des fruits ressemblant aux fraises, mais fades et insipides. Se multiplie de drageons, marcottes ou graines semées de bonne heure et placées au printemps en couche tiède. Le plant se repique lorsqu'il a 3 centimètres; on ne le met en pleine terre que quand il est fort. Deux autres espèces, qui demandent une terre préparée et l'orangerie, peuvent se greffer sur le précédent. Un autre, l'Arbousier raisin d'ours, à petit fruit d'un beau rouge, vient dans toutes sortes de terrains.

ARGAN. Arbrisseau épineux qui demeure longtemps vert, et dont les feuilles sont un peu soyeuses en dessous; c'est le seul des diverses espèces qui supporte la pleine terre : les autres sont d'orangerie.

ARGENTINE, Céraiste cotonneux, Myosotis des jardiniers, Oreille de souris, Barbette, Bulette. Plante vivace, de bordure ou de massif, qui se multiplie en avril par le semis ou l'éclat des pieds en toutes terres. Feuilles blanches et duveteuses comme les tiges, qui ne s'élèvent pas au-delà de 27 centimètres; fleurs blanches, petites et terminales.

ARGOUSIER. On cultive deux arbrisseaux de ce nom, à cause de la belle couleur verte des feuilles, qui sont d'un blanc argenté en dessous. Graines semées au printemps. Rejetons, marcottes et boutures. Tous deux sont de pleine terre.

ARGUSE. Plante d'orangerie dont les fleurs blanches, qui paraissent au mois de juillet, répandent l'odeur du muguet. Semis ou boutures en avril.

ARISTÉE GRANDE. Jolie plante vivace donnant de belles fleurs bleues en juillet. Terre légère, exposition chaude, serre tempérée ou orangerie. Se multiplie par éclats ou de graines sur couche, sous châssis ou sous cloche.

ARISTOLOCHE a grandes feuilles. Arbrisseau de 7 à 8 mètres, très-rustique, donnant en juin de belles fleurs d'un rouge noir en forme de pipe. Terre franche et légère; multiplication de graines et de marcottes, avec du bois de deux ans incisé sur un nœud. L'aristoloche, plante très-grimpante, fait très-bon effet pour couvrir des barreaux, murailles, tonnelles, etc. Le bois est aromatique. Il en existe plusieurs espèces.

ARMOISE. Arbuste aromatique se multipliant de boutures et semé au printemps. Terre franche, légère ou de bruyère. Il passe l'hiver en pleine terre.

ARUM GOBE-MOUCHE. Sa tige, creuse et de 66 centimètres, est terminée par une enveloppe jaune en cornet roulé. Sa mauvaise odeur attire les mouches, qui se trouvent arrêtées par les poils dont il est garni. Serre tempérée. Une autre espèce, l'*arum serpentaire*, est cultivée à cause de ses baies rouges, qui sont assez belles.

ASCLEPIADE CARNÉE. Jolie plante vivace comme toutes les *asclépiades*, dont le genre est très-nombreux. Les tiges de celle-ci s'élèvent à près de 2 mètres. Feuilles lancéolées, entières et cotonneuses; fleurs rouges, petites, en ombelles, paraissant au mois de juillet et répandant une bonne odeur de vanille. Éclats des pieds en octobre, ou graines semées sur couche aussitôt leur maturité. Orangerie l'hiver.

ASPHODÈLE, Vierge de Jacob. Il en existe deux espèces, l'une à fleurs blanches en étoiles, l'autre dont les feuilles sont longues, d'un beau jaune, en épi au mois de juin. Toutes deux se multiplient au printemps par l'éclat des racines.

ASTER. Voir *Marguerite*.

AUBÉPINE. Grand arbrisseau épineux, dont il existe plusieurs variétés plus ou moins jolies. Fleurs blanches roses, simples ou doubles. Ces dernières peuvent se greffer sur l'*aubépine* commune. Les autres se multiplient de marcottes, de pieds enracinés, ou de semis aussitôt la maturité des graines.

AZALÉE NUDIFLORE, Chèvre-Feuille d'Amérique, Ciste de Virginie. Arbrisseau d'un mètre à 1 mètre 33 centimètres, dont les fleurs ressemblent, pour la forme, à celles du *chèvrefeuille*. Elles paraissent en juillet, sont odorantes, blanches, écarlates ou roses, suivant la variété. Azalée pontique. Grandes fleurs en grappes, jaunes et odorantes. Azalée visqueuse. Feuilles lancéolées et entières. Fleurs en juin, très-odorantes et blanches. Il existe de cette espèce plusieurs variétés très-jolies, produites par le semis. Azalée des Indes. Grandes fleurs solitaires, de diverses couleurs suivant les nombreuses variétés. Cette dernière espèce demande la terre de bruyère et l'orangerie. Les trois autres sont de pleine terre et se multiplient de boutures, de marcottes, de rejetons en avril, ou de semis aussitôt la maturité des graines.

AZÉDARACH, faux Sycomore. Arbre d'une moyenne grandeur, dont le feuillage est assez semblable à celui du *frêne*. Fleurs odorantes, couleur violet pâle.

AZÉDARACH toujours vert, *Lilas des Indes, Margouzier*. Beaucoup plus petit que le précédent. Feuilles persistantes ; fleurs plus odorantes, dont on jouit pendant près de six mois. Terre légère et substantielle. Bonne exposition. Orangerie l'hiver. Peu d'eau dans cette saison, mais beaucoup l'été. Éclat des racines ou semis sur couche au printemps.

BAGUENAUDIER. Arbre en buisson de 2 à 3 mètres à grappes de fleurs jaunes. Il se multiplie de semis, drageons, etc., et vient aisément dans les plus mauvaises terres.

BALSAMINE. Cette charmante plante se cultive comme la reine-marguerite. La *Balsamine* aime le soleil et l'eau. Elle est sujette à une maladie qui la fait périr ; c'est une tache noire qui s'étend insensiblement et devient intérieure.

BASILIC. On le cultive à cause de sa bonne odeur et de son feuillage agréable. Se sème sur couche en mars pour être repiqué en pleine terre.

BELLE DE NUIT. Plante à racine vivace, que l'on traite généralement comme annuelle. Fleurs en forme d'entonnoir, blanches, jaunes, rouges ou panachées, qui se montrent tout l'été, le soir seulement ; d'où son nom. Semis sur couche au printemps. Plant repiqué en place dans une terre légère et bonne. — Il existe encore trois ou quatre autres espèces de *Belles de Nuit*, parmi lesquelles on distingue celles à odeur, dont les fleurs sont blanches, rouges ou panachées.

BENOITE. On connaît trois espèces de *Benoîtes*, qui sont vivaces, et se propagent par les graines aussitôt leur maturité, ou par l'éclat des racines au mois d'octobre. — Benoîte de montagne, *Arnique*. Fleurs solitaires, d'un beau jaune. Tiges recourbées à leurs extrémités. — Benoîte penchée. Dont les fleurs sont plus petites. — Benoîte des ruisseaux. Fleurs rougeâtres ou blanches. — Ces plantes demandent toutes une situation un peu ombragée et fraîche.

BÉTOINE. Plante vivace et de pleine terre, dont les tiges, d'environ 67 centimètres, sont carrées et velues comme les feuilles. Grandes fleurs d'un beau rose en épi. Multiplication par l'éclat des racines au mois d'octobre, ou de semis au printemps sur une plate-bande de terre légère.

BIGNONE. Plante sarmenteuse, dont il existe un grand nombre de variétés. C'est un des plus riches végétaux d'ornement. La *Bignone grimpante*, ou *Jasmin de Virginie*, brave l'hiver en tapissant les murailles. La *Bignone à vrilles* et la *Bignone toujours verte* exigent l'exposition du midi et des précautions contre les grands froids. Ces plantes se multiplient de marcottes, d'éclats de pieds, ou de boutures faites sur couche avec du bois de deux ans. On les multiplie aussi, mais plus lentement, de semis sur couche chaude aussitôt après la maturité. Plusieurs espèces, telles que la *Bignone de la Chine*, la *Bignone Pandore*, la *Bignone à 5 feuilles*, veulent la serre chaude ou l'orangerie. La *Bignone catalpa* est un bel arbre de 8 à 10 mètres, qui donne de magnifiques girandoles de fleurs blanches teintées de jaune et de rouge. Se multiplie de semis à bonne exposition au printemps ou à l'automne, ou bien de marcottes et de boutures. Pleine terre franche légère; un peu d'humidité. Précautions contre les froids.

BOUTON D'OR DES JARDINS. Renoncule rampante, Bassinet. Cette plante offre deux variétés, une à fleurs simples qui croît naturellement dans les prés, et une à fleurs doubles, la seule admise dans nos jardins, où il est très-facile de la multiplier par ses filets, traçant et s'enracinant comme ceux des *Fraisiers*. Ses fleurs, qui paraissent en mai, sont d'un beau jaune luisant. — Les propriétés délétères de cette plante sont incontestables, aussi ne s'en sert-on en médecine qu'à l'extérieur et très-rarement. Elle agit à la manière des cantharides, mais avec plus de rapidité et d'intensité. La Renoncule des marais est plus virulente encore.

BRUNELLE A GRANDES FLEURS. Plante vivace assez belle, dont la tige carrée est terminée, en juillet, par un épi de fleurs blanches, pourpres, roses ou bleues. Éclat des racines en automne, ou semis au printemps. Soleil et bonne terre. — Brunelle odorante. Cette espèce, annuelle, s'élève moins que l'autre. Ses fleurs violettes et en épis sont velues et odorantes.

BRUYÈRE. Très-petit arbuste toujours vert, dont on compte plus de trois cents espèces qui fleurissent en différents temps de l'année, et se multiplient toutes de boutures, de marcottes ou de semis aussitôt la maturité des graines, dans des terrines en terre de bruyère douce et bien ameublie.

BRYONE ou Couleuvrée. Cette plante offre plusieurs espèces dont les racines sont semblables aux *Navets*. Les tiges, qui s'élèvent à près de 2 mètres 66 centimètres, s'attachent aux treillages au moyen de vrilles qui poussent dans les aisselles. Elles fleurissent une partie de l'été, et produisent des fruits de la grosseur d'un pois, *rouges* ou *noirs*.—La *Bryone d'Abyssinie* demande, pour l'hiver, une orangerie sèche. Elles se multiplient toutes de graines et de tubercules en terre ordinaire. Soleil et eau l'été.

BUGRANDE, Arrête-boeuf, Aspic des moissons. Il existe plusieurs espèces de cette plante, qui n'est pas difficile sur le choix du terrain et s'accommode mieux de la sécheresse que de l'humidité. Jolies fleurs purpurines. Elle aime le soleil et est annuelle.

Bugrande très-élevée. Vivace et rustique. Fleurs assez semblables à celles de la précédente. Multiplication, au printemps, de semences, de marcottes ou de pieds éclatés.

Bugrande frutescente. Petit arbuste dont les fleurs roses, en grappes, paraissent fin du printemps. Il en existe à fleurs blanches. Toutes deux se multiplient comme les précédentes.

BUIS. Arbrisseau en buisson touffu dont les feuilles, persistantes, sont petites, lisses et luisantes : il vient partout. L'usage de son bois dur et d'un grain très-fin est généralement connu. Cette espèce offre deux variétés à *feuilles panachées* de *jaune* et de *blanc*.

Buis nain. Propre aux bordures des plates-bandes. Tous deux se multiplient par le semis aussitôt la maturité des graines, ou par l'éclat des pieds au printemps.

BUPLÈVRE. Oreille de lièvre. Arbrisseau toujours vert et très-branchu, qui se multiplie, en mars ou en avril, de semences, de marcottes et de pieds éclatés. Feuilles entières, oblongues et d'une odeur agréable. Petites fleurs jaunes, qui attirent les guêpes et paraissent de juin en août. Terre humide ; ombre ; couverture l'hiver.

. BUISSON ARDENT ou NÉFLIER PYRACANTHE. Arbrisseau de moyenne grandeur, touffu et armé de fortes épines. Feuilles d'un beau vert luisant et persistantes en partie. Fleurs assez semblables à celles de l'*aubépine*, qui donnent, pendant presque tout l'hiver, des bouquets de fruits nombreux d'un beau rouge-feu, d'où vient à ce *néflier* le nom de *buisson ardent*. Semences, marcottes ou boutures au printemps. Terre ordinaire.

BUTOME, JONC FLEURI. Jolie plante, donnant en juillet des ombelles de fleurs rouges ; se multiplie de semences et de racines. Pleine terre humide ou marécageuse. Il existe une variété à feuilles panachées.

CACALIE. Plante dont il existe plusieurs espèces, se multipliant d'œilletons ou de semences sur couche et repiquées en place ; toutes terres et toutes expositions leur conviennent.

CACALIE A FLEURS DE LAITRON. Très-jolies fleurs d'un beau rouge-orangé, qui paraissent en juin et juillet.

CACALIE ODORANTE. Fleurs blanches. Feuilles rudes au toucher comme celle du *tussilage*.

CACALIE DE LA NOUVELLE-HOLLANDE. Dont les feuilles froissées répandent l'odeur d'*anis*. Fleurs jaunes en septembre. Elle est d'orangerie.

CACTIER, FIGUE D'INDE, SEMELLE DU PAPE, CIERGE ÉPINEUX, CIERGE DU PÉROU, ÉPIPHILLE, ETC. Plante vivace, dont il existe un grand nombre d'espèces de serre chaude et d'orangerie.

CACTIER ÉPINEUX, *Cierge du Pérou*. Tige droite, très-élevée, à angles obtus armés d'épines brunes.

CACTIER A GRANDES FLEURS, *Grand Cierge serpentaire*. Tige cylindrique d'environ 1 mètre 33 centimètres ; côtes peu saillantes, aplaties et épineuses. Fleurs remarquables par leur grand nombre d'étamines.

CACTIER SERPENTAIRE, *Queue de Souris*. Jets cylindriques

charnus, très-épineux, flexibles et tombants. Fleurs d'un beau rouge. Étamines blanches.

CACTIER A MAMELONS, CACTIER MÉLOCACTE ou *melon épineux*, CACTIER COURONNÉ, CACTIER ÉLÉGANT, etc. Toutes ces plantes grasses se multiplient de semences, mais beaucoup mieux par les mamelons, qu'il est bon de laisser faner avant de les planter. Peu d'arrosements, surtout l'hiver. Terre franche et douce.

CALYCANTHE DE LA CAROLINE, ARBRE AUX ANÉMONES. Arbrisseau d'environ 2 mètres 65 centimètres, dont le bois aromatique est recouvert d'une écorce brune. Belles fleurs brun-pourpre velouté et à odeur très-agréable, en mai et juin. Se multiplie de graines, marcottes ou boutures. Pleine terre légère ou de bruyère fraîche, un peu ombragée et plus humide que sèche. Le *calycanthe nain* et le *calycanthe précoce* diffèrent peu du premier et se cultivent de même.

CAMÉLÉE. Arbrisseau dont les amateurs cultivent deux espèces : la CAMÉLÉE PULVÉRULENTE et celle A TROIS COQUES, surnommée *garoupe* et *olivier nain*. La tige de la première est droite et cylindrique et son écorce jaune ; ses feuilles sont entières et couvertes d'une poussière gris-cendré. Petites fleurs jaunes. Le feuillage de la deuxième est persistant, et ses rameaux sont nombreux, droits et verdâtres. Les fleurs, qui paraissent en été, sont jaunes, solitaires, et souvent deux ou trois réunies. Ces deux arbustes peuvent se multiplier de boutures, ou de semis, sur couche au printemps : ils demandent l'orangerie l'hiver. Ceux risqués en pleine terre doivent être employés avec soin. Pour tous deux, il faut une terre légère ou de bruyère, et un peu d'ombre.

CAMÉLIA , ROSE DU JAPON. Très-joli arbrisseau, *toujours vert*. Feuilles pointues, dentées, lisses et coriaces. Les fleurs, qui se montrent de février en mai, sont grandes, placées à l'extrémité des tiges, simples, et d'un beau rouge éclatant Multiplication par la greffe, les marcottes ou le semis sur couche chaude, aussitôt la maturité des graines. Terre franche et légère, mélangée à celle de bruyère. Bonne exposition; eau l'été; orangerie l'hiver.

Le *camélia* offre un assez grand nombre de variétés plus ou moins jolies. Voici les principales :

Fleurs blanches, fleurs écarlates, grandes et très-doubles; *fleurs petites* et *rose tendre, fleurs odorantes* et *blanches*; ce dernier se nomme *camélia pompon*. Celui à *feuilles de myrte* donne des fleurs grandes, doubles et rouge vif.

CAMOMILLE ROMAINE. Plante vivace et aromatique, dont on ne cultive que la variété à fleurs doubles et blanches, qui paraissent une partie de l'été.

CAMOMILLE ou *Anthémis des teinturiers*. Grandes fleurs jaunes.

CAMOMILLE PYRÉTHRE. Plus jolie que les deux premières, mais craignant la gelée. Fleurs rayonnées, blanches dessus et roses dessous.

Ces trois camomilles et plusieurs autres produisent dans les jardins un assez bon effet. Elles se multiplient par l'éclat des pieds au printemps, ou par le semis des graines de fleurs simples.

CAMPANULE DES JARDINS. Jolie plante vivace, dont les feuilles ressemblent à celles du *pêcher*. Tiges de moins de 66 centimètres. Fleurs en cloches, blanches ou bleues, simples ou doubles.

CAMPANULE, *Pyramidale des jardiniers*. Celle-ci, bisannuelle, s'élève à près d'un mètre 65 centimètres. Fleurs qui durent tout l'été, blanches ou d'un beau bleu.

CAMPANULE A GROSSES FLEURS, *Violette marine des jardiniers, Gobelet de la Chine*. Bisannuelle comme la précédente. Fleurs, de juin en septembre, grandes, bleues, violettes ou blanches.

CAMPANULE DOUCETTE. *Miroir de Vénus*. Plante basse. Feuilles petites, ovales et dentées; fleurs solitaires, nombreuses, rouges ou bleues. Elle peut se manger en salade comme la *raiponce*.

CAMPANULE DORÉE. Vivace, et d'orangerie l'hiver. Feuilles longues, aiguës, dentées, pendantes, et d'un beau vert. Jolies fleurs jaune doré.

Ces *cinq campanules*, et beaucoup d'autres, se multiplient

par l'éclat des pieds au printemps, ou par le semis aussitôt la maturité des graines.

CAPUCINE A FLEURS DOUCES. C'est une variété de la *capucine simple;* elle se multiplie de boutures, demande une terre franche légère, beaucoup d'eau l'été; l'hiver, l'orangerie près des vitrages.

CARMANTINE. Jolie plante en buisson, à belles fleurs écarlates. Elle se multiplie de marcottes ou de boutures sur couche et sous cloches ou châssis au printemps. Elle demande la même terre et les mêmes soins que la précédente. Il existe plusieurs espèces, dont une *à fleurs jaunes.*

CARTHAME BLEU. Espèce de chardon donnant de belles fleurs bleues. Toutes terres et toutes expositions. Multiplication de graines et de racines. Couverture l'hiver.

CÉLASTRE. Plante sarmenteuse dont il existe plusieurs espèces. Voici les principales :

CÉLASTRE MULTIFLORE. Tiges droites et épineuses. Fleurs petites et blanches.

CÉLASTRE DE VIRGINIE, *Fusain bâtard.* Feuilles ovales, fleurs blanches, fruit d'un très-beau rouge.

CÉLASTRE GRIMPANT, *Bourreau des arbres.* Il est sarmenteux, comme le précédent, et fait souvent périr les arbres autour desquels il se tortille. Feuilles lisses et pointues; fruits rouges. Tous les célastres se multiplient par le semis sur couche au printemps, les marcottes et les boutures à la même époque.

CÉLOSIE, AMARANTE DES JARDINIERS, CRÊTE DE COQ, PASSE-VELOURS. Plante annuelle, qui s'élève au plus à 66 centimètres; feuilles larges et ovales; fleurs très-petites et disposées de manière à ressembler à des crêtes de coq par la forme et la couleur. Les graines doivent être semées sur couche chaude, et le plant repiqué encore sur couche et dans des pots, pour n'être mis en place qu'au milieu de l'été dans une terre substantielle et à bonne exposition.

La *célosie* offre plusieurs variétés assez jolies.

CENTAURÉE. Plante dont il existe plusieurs espèces, notamment les suivantes :

CENTAURÉE-BLUET, *Percette, Casse-Lunettes, Barbeau des*

blés. Tout le monde connaît cette plante, qui vient naturelle-ment dans les blés et dont le semis a donné des variétés de diverses couleurs.

CENTAURÉE ODORANTE, *Barbeau jaune*, de juillet en octobre. Grosses feuilles jaunes.

CENTAURÉE MUSQUÉE, *Bluet du Levant*. Fleurs blanches ou roses à odeur de musc. — Ces trois *centaurées* sont annuelles, et se multiplient par semences, en automne et au printemps, en terre légère. — On cultive encore d'autres espèces qui sont vivaces, et se propagent de boutures ou par l'éclat des pieds. Voici le nom des principales :

CENTAURÉE JACÉE, *Herbe du Centaure*. Feuilles velues; fleurs blanches ou violettes.

CENTAURÉE JACÉE DES MONTAGNES. *Barbeau vivace des jardiniers*. Fleurs grandes, d'un bleu violet.

CENTAURÉE CINÉRAIRE. Fleurs purpurines.

CENTAURÉE ARGENTÉE. Feuilles dentées; fleurs jaunes glacées de blanc.

CERISIER. Nous avons décrit les espèces comestibles de ce bel arbre; il nous reste à parler des variétés d'ornement. Le *cerisier à fleurs doubles*, donnant en avril de belles fleurs blanches, et le *cerisier à fleurs semi-doubles*, se greffent sur le merisier et le cerisier de Sainte-Lucie. Le *merisier* est aussi un bel arbre d'ornement. Le *merisier à fleurs doubles*, qui se greffe sur le merisier ordinaire et prend aussi le nom de *renonculier*, produit en mai des fleurs magnifiques. Le *cerisier à feuilles de pêcher* se cultive comme le merisier et se multiplie de semis et de greffe. Le *cerisier odorant*, ou *mahaleb*, ou *arbre de Sainte-Lucie*, se multiplie de graines ou de marcottes, et peut servir de sujet pour les cerisiers et les merisiers. Une feuille verte ou deux feuilles sèches, mises dans une perdrix à la broche, lui donnent un excellent fumet. Ces feuilles communiquent aussi au lapin commun la saveur du lapin de garenne. Il existe beaucoup d'autres variétés de cerisier d'ornement. Leurs fruits sont généralement aigres ou fades et peu agréables. Avec ceux du merisier on fabrique diverses liqueurs, notamment du kirsch. Le *laurier-cerise*, ou *laurier-amandier*, ou *laurier au lait*, se multi-

3.

plie le graines ou de marcottes, en toute terre et à toute exposition. On se sert de sa feuille pour aromatiser le lait bouilli : c'est une grave imprudence. Une feuille ou deux, bouillies dans un litre de lait, lui donnent ûn parfum d'amande ; avec une plus grande quantité, le lait devient un poison plus ou moins viole nt, suivant la dose. En effet, cet arbrisseau donre de l'acide prussique.

CHÈVREFEUILLÉ. Le chèvrefeuille est un arbrisseau à tiges sarmenteuses et grimpantes. Celui qui est cultivé dans les jardins diffère peu de celui des haies. Les fleurs ne sont pas aussi foncées. Ces deux espèces produisent un grand nombre de variétés. Le chèvrefeuille se multiplie de marcottes ou de pieds enracinés, et s'accommode de tous terrains ; mais il préfère la bonne terre un peu humide.

CHRYSANTHÈME DES JARDINS. Plante qui se sème au printemps, en terre franche et légère. Fleurs une grande partie de l'été, jaunes, blanches, simples ou doubles. Le *chrysanthème caréné*, le *chrysanthème frutescent* et le *chrysanthème à grandes fleurs* se cultivent de même.

CITRONNIER. Ce bel arbre est un des p'us précieux ornements des jardins. Il en existe un grand nombre de variétés. La culture est celle des orangers.

CLÉMATITE. Arbrisseau sarmenteux dont il existe huit à dix espèces, parmi lesquelles on distingue les suivantes :

CLÉMATITE A FLEURS BLEUES , POURPRES OU VIOLETTES, qui paraissent tout l'été. Variété à fleurs doubles très-jolies, que l'on greffe en fente sur la simple, ou dont on fait des marcottes.

CLÉMATITE DE VIRGINIE. Feuilles en cœur ; fleurs blanches, légèrement odorantes et en épis lâches.

CLÉMATITE ODORANTE. Tiges menues ; feuillage léger et d'un vert gai ; fleurs fin de l'été, à l'extrémité des branches, nombreuses, très-odorantes, grandes et blanches. On fait avec cette espèce des berceaux charmants ; aussi est-elle surnommée *berceau de la Vierge.* Les trois clématites dont on vient le parler peuvent se multiplier par l'éclat des pieds ou racines, ou par les semis, aussitôt la maturité des graines.

COIGNASSIER ou CYDONIE DE LA CHINE. Arbrisseau donnant

en mai des fleurs roses, grandes, à odeur de violette. Multiplication de graines ou de greffes sur coignassier ordinaire et poirier, ou de marcottes ou de drageons, s'ils sont francs.

COIGNASSIER ou CYDONIE DE PORTUGAL. Grandes fleurs blanches au printemps ; fruits dorés à l'automne. Même culture et multiplication.

COIGNASSIER ou CHŒNOMÈLE DU JAPON. Arbrisseau tortueux, épineux, donnant en avril et mai des groupes de belles fleurs rouges. Terre de bruyère demi-ombragée ; se multiplie de couchages et de boutures de racines.

COLCHIQUE D'AUTOMNE, TUE-CHIEN, SAFRAN D'ÉTÉ. Cette plante vénéneuse contient une fécule qui, séparée par des lavages du principe âcre auquel elle est unie, peut être employée comme la fécule de *pomme de terre*. Le *colchique* est un petit *oignon* allongé que l'on trouve dans les prés. Il donne, en septembre, des fleurs d'un beau rose, assez semblables à celles du *crocus*. Les amateurs cultivent plusieurs autres variétés de *colchiques*, qui demandent l'orangerie.

COQUELOURDE. Plante vivace qui ne s'élève pas au-delà de 66 centimètres, et dont les tiges, comme les feuilles, sont velues et blanchâtres. Fleurs tout l'été ; semis sur couche en automne ; œilletons à la même époque.

COQUELOURDE, *Fleur de Jupiter*. Assez semblable à la précédente. Fleurs rouges en juillet ; éclats des pieds au printemps.

COQUELOURDE, *Rose du ciel*. Tiges plus basses et moins cotonneuses que celles des deux autres. Fleurs d'un beau rose en été ; elle est annuelle et se sème sur couche, en mars ou avril.

Les *coquelourdes* aiment une terre sèche et chaude.

CORNOUILLER. On connaît plusieurs espèces de cet arbrisseau, dont deux sont indigènes et les autres originaires de l'Amérique. Toutes se multiplient par le semis, la greffe, les marcottes et les boutures.

CORNOUILLER MALE. Feuilles ovales ; petites fleurs jaunes qui se montrent l'hiver ; fruits rouges. Il offre une variété panachée de même que le suivant.

CORNOUILLER SANGUIN. Ainsi nommé parce que ses rameaux,

longs et flexibles, sont d'un très-beau rouge. Fleurs blanches en ombelles qui paraissent l'été ; baies d'un rouge-noir.

CORNOUILLER BLANC. Fruits rouges en grappes.

CORNOUILLER A FRUITS BLEU CÉLESTE.

CORNOUILLER A GRANDES FLEURS. Ses fruits, rouges et en grappes, restent sur l'arbre tout l'hiver.

CORNOUILLER DE VIRGINIE. Fleurs jaunes; fruits rouges.

Les *cornouillers* biens mûrs sont assez agréables à manger, quoique un peu aigres.

CORONILLE DES JARDINS, SÉNÉ BATARD. Très-bel arbrisseau qui résiste à la rigueur des hivers, et réussit dans presque tous les terrains. Tige anguleuse de 1 mètre 33 centimètres; petites feuilles en cœur; fleurs jaunes marquées de rouge. Multiplication : drageons, boutures, marcottes, ou graines semées sur couche au printemps.

CRÉPIDE. Plante annuelle dont il existe deux espèces, qui se sèment en place de mars en juin, en toutes sortes de terres et d'expositions.

CRÉPIDE ROSE. Tiges nues d'environ 33 centimètres. Fleurs roses.

CRÉPIDE ROUGE OU BARKHAUSIE. Fleurs d'un rouge terne.

CROIX-DE-JÉRUSALEM, LYCHNIDE DE CALCÉDOINE. Plante vivace dont les tiges s'élèvent à environ 97 centimètres. Fleurs blanches, roses ou rouge vif à l'extrémité des branches, simples ou doubles. Semences au printemps, boutures en été, éclats des pieds en octobre ou février. Bonne terre et mi-soleil.

CYNOGLOSSE PRINTANIÈRE , PETITE CONSOUDE. Plante vivace ; fleurs bleues, petites et en épis droits. Multiplication par le semis, les traces et les pieds éclatés. Terre un peu fraîche et mi-soleil.

CYPRÈS. Grand arbre résineux d'un vert foncé. Il se multiplie de graines semées, au printemps, dans des caisses remplies de terre de bruyère et placées sur couche.

CYTYSE DES ALPES, FAUX ÉBÉNIER. Feuillage argenté dessous; fleurs jaunes en grappes, qui paraissent fin du printemps. Variété à feuilles panachées ; une autre, connue sous le nom d'*ébénier odorant. Les cytises* se greffent les uns sur les autres. Ils peuvent encore se multiplier par semences, marcottes, rejetons ou couchage, en terrain sec et un peu ombragé.

DAHLIA. Plante à racines vivaces; fleurs pourpres, rouges, violettes et roses, qui paraissent depuis le commencement d'août jusqu'à la fin d'octobre. Terre légère et exposition chaude; elle peut être semée, au printemps, sur couche, ou multipliée par des pousses détachées des racines qui, étant couvertes de litière, passent l'hiver dans les terrains secs. Il en existe des doubles, que l'on tient ordinairement en pots. Cette magnifique plante fait, pendant 4 mois, l'ornement des jardins. On en a des variétés doubles, très-doubles, panachées, à pétales roulés en cornet ou en tuyau; de toutes les nuances, du blanc, du rouge et du jaune, soit pures, soit mélangées. Tous les ans, dans les nombreux semis qui se font, on obtient de nouveaux dahlias, surpassant en beauté les précédents.

DALEA. Plante vivace à fleurs d'un beau rouge pourpre, et paraissant fin de l'été. Semer sur couche au printemps, et placer ensuite dans une bonne terre, à belle exposition.

DAPHNÉ, Bois joli, Bois gentil, Mézéreon. Arbuste de 80 centimètres à 1 mètre produisant de décembre à février de jolies fleurs violettes ou blanches. Multiplication de graines dans un terrain demi-ombragé. On en compte un grand nombre d'espèces, telles que le *daphné lauréole,* à fleurs jaunes verdâtres, de janvier en mars; le *daphné cncorum* ou *thymélé* des Alpes, très-rustique, formant un buisson rampant, fleurs pourpres, de mars en avril; le *daphné thymélé* à fleurs d'un blanc jaunâtre, d'avril en mai; le *daphné des Alpes* à fleurs blanches odorantes, de mai en juin; le *daphné paniculé,* ou *garou,* ou *sainbois,* qui est d'orangerie et donne de juin en juillet de petites fleurs rouges à l'intérieur et blanches à l'extérieur; le *daphné de Pont,* le *daphné odorant,* le *daphné des collines,* etc. Outre le semis, les daphnés se multiplient par marcottes au printemps pour lever l'année suivante ou par greffe sur les daphnés lauréole et mézéreon.

DATURA, Stramoine fastueuse, Pomme épineuse. Plante à fleurs doubles, blanches, emboîtées l'une dans l'autre. Semis

en avril, pleine terre, exposition chaude, fréquents arrosements l'été. Terre légère, mélangée de terreau bien consommé.

DATURA EN ARBRE, STRAMOINE EN ARBRE, TROMPETTE DU JUGE-
MENT DERNIER, BRUGMANSIE. Arbrisseau de 1 mètre 50 centimètres à 3 mètres 50 centimètres donnant au printemps et à
l'automne des fleurs blanches gigantesques en forme de tube
très-odorantes. Serre tempérée. Multiplication de boutures,
semences sur couche et sous châssis.

DATURA OU BRUGMANSIE BICOLORE. Taille du précédent arbrisseau ; fleur verte à la base, jaune au milieu et rouge vers
le haut. Culture du datura en arbre.

DIGITALE AMBIGUE. Plante donnant en juillet de grandes
fleurs jaunes, tachetées de rouge. Se multiplie d'œilletons
en automne et de semences à la maturité. Terre franche, légère et fraîche. La *digitale pourprée*, la *digitale dorée*, la
digitale obscure, la *digitale des Canaries*, etc., se cultivent
de même.

DRACOCÉPHALE d'AUTRICHE. On la sème en place au
printemps. Les fleurs sont blanches, bleues ou pourprées
et un peu odorantes. Toutes fleurissent de juillet en août.

ECHINOPE, BOULETTE AZURÉE. Plante bis annuelle, un peu
semblable au *chardon*. Les fleurs d'un très-beau bleu ; soleil
en plein air ; semences au printemps ; fleurs la deuxième année.

ELLEBORE D'HIVER. Plante vivace, fleur jaune et légèrement odorante. — ELLÉBORE NOIR, ROSE DE NOEL, HERBE DE
GRUE. Plante vivace ; fleurs d'un blanc-purpurin, qui finissent
par devenir vertes ; elles se montrent dès le mois de décembre. Les ellébores se perpétuent par l'éclat des racines en
automne.

ÉNOTHÈRE A GRANDES FLEURS, ONAGRE, HERBE AUX ANES.
Plante annuelle et plus souvent bisannuelle ; fleur d'un beau
jaune et d'une odeur très-pénétrante. Bonne terre ; semis au
printemps.

EPERVIÈRE ORANGÉE. Assez jolie plante vivace qu'on peut
multiplier d'œilletons ou de graines au printemps ; fleurs d'un
jaune-capucine éclatant. Bonne terre un peu humide ; couverture pendant les fortes gelées.

ÉPHÉMÈRE de Virginie. Plante vivace; fleurs qui se succèdent pendant une partie de l'été, d'un bleu violet, purpurines ou blanches selon la variété. Terre légère et fraîche. Se multiplie de racines.

EPILOBE a épi, Laurier Saint-Antoine, Osier fleuri. Plante vivace; fleurs rouge purpurin, en épi à l'extrémité des tiges, de 1 mètre 30 centimètres, et de même couleur. Nombreux rejetons qui servent à la propagation, de même que les semences et l'éclat des racines au printemps.

EPIMÉCE des Alpes, Chapeau d'évêque. Plante vivace. Fleurs rougeâtres et jaunes. Terre ordinaire ; mi-soleil; éclat des pieds en automne.

EPINE-VINETTE. Fleurs nombreuses et jaunes; fruits d'un beau rouge. Multiplication de graines, rejetons, boutures et marcottes.

ERABLE commun ou champêtre. Plus ordinairement arbrisseau qu'arbre; se multiplie de marcottes ou de greffes sur le sycomore.

EUPATOIRE a feuilles de chanvre, Eupatoire pourpre. Hauteur de 1 mètre à 1 mètre 30 centimètres. Petites fleurs rouges d'août en octobre. Se multiplie de racines. Il en existe de nombreuses variétés.

EUPHORBE mellifère. Arbrisseau donnant en juin ou juillet de nombreuses fleurs brunes.

Euphorbe ponceau. Fleurs d'un beau rouge, en janvier.

Tous deux sont de serre chaude; se multiplient de drageons, boutures et semis sur couche. Terre franche, légère ; fréquents arrosements en été.

FICOIDE ou Mesembrianthème. Plante dont il existe un grand nombre de variétés, qui toutes se multiplient de boutures en juin sur couche tiède. On en met quatre ou cinq dans le même pot, et on ne les sépare qu'au printemps suivant. Serre tempérée. Toutes ces plantes donnent de belles fleurs de couleurs variées.

FIGUIER a grandes feuilles. Il demande une terre légère, l'exposition au midi. Se multiplie de marcottes ou boutures coupées deux ou trois jours à l'avance et faites en pots sur couche chaude ; serre chaude. Les amateurs cultivent encore plusieurs espèces de figuiers d'ornement, qui tous sont de serre chaude.

FRAXINELLE ou Dictame blanc. Fleurs blanches ou pourpre-violet, selon la variété, produisant de l'effet. Exposition chaude, terre substantielle et fraîche; éclats de racine en automne. On sème aussitôt la maturité des graines. Le plant ne se met en place que la deuxième année.

FRITILLAIRE, Couronne impériale. Fleurs rouge safran, répandant une mauvaise odeur; se multipliant de caïeux en juillet et août, époque à laquelle l'*oignon* principal doit être relevé et nettoyé tous les trois ou quatre ans.

FUCHSIA. Arbuste d'orangerie ou de serre tempérée, qui se multiplie de semences sur couche et sous cloche, de boutures ou de rejetons. Petites feuilles persistantes. Jolies fleurs de différentes couleurs selon les variétés, qui sont en grand nombre.

FUMETERRE bulbeuse. Jolies grappes de fleurs blanches, pourpres ou grises, en avril. Cette plante et ses variétés, telles que la *fumeterre à grandes fleurs*, la *fumeterre jaune*, la *fumeterre odorante, etc.*, se multiplient de séparation des pieds et semis. Toutes terres et toutes expositions.

FUSAIN d'Europe, Bonnet carré, Bonnet de prêtre. Arbrisseau d'un charmant effet dans les bosquets par son port gracieux et ses petites fleurs, qui deviennent de jolis fruits rouges. Multiplication de drageons, marcottes et semences. Plusieurs autres fusains se multiplient de même. Tous terrains et toutes expositions. Le *fusain d'Amérique*, qui est toujours vert, demande une meilleure exposition.

GAINIER COMMUN, Arbre de Judas. Fleurs, avant les feuilles, rouges ou roses, qui paraissent en bouquets semés sur tout le corps de l'arbre et sur les branches. Semis, drageons ou marcottes. On en fait de jolis buissons.

GALÉGA ou Rue-de-chèvre Plante vivace, à fleurs blanches et bleues, en épis, qui fleurissent aux mois de juillet et d'août; terrain gras et humide; elle se multiplie de graines semées au printemps, mais plus promptement de pieds éclatés.

GENET d'Espagne. Cet arbrisseau produit de jolies fleurs jaunes, en grappes le long des rameaux et très-odorantes. Il se multiplie de graines semées au printemps en place et mieux en pots.

GENÉVRIER commun. Arbrisseau connu, toujours vert et épineux; il aime les terres pierreuses et les montagnes. Il existe un grand nombre de variétés de genévriers. Elles se multiplient de graines mûres en terre de bruyère à bonne exposition et à semi-soleil. Terre légère et sablonneuse. On les multiplie aussi par boutures que l'on transplante l'année suivante.

GENTIANE (petite), Violette d'automne. Plante vivace et très-basse. Fleurs solitaires, en cloche et d'un très-beau bleu. Multiplication par les drageons séparés en automne, ou par le semis aussitôt la maturité des graines, en terre légère ou de bruyère souvent arrosée.

GÉRANIUM, Bec-de-grue. Plante vivace dont les tiges s'élèvent de 32 centimètres à 3 mètres 25 centimètres, et produisent beaucoup de branches qui se rangent mal. Fleurs rouge plus ou moins foncé, violettes ou blanches. Elle se multiplie de graines semées sur couche, et de boutures au printemps.

GERMANDRÉE, Chamadis en arbre. Arbuste toujours vert, de 65 à 97 centimètres, remarquable par son feuillage luisant. Fleurs sans apparence, d'un blanc sale. Il se multiplie de graines semées en mars, de boutures au printemps, et de drageons enracinés à cette époque ou en septembre.

GESSE à larges feuilles, Pois vivace ou de la Chine. Plante à racine vivace, dont les tiges, de 1 mètre 30 à 1 mètre 62 centimètres, sont grimpantes, les feuilles allongées et pointues, et les fleurs grandes, en grappes, d'un beau rouge. Se multiplie de séparation de pieds et de semis. Les fleurs ne paraissent que deux ou trois ans après le semis, qu'il faut faire en place au printemps.

GIROFLÉE jaune des murailles, Volier, Ravenelle, Muret. Cette plante offre les variétés suivantes : celle à grandes fleurs, simples et semi-doubles, d'un très-beau jaune ou panachées rouge pourpre, et celle à fleurs doubles, surnommée *rameau*, *baguette* ou *bâton d'or*. La simple et la semi-double se multiplient de graines semées de mars en août sur couche ou dans un terrain bien léger et bien exposé. La propagation des doubles a lieu tout l'été, par boutures faites de branches nouvelles dans une bonne terre, à l'ombre, avec arrosements pendant une quinzaine, après lequel temps elles peuvent être exposées peu à peu au soleil. Fin de décembre la reprise est assurée, alors on peut les mettre en place ou dans des pots pour les rentrer l'hiver en orangerie.

Giroflée des jardins. Cette plante, bisannuelle ou trisannuelle, fait un des plus beaux ornements de nos jardins par la variété de ses fleurs et sa bonne odeur. On la sème, en mars, sur couche ou en pleine terre bien terreautée. Le plant, assez fort, se met en pépinière jusque vers la fin de l'été, époque à laquelle il est facile de reconnaître les plantes à leurs fleurs doubles dont le bouton est plus arrondi que celui de la simple, et ne croque pas sous la dent comme ce dernier. Les fleurs de cette giroflée ne se montrent qu'un an ou quinze mois après le semis; elles sont rouges, violettes, couleur de chair, panachées ou blanches. Cette dernière demande plus de soins que les autres.

Giroflée-quarantaine ou Quarantain. Cette espèce, annuelle, ressemble beaucoup à la précédente, mais elle est plus petite. On lui connaît plusieurs variétés, dont la plus belle est la *quarantaine royale*, peu rameuse, rouge couleur de chair, blanche ou violette. Semés au printemps, les *quarantains* donnent leurs fleurs trois mois après.

Giroflée grecque. Elle ne diffère des précédentes que par son feuillage d'un vert plus foncé.

Giroflée cocardeau, Senestrelle, ou seulement Cocardeau. Fleurs doubles, grandes, rouges, en une seule grappe serrée.

GLAIEUL. Plante bulbeuse dont on connaît plus de vingt espèces ou de variétés, demandant une culture entendue et soignée. Les caïeux, relevés en juillet, se plantent, à l'automne, dans une terre légère non fumée.

GOMPHRENE, Amaranthine, Immortelle violette. Plante annuelle, que l'on sème sur couche en avril pour mettre ensuite à bonne exposition. Fleurs rouge-violet ou blanc.

GRENADIER. Grand arbrisseau qui, dans le midi de la

France, peut demeurer en pleine terre, au pied d'un mur, à bonne exposition, en ayant soin de le couvrir pendant les froids : il est plus souvent cultivé en caisse qu'autrement. Rameaux nombreux; petites feuilles lancéolées et pointues aux deux extrémités, lisses et rougeâtres sur les bords; fleurs simples, d'un rouge ponceau très-éclatant, auxquelles succèdent de gros fruits recouverts d'une peau très-épaisse et renfermant une pulpe colorée et succulente.

GRENADIER A FLEURS DOUBLES. Cette espèce est une variété de la précédente. Ses fleurs, plus ou moins doubles et grandes, produisent un effet charmant. Pour en obtenir davantage, il faut pincer l'extrémité des rameaux. Les curieux cultivent encore :

Le GRENADIER A FLEURS BLANCHES DOUBLES,

Le GRENADIER A FLEURS JAUNES DOUBLES,

Et le GRENADIER NAIN D'AMÉRIQUE, dont les fleurs sont simples, mais beaucoup plus nombreuses que les doubles. Il faut au grenadier une terre légère et bien terreautée, le soleil et de fréquents arrosements l'été; il demande à être rentré l'hiver dans l'orangerie; tous se multiplient de boutures, marcottes et drageons enracinés, où par la greffe sur le franc.

GRENADILLE BLEUE, FLEUR DE LA PASSION. Arbrisseau sarmenteux et grimpant. Feuilles palmées, pointues et unies sur les bords; fleurs solitaires, grandes, et dans lesquelles on croit apercevoir une partie des instruments de la Passion. Elles se passent en vingt-quatre heures; mais l'arbrisseau en donne beaucoup pendant l'été, si on a soin de l'arroser. Il demande une bonne terre, l'exposition la plus chaude et de bons abris l'hiver. Il vaut mieux l'élever en serre tempérée et chaude.

GUEULE-DE-LION ou DE LOUP, MUFLIER. Plante vivace, dont les feuilles sont grandes, ovales, lancéolées et d'un vert foncé. Fleurs en forme de gueule, purpurines, blanches ou rouge cramoisi, qui durent tout l'été quand on a soin de couper les tiges défleuries. Multiplication de semis en pleine terre au printemps. Une espèce double, plus jolie et moins rustique, se propage par l'éclat des pieds. Il faut la couvrir de litière pendant les fortes gelées.

GUIMAUVE. Plante assez rustique admise dans nos jardins comme plante d'agrément ; elle s'y multiplie facilement de semences au printemps, ou par la séparation des pieds en automne. Sa racine, vivace, peut, à ce qu'assurent les médecins, remplacer presque toutes les substances mucilagineuses. On en fait une pâte pour guérir la toux. Il existe encore deux espèces de *guimauves,* qui viennent partout et se cultivent comme la première.

GUIMAUVE A FEUILLES DE CHANVRE. Beaucoup plus grande que celle officinale. Fleurs d'un beau rose, qui paraissent à l'arrière-saison et durent longtemps.

GUIMAUVE DE NARBONNE. Tiges comme celles de la précédente, qui donnent une filasse propre à faire de la toile.

HALEISIE. Très-bel arbrisseau qui se multiplie, au printemps, de semences en terre de bruyère ou de marcottes, qui ne se relèvent qu'après deux ans. Feuilles longues et dentées ; fleurs d'un blanc pur, en cloches et pendantes.

HAMAMÉLIS. Petit arbrisseau dont les feuilles ressemblent à celles de l'*aune.* Fleurs jaunes en automne ; ombre et humidité. Marcottes ou semis en terre de bruyère.

HARICOT D'ESPAGNE. Cette espèce, sans être bonne, est cependant mangeable. On la cultive ordinairement comme plante d'agrément, à cause de ses belles fleurs rouges. Elle s'élève très-haut. Culture des haricots ordinaires.

HARICOT DES INDES A GRANDES FLEURS. Espèce vivace. Fleurs pourpres, blanches ou roses, et très-odorantes ; elle ne s'élève pas au-delà de 2 mètres. Multiplication : semis dans une exposition bien chaude ; mieux sur couche au printemps ; marcottes ou boutures. Beaucoup d'eau l'été ; l'orangerie l'hiver.

HÉLÉNIE D'AUTOMNE. Plante d'ornement. Feuilles lancéolées ; rameaux quadrangulaires ; tiges de 1 mèt. 33 c.; les fleurs d'un beau jaune et assez semblables à celles du soleil, se montrent d'août en novembre. Eclat des racines qui sont très-vivaces ; toutes terres et expositions.

HELIOTROPE. Les fleurs qui paraissent de juin en novembre et souvent après, répandent une douce odeur de vanille. Il faut à la plante une bonne exposition, une terre légère et

beaucoup d'eau pendant les chaleurs; elle se multip
graines ou de boutures faites sur couche au printemps
été. Les boutures réussissent quelquefois sans le sec urs
couche.

Héliotrope d'hiver. *V. Tussilage odorant.*

HELONIAS. Racines vivaces. Feuilles engaînantes et lancéolées. Jolies fleurs roses qui paraissent au mois de mai, en
épi, à l'extrémité d'une hampe teinte de rose comme les
feuilles. Cette plante se propage de semis au printemps ou de
rejetons. On la conserve en pots dans une exposition ombragée.

HEMANTHE ÉCARLATE, Tulipe du Cap, Fleur de sang.
Gros oignon. Deux feuilles radicales qui ne paraissent qu'après
les fleurs. Celles-ci, d'un très-beau rouge et disposées en
ombelles, paraissent en août sur une hampe de 18 cent. Terre
de bruyère; peu d'eau, et la serre chaude pour faire fleurir la
plante, qui se multiplie de graines au printemps ou de caïeux
séparés, tous les deux ans, de l'oignon principal.

Variétés à *feuilles ondulées,* qui paraissent avec les fleurs.
Mêmes culture et propagation.

HÉMÉROCALE, Lis jaune, Asphodèle. Plante bulbeuse.
Feuilles longues et étroites; fleurs odorantes, jaune-jon-
quille.

Hémérocale bleue. Fleurs au sommet de la tige.

Hémérocale fauve. Fleurs d'un rouge brun.

Hémérocale du Japon. Fleurs blanches.

Cette dernière demande l'orangerie. Les autres peuvent se
multiplier, en septembre ou octobre, par la séparation des
racines.

HÊTRE COMMUN, Fau, Foyard. Arbre d'un beau port, à
tige droite, qui s'élève très-haut. Écorce lisse et blanche;
feuilles d'un vert luisant, qui restent attachées aux branches
jusqu'à la pousse des nouvelles. Les fruits, nommés *faînes,*
mangés en quantité, produisent l'ivresse. L'huile de *faînes*
est moins bonne que l'huile d'*olives*; mais elle acquiert de la
qualité en vieillissant, tandis que celle-ci la perd. Variétés à
feuilles pourpres ou panachées, et à rameaux pendants. Elles
peuvent se greffer sur le *hêtre commun.*

HIBERTIE. Arbrisseau dont les tiges sont grimpantes. Feuilles lancéolées et velues, vertes dessus et pâles dessous. Les fleurs, qui paraissent tout l'été, sont d'un beau jaune, mais elles répandent une mauvaise odeur. Boutures, en mai, sur couche. Terre de bruyère; orangerie l'hiver.

Variété à *feuilles crénelées*, qui se cultive de même.

HORTENSIA, Rose du Japon. Arbuste que tout le monde connaît aujourd'hui. Buisson très-rameux; belles feuilles aiguës et dentées; fleurs en touffes et grandes, qui passent du vert pâle au rose ou violet, et de cette couleur au blanc sale. Quelques-unes deviennent bleues. Ce changement, dans la couleur naturelle de cette plante, peut être produit par la présence, dans la terre, de l'ocre ou d'un hydrosulfure de fer. On peut obtenir cette métamorphose en arrosant d'une eau ferrugineuse l'hortensia planté dans une terre ordinaire.

HOUSTONIA. Joli arbuste du Mexique. Racines vivaces; feuilles ovales, pointues et persistantes; fleurs d'un beau rouge, en forme de parasol, qui se montrent en juin. Bonne terre; orangerie l'hiver, où cette plante continue de fleurir si l'on a soin de la garantir de l'humidité. Marcottes ou boutures au printemps, sur couche. Variétés à *fleurs blanches*, *bleues* et *pourprées*. Même culture.

HOUX. Arbrisseau toujours vert, qui pousse sans culture dans les bois. Feuilles luisantes, fermes et épineuses. Aux fleurs blanches, qui paraissent en juin, succèdent des baies rouges. Variété à *feuilles sans épines*; autres, *panachées de blanc* ou de *jaune*, qui se multiplient par la greffe sur des sujets provenus de semis, en bonne terre, aussitôt après la naturité des graines. Il existe encore, parmi les arbrisseaux d'orangerie, plusieurs espèces de houx : celui à *feuilles de laurier*, et ceux *d'Amérique, de Madère, de Minorque* et *du Canada*.

HOYER. Cette plante ne doit pas quitter la serre chaude, qu'elle est propre à décorer de ses rameaux sarmenteux, qui s'attachent comme le lierre. Jolies fleurs blanches teintes de rouge.

HYDRANGÉE. Plante à fleurs blanches, ayant beaucoup de ressemblance avec la *boule de neige*.

Hydrangée de Virginie. Fleurs blanches en parasol à l'extrémité des rameaux. Terre substantielle ou de bruyère ; exposition ombragée. Marcottes et drageons au printemps.

HYPOXIS ÉTOILÉE. Plante bulbeuse, originaire du Cap. Feuilles radicales, lancéolées et longues ; les fleurs, en étoiles et solitaires, qui se montrent fin d'avril à l'extrémité des hampes basses, sont d'un beau jaune et ne paraissent qu'au soleil.

Variété à *fleurs plus petites* et *blanches*.

Terre légère ; châssis ou orangerie l'hiver. Multiplication, pour les deux, de caïeux en automne. La première se propage aussi de graines semées au printemps.

HYSSOPE. Plante vivace et aromatique. Graines semées en mars ; boutures en été ; éclats de pieds en automne.

Variétés à *feuilles de myrte*, à *fleurs blanches* et *rouges*.

IF. Arbre toujours vert, un des beaux ornements des grands jardins ; il s'accommode de tout terrain, et se multiplie de semences, boutures ou marcottes. Les feuilles d'*if* sont très-mauvaises pour certains animaux. On a vu des ânes et des chevaux mourir pour en avoir mangé. Il est dangereux de dormir sous son feuillage. On assure que si l'on jette au fond d'une eau dormante un fagot d'*if*, les poissons ne tardent pas à venir à la surface de l'eau comme s'ils étaient enivrés.

IMMORTELLE ANNUELLE. Les tiges de l'*immortelle* sont droites et cotonneuses ; les feuilles blanchâtres dessous ; les fleurs, qui paraissent pendant quatre mois, sont blanches, purpurines ou gris de lin, simples ou doubles.

Immortelle a bractées. Plus élevée. Feuilles molles ; fleurs d'un beau jaune doré, qui paraissent à l'extrémité des tiges.

Ces deux *immortelles* se multiplient de graines semées sur couche aussitôt leur maturité. On met le plant bien enraciné en terre légère et à bonne exposition. La simple se sème souvent d'elle-même.

Parmi dix à douze autres espèces, qui sont vivaces et se propagent de boutures ou de marcottes, on distingue :

L'Immortelle éclatante. Fleurs d'un très-beau jaune d'or éclatant.

L'Immortelle a grandes fleurs. Blanches et jaunes.

L'Immortelle prolifère. Fleurs purpurines et solitaires.

L'Immortelle a tiges torses. Petites feuilles et fleurs blanches.

IMPÉRATOIRE. Cette plante vivace, qui se multiplie par la séparation des pieds, s'accommode de tout terrain et de toute exposition. Les tiges forment buisson ; les feuilles sont grandes et radicales, et les fleurs blanches en forme de parasol.

INDIGOTIER, Atro-pourpre. Plante originaire de l'Inde, donnant, de septembre en octobre, des grappes à jolies petites fleurs pourpres. Elle se multiplie de semis et marcottes, et demande la terre chaude. Il existe plusieurs variétés se cultivant de même.

IPOMÉE écarlate, Jasmin d'Amérique. Plante annuelle et grimpante, ayant besoin d'appui. Tiges volubiles de plus de 2 mètres 65 centimètres. Les fleurs, qui sont petites, en cloche et d'un beau rouge écarlate, se montrent pendant deux mois de l'été. Bonne terre, exposition chaude. Les graines se sèment, en mars ou avril, sur couche.

Ipomée pourpre. C'est cette plante que les jardiniers nomment *Volubilis*. Ses feuilles, en cœur, sont d'un vert foncé, et ses grandes fleurs rouge-pourpre en dedans, et blanc-violet en dehors. Même culture, ou, en pleine terre, dans une exposition bien chaude.

Il existe encore plusieurs *ipomées* de serre chaude, vivaces, très-belles, et dont la multiplication se fait de boutures.

IRIS BULBEUX, Lis d'Espagne. Oignon allongé. Feuilles plus ou moins longues et larges, suivant les nombreuses variétés, qui donnent des fleurs solitaires ou en bouquets, bleues, jaunes, blanches, pourpres, violettes, etc. Iris de Perse. Oignon plus petit. Jolies fleurs d'un beau blanc satiné, légèrement teintes en bleu. Iris bermudiane ou Double bulbe. Feuilles engaînantes et tombantes ; fleurs violettes, tachées de jaune et de blanc.

Ces espèces peuvent se multiplier, par caïeux séparés en juillet, tous les deux ans.

L'*Iris de Perse* a besoin d'être couvert pendant les grands froids. Le semis procure des variétés.

Iris COMMUN. Fleurs violettes, bleues, jaunes, pourpres et odorantes, surtout par un beau soleil.

Iris A GRANDES FLEURS BLEUES. D'une odeur beaucoup plus agréable.

Iris NAIN. A fleurs solitaires et blanches. Cette espèce offre beaucoup de variétés, dont les fleurs sont pourpres, purpurines, rouges ou violettes.

Iris DE FLORENCE. Grandes fleurs blanches veinées de jaune et odorantes.

Iris TIGRÉ. Tige plus élevée. Grandes fleurs d'un brun clair, avec des veines pourprées.

Iris DE SIBÉRIE, DE HOLLANDE, A ODEUR DE SUREAU. Ces iris se propagent par la séparation des racines, en automne ou en février, et par graines semées au printemps.

ITEA DE VIRGINIE. Joli petit arbuste de pleine terre, à feuillage d'un beau vert et à fleurs blanches, réunies en grappes à l'extrémité des rameaux. Terre légère, humide et ombragée.

ITEA A GRAPPES. Il ne diffère de l'autre que par sa taille, d'environ 6 mètres. Tous deux se propagent de marcottes et de rejetons.

IXIA. Plante bulbeuse, originaire du Cap. Il en existe un grand nombre d'espèces et de variétés, que l'on cultive plus ordinairement en pots, pour les garantir du froid, auquel elles sont très-sensibles. Quelques amateurs les tiennent dans des bâches disposées exprès.

IXIA A LONGUES FLEURS. Feuilles linéaires et droites. Les fleurs, qui paraissent en juillet, sont jaunâtres et en épi.

IXIA MACULÉ. Tige menue et feuilles longues; fleurs en épi, violettes, rouges, blanches, jaunes et pourpres, selon les variétés.

IXIA TRICOLORE. Fleurs en entonnoir; corolle d'un beau rouge sur un fond jaune doré. Un trait noir velouté sépare ces deux couleurs.

IXIA ORANGÉ. Il offre plusieurs variétés. Fleurs d'un jaune plus ou moins foncé: fleurs orangées, tachées de brun, rouges, pourprées, etc.

IXIA-CANNELLE. Fleurs blanches interieurement, et couleur de cannelle au dehors. Ces fleurs, qui paraissent en juin, ne s'ouvrent que le soir, ne sont odorantes que la nuit, et se ferment le matin.

Toutes ces plantes, comme celles dont on ne parle pas, se multiplient très-facilement de caïeux, en septembre ou octobre.

JACÉE DES PRÉS. C'est une plante à fourrage qu'on trouve dans quelques prairies, et qui a l'avantage de végéter dans les temps les plus secs.

JACINTHE. Plante basse, dont l'oignon pousse des feuilles radicales, longues et étroites, et une tige nue, terminée par un bouquet pyramidal de fleurs en tube, découpé en six parties, de couleur blanche ou bleue ou rouge. Les jacinthes communes, à petites fleurs simples ne se trouvent que dans les grands jardins. Les *jacinthes passe-tout*, à grandes fleurs simples, très-nombreuses (jusqu'à 30 au bouquet), sont assez estimées pour que les fleuristes en aient dénommé plus de 300 variétés. Les *jacinthes civiles*, lyonnaises, et hollandaises à fleurs doubles, sont estimées, et peuvent occuper des places distinguées sur un parterre. Les *jacinthes* de Hollande à fleurs doubles, dont plus de 700 variétés sont dénommées, sont les plus précieuses.

Les simples et les semi-doubles se plantent de septembre en novembre, à 10 c. 8 mill. ou 10 c. 35 mill. de profondeur, et à 10 c. 62 mill. de distance, dans les plates-bandes du parterre, où elles réussissent bien pourvu que la terre ne soit pas glaiseuse, compacte, de mauvaise qualité. On les déplante tous les deux ou trois ans pour séparer les caïeux. Elles se multiplient aussi par les semences, qui donnent souvent des variétés à fleur double. Depuis août jusqu'en mars, on sème la graine en terre douce; on la couvre au rateau et on jette 27 mill. de terreau consommé. Avant l'hiver suivant, on étend sur le jeune plant 27 mill. au moins de bonne terre meuble et autant l'hiver d'après. La troisième année, on lève les jeunes oignons, en juillet, pour les planter dans la saison, comme les oignons formés; la plupart fleuriront l'année suivante.

Les belles jacinthes doubles aiment une vraie terre franche, ou un terrain de sable substantiel, sans humidité, sans aridité. Les terres de qualités contraires doivent être corrigées avec des matières convenables entièrement onsommées, et parfaitement mêlées longtemps auparavant, ou être remplacées par des terres composées depuis deux ans au moins. On pourrait labourer le terrain très-profondément et le dresser ; y faire, avec un plantoir émoussé, de fort larges trous, distants de 10 cent. 62 mill. et profonds de 10 cent. 80 mill. ; y jeter d'abord 44 mill. de terre composée ; y placer les oignons et remplir de la même terre composée. On les plante en octobre et novembre ; on les relève par un temps sec, en juin et juillet, lorsque les feuilles se sèchent ; on les étend pendant douze ou quinze jours à l'ombre, en lieu sec et aéré ; on les nettoie et on les étend en lieu sec. Environ quinze jours avant de les remettre en terre, on sépare les caïeux et on les étend, ainsi que les oignons, afin que les plaies se dessèchent.

JASMIN BLANC COMMUN. Arbrisseau dont les sarments sont verts et très-souples. Les fleurs blanches, d'une odeur très-agréable, paraissent pendant tout l'été.

JASMIN JAUNE. Celui-ci forme des buissons toujours verts ; il est plus vigoureux que le blanc. Ses fleurs sont inodores.

JASMIN NAIN D'ITALIE. Très-petites fleurs jaunes sans odeur. Ces trois *jasmins* peuvent demeurer en pleine terre. Ils se propagent de marcottes et de rejetons.

Les jasmins suivants se cultivent en pots et se rentrent l'hiver dans l'orangerie :

JASMIN DES AÇORES. Il forme de très-jolis buissons. Les urs, qui se montrent en août, sont blanches et d'une odeur ave.

JASMIN D'ESPAGNE A GRANDES FLEURS, rouges dehors, et blanches dedans ; elles durent l'été et l'automne.

JASMIN-JONQUILLE. Il fleurit presque toujours. Feuilles luites et persistantes ; fleurs ayant la couleur et l'odeur des quilles.

JASMIN GLAUQUE. Sarmenteux et géniculé ; diffère peu des autres. Tous ces jasmins se multiplient comme les trois premiers ou par la greffe sur le blanc ordinaire. Les graines du jasmin-jonquille peuvent être semées au printemps ; les sujets qui en proviennent fleurissent l'année suivante.

JONC. Les feuilles de cette plante, très-connue, servent à lier les petites branches des espaliers. Il est bon d'en avoir dans un coin humide du jardin.

JONQUILLE ou NARCISSE-JONQUILLE. Le nom de cette fleur lui vient de la forme de ses feuilles, semblables au *jonc*. Petit *oignon* brun qui se plante en septembre, un peu de côté, les racines vers le midi, et seulement à quatre doigts de profondeur dans une terre légère, où il peut demeurer trois ans sans être relevé. Les fleurs, qui paraissent en avril, sont simples ou doubles, d'un beau jaune et très-odorantes.

JOUBARBE, FIL D'ARAIGNÉE. Petite plante vivace, dont les feuilles, en rosettes, sont entremêlées de poils qui ressemblent un peu aux toiles d'araignée. Fleurs rouges à l'extrémité des rameaux.

JOUBARBE EN ARBRE. Tige grosse et nue de plus d'un mètre. Feuilles aux extrémités du milieu desquelles sortent des fleurs d'un beau jaune ; orangerie l'hiver. Tout le monde connaît une autre *joubarbe* (artichaut sauvage), qui pousse sans culture sur les toits. Ses feuilles pilées peuvent guérir les coupures récentes. Les *joubarbes* se multiplient de boutures qu'on ne met en terre qu'après les avoir fait faner un peu.

JULIENNE, CASSOLETTE, GIROFLÉE DES DAMES. Plante vivace qui ne vient bien que dans une terre très-substantielle. Boutures après la floraison ; éclats des pieds en automne. Les fleurs répandent une odeur agréable ; elles sont blanches ou violettes, simples ou doubles. On cultive plus volontiers ces dernières.

JULIENNE DE MAHON ou GIROFLÉE DE MAHON. On peut faire de jolies bordures avec cette petite plante annuelle qui se sème en mars et dont les fleurs odorantes sont lilas ou rouges.

JUSQUIAME DORÉE. Très-petit arbuste dont l'existence n'excède pas quatre ans. Feuilles découpées et d'un vert clair. Les fleurs, qui paraissent tout le printemps et l'été, sont pendantes, d'un beau jaune à l'extérieur et pourpre-noir intérieurement. Semences ou boutures sur couches. Terre d'oranger ; exposition chaude ; orangerie l'hiver.

JUSTICIA. V. *Carmantine*.

KALMIER. Arbrisseau magnifique de pleine terre. Il forme un joli buisson, toujours vert, de 1 mèt. 35 à 1 mèt. 65 cent. d'élévation. Les feuilles, plus vertes en dessus qu'en dessous, sont oblongues et aiguës. Les fleurs, d'un très-beau rouge et rassemblées en bouquet, paraissent en juin, à l'extrémité des rameaux. Terre de bruyère humide et mi-soleil. Semences en terrines aussitôt après la maturité des graines ; rejetons ou marcottes avec du jeune bois. On connaît encore trois ou quatre autres kalmiers, qui sont tous très-jolis, plus ou moins élevés et se multiplient de même.

KETMIE DES MARAIS. C'est une plante vivace qui s'élève à environ 1 mèt. 33 cent. Les feuilles, cotonneuses, sont découpées profondément. Fleurs grandes, blanches, pourpres ou couleur de soufre, qui paraissent tout l'été. Bonne terre ; exposition chaude ; arrosements. Semis en avril, en pots, sur couche et sous châssis. Les *ketmies écarlates*, à feuilles de *manihot*, élégantes et à fleurs changeantes, sont d'orangerie ou de serre chaude.

KETMIE DES JARDINS, *Mauve en arbre*. Arbrisseau du Levant. Buisson formé de nombreux rameaux, dont l'écorce est grise. Les feuilles sont ovales, dentées et pointues. Feuilles semblables à celles de l'*alcée*, solitaires, simples ou doubles, rouges, blanches et pourpres, selon la variété. Exposition du midi et terre légère. Les amateurs cultivent encore plusieurs *ketmies*, arbrisseaux de serre chaude ou d'orangerie, parmi lesquelles on distingue le *ketmie rose de la Chine*, qui produit un effet charmant.

LACHÉNALE. Cinq ou six *oignons* plus ou moins gros portent ce nom. Ils sont classés parmi les plantes d'agrément, se multiplient tous par leurs caïeux, en bâche ou serre tempérée. Jolies fleurs en mars, avril et plus tôt.

LANTANA ou CAMARA. On cultive sous ce nom plusieurs arbrisseaux toujours verts, qui ne s'élèvent pas au-delà de 1 mèt. 33 cent., notamment le lantana à feuilles de mélisse, le lantana à collerette et le lantana odorant. Tous sont de serre ou d'orangerie et se multiplient de graines semées, au printemps, sur couche et sous châssis.

LAURÉOLE COMMUN, Chamelé noir. Petit arbuste à grandes fleurs placées aux extrémités des rameaux peu nombreux. Fleurs d'un vert jaune, paraissant de janvier à mars. Voyez DAPHNÉ.

LAURIER FRANC, Laurier d'Apollon. Arbre plus ou moins grand, selon la température plus ou moins douce du pays qu'il habite. Feuilles persistantes, luisantes, ovales, pointues et d'un beau vert foncé. Ces feuilles, dont on se sert pour relever le goût des mets, font tout le mérite de l'arbre, ses fleurs étant insignifiantes. Le *laurier*, un des plus beaux arbres verts, demande une terre substantielle, l'exposition du midi et de bonnes couvertures l'hiver; mieux encore l'orangerie. Il se multiplie de graines semées aussitôt leur maturité, dans des pots tenus sur couche, de drageons enracinés qui se détachent au printemps, ou de marcottes faites en septembre.

On cultive encore le Laurier sassafras, dont le bois a la vertu, tant qu'il conserve son odeur, de repousser les vers et les punaises. Quelques morceaux placés dans les armoires détournent les teignes qui détruisent les étoffes de laine. Son écorce sert à teindre en couleur orangée; le *laurier faux Benjoin*, le *rouge* ou *laurier Bourbon*, celui des *Indes*, celui de *Madère* et le *laurier camphrier*, dont l'odeur est celle du camphre, qu'il donne par l'ébullition des racines et des branches coupées très-menues.

Le Laurier cannellier demande constamment la serre chaude. Il produit la *cannelle* qui forme son écorce. Son fruit est, dit-on, d'un goût agréable.

Laurier-rose. Cet arbrisseau, toujours vert et très-joli, s'élève à plus de 2 mèt. 65 c. Ses feuilles, lancéolées, fermes et pointues, sont d'un vert jaunâtre. Fleurs tout l'été, grandes et roses. Les variétés de cette espèce sont les suivantes : *feuilles panachées*, *fleurs blanches*, *fleurs panachées*, *fleurs doubles* à odeur de vanille.

Laurier-rose odorant. Plus petit que le *laurier-rose commun*, il offre comme lui plusieurs variétés d'un parfum très-agréable.

La multiplication et la culture des deux espèces sont les mêmes. Terre substantielle et légère, eau, soleil.

LAVANDE. Plante de moins de 65 centimètres, aromatique et vivace, dont on peut faire des bordures dans les grands jardins potagers. Elle sert à aromatiser les eaux-de-vie de toilette, et se multiplie de pieds enracinés. La *lavande* infusée dans l'huile d'olive donne ce qu'on appelle l'*huile d'aspic*, qui s'emploie dans les beaux vernis, fait mourir les vers, les punaises et autres vermines. Les amateurs cultivent encore, comme plantes et arbustes d'agrément, plusieurs *lavandes* qui demandent l'orangerie l'hiver.

LAVATÈRE A GRANDES FLEURS ou MAUVE FLEURIE. Plante annuelle ou bisannuelle d'environ 65 centimètres. Ses fleurs, qui paraissent tout l'été, sont grandes, solitaires, roses ou blanches ; feuillage arrondi et dentelé. Semis au printemps en terre légère ou dans du terreau. Le plant assez fort se repique en place. Il en existe plusieurs variétés.

LIERRE. Arbrisseau sarmenteux, rampant et s'attachant partout ; il s'accommode du plus mauvais terrain et de toute exposition ; il se multiplie facilement.

LILAS. Le *lilas commun* offre trois variétés : celui à *fleurs blanches,* celui à *fleurs d'un bleu pâle,* qui a servi de modèle à cette nuance de couleur que l'on appelle *lilas,* et celui à *fleurs plus foncées* ou *lilas de Marly.* Ce dernier est un peu plus petit que les deux autres. Le Lilas de Perse ne s'élève pas au delà de 2 mètres. Ses variétés se distinguent par le feuillage et les fleurs plus ou moins foncées. Le Lilas Varin, plus grand que celui de Perse, n'atteint jamais la hauteur du lilas ordinaire.

Tous ces charmants arbrisseaux, peu difficiles sur le choix du terrain et d'une culture facile, se multiplient de drageons détachés fin de septembre ou commencement d'octobre. On peut aussi semer, mais il faut le faire aussitôt la maturité des graines, qui ne lèvent plus qu'au printemps suivant. Ce moyen est long.

LIN. Les amateurs cultivent, comme plantes d'agrément, plusieurs *lins* plus ou moins jolis, parmi lesquels le *lin campanulé.* Ses tiges ne s'élèvent pas à 33 centimètres ; ses fleurs, grandes et jaunes, se montrent en juin et juillet. Multiplication par l'éclat des racines en automne. Bonne exposition et couverture l'hiver.

LIPARIE ou LIPARIA. Deux arbrisseaux toujours verts et au moins de 1 mètre 33 centimètres, se nomment ainsi : le Liparia sphérique et le Liparia lancéolé. Tous deux donnent en avril, mai et juin de très-jolies fleurs jaunes; ils se multiplient de graines ou de boutures et demandent l'orangerie l'hiver.

LIS COMMUN. Il en existe un grand nombre d'espèces, entre autres le lis martagon, dont la fleur est rouge pourpre avec de petits points noirs ; il offre lui-même plusieurs variétés : le *blanc*, le *jaune*, celui à *fleurs doubles* et le martagon du Canada, que l'on nomme encore *lis superbe*. La culture de ce dernier demande plus de soins. L'oignon doit être soutenu en terre de bruyère, et bien couvert pendant les froids.

LISERON de Portugal ou Belle de jour. Fleurs en tube évasé, blanches, jaunes et bleues sur les bords, qui se succèdent pendant tout l'été. Graines semées au printemps sur couche ou en place. Outre plusieurs variétés de *liserons annuels et grimpants*, on en cultive quelques espèces vivaces, notamment le *liseron satiné*, joli petit arbuste d'orangerie qui se propage de boutures ou de graines. Il est toujours vert : ses feuilles sont argentées; ses fleurs d'un blanc rose.

LOBÉLIE ou Cardinale. Ainsi nommée à cause de la couleur de ses fleurs en épis, colorées d'un rouge très-vif qui lui donne un grand éclat; elles sont en tube évasé. Cette plante vivace, de 65 centimètres à 1 mètre, demande à être couverte l'hiver, et mieux encore l'orangerie. Elle se multiplie de boutures ou de racines éclatées, mais bien plus sûrement de graines semées sur couche aussitôt leur maturité. Voici les noms de quelques autres espèces dont la culture est à peu près la même :

Lobélie siphilitique. Tige de 54 centimètres. Fleurs ble en octobre.

Lobélie brillante et Lobélie éclatante. Ces deux espèces

sont d orangerie. Leurs fleurs sont plus grandes que celles des autres, et d'un rouge plus vif.

LOTIER, Pois café. Cette plante, annuelle et très-velue, pousse des tiges rampantes de moins de 35 centimètres. Feuilles ovales et d'un beau vert; fleurs rouge foncé. — On cultive encore le Lotier Saint-Jacques, qui s'élève beaucoup plus que le premier, et dont les feuilles sont blanchâtres et velues, et les fleurs brun foncé. Tous deux se sèment sur couche, en mars ou avril, et se repiquent au mois de mai, le premier en pleine terre, et le deuxième dans des pots qu'il faut rentrer l'hiver en orangerie.

LUNAIRE, Grand sapin blanc, Monnaie du pape, Médaille de Judas. Cette plante bisannuelle est d'autant plus facile à multiplier, qu'elle se sème souvent d'elle-même. Tout terrain et toute exposition lui conviennent. On la cultive moins pour ses fleurs violettes, assez semblables à la *julienne simple*, que pour les enveloppes des graines, qui deviennent d'un beau blanc satiné et transparentes; elles produisent un bon effet en place comme en bouquets.

LUPIN. Deux espèces sont cultivées comme plantes d'agrément.

Lupin vivace. A fleur rose-lilas.

Lubin annuel. A fleur jaune odorante.

Tous deux peuvent se semer en pleine terre, en avril ou mai.

LUZERNE en arbre. Arbrisseau charmant, d'environ 2 mètres 30 centimètres, à fleurs d'un très-beau jaune, qui se montrent pendant tout l'été. Feuilles petites et persistantes. Semis au printemps; boutures et marcottes à la même époque; bonne terre; exposition chaude; orangerie l'hiver.

MAGNOLIA. Les magnolias se sèment et se repiquent, comme les orangers, dans la même terre ou dans celle de bruyère. On les laisse deux ou trois ans en orangerie avant de mettre en place en pleine terre ceux qui bravent les hivers de nos climats. Ils se multiplient aussi de boutures, marcottes et greffes en approches. Il y en a un grand nombre de variétés, donnant presque toutes de belles fleurs à odeur suave.

MARGUERITE. La marguerite croît sans culture dans les prés. On ne cultive dans les jardins que les variétés à *fleurs doubles, blanches, violettes, panachées* et *rouge plus ou moins foncé*, connues sous le nom de *Pâquerettes* ou *Fleurs de Pâques*. Ces petites plantes vivaces, qui font d'assez jolies bordures, se multiplient par l'éclat des pieds, au printemps, ou quand la fleur est passée. Elles aiment une situation un peu ombragée.

Plusieurs marguerites appartiennent à la famille des *Astères*, qui comprend un grand nombre de variétés, telles que les suivantes : l'ASTÈRE DE LA CHINE ou *marguerite des Indes*; l'ASTÈRE *œil de Christ*, à fleurs rayonnées, comme toutes celles des divers *astères*, bleues, à disque jaune; l'ASTÈRE A GRANDES FLEURS, d'un bleu purpurin, à odeur de citron, etc.; l'ASTÈRE A FEUILLES D'AMANDIER, à fleurs blanches; l'ASTERE SUPERBE, à fleurs bleues; l'ASTÈRE DE SIBÉRIE, à fleurs grandes, bleu pourpré, et à disque d'un jaune très-brillant; l'ASTÈRE MARITIME, à fleurs blanches, à disque jaune, etc., etc.

MARJOLAINE ou ORIGAN. Plante vivace, dont il existe plusieurs espèces qui toutes se multiplient par boutures et par leurs pieds éclatés, en octobre ou au printemps.

MARJOLAINE A COQUILLE, ainsi nommée à cause de la disposition de son feuillage cotonneux, persistant et concave, en forme de cuillère. Fleurs roses et blanches, en épis ronds et rapprochés. Elle demande l'orangerie l'hiver.

MATRICAIRE. Il existe trois variétés de cette plante vivace et d'une odeur très-forte : la *simple*, la *semi-double* et la *double*, à peu près la seule cultivée. Tiges d'environ 65 c., qui donnent, l'été, une quantité de fleurs assez semblables à des boutons d'argent. Eclat des pieds; rejetons ou graines qui se sèment souvent d'elles-mêmes.

MAUVE. On cultive comme plante d'agrément :

La MAUVE CRÉPUE ou FRISÉE, à cause de ses feuilles d'un beau vert, crénelées et frisées sur les bords; elle est annuelle, et sa tige s'élève à près de 2 mètres 65 centimètres.

La MAUVE ÉCARLATE, annuelle comme la précédente. Tige de 33 centimètres; feuilles duvetées; fleurs rouge pourpre qui se montrent tout l'été.

Ces deux *mauves*, comme la mauve commune, se multiplient de graines semées en terre ordinaire, aussitôt après la maturité.

MÉLISSE. Plante dont la culture est la même que celle de la menthe

MÉNIANTHE. Cette plante aquatique offre plusieurs espèces, connues sous les noms de *trèfle d'eau* ou de *petit nénuphar*. Les feuilles, en cœur, flottent à la surface de l'eau, de même que les fleurs, qui ne se montrent jamais pendant les jours orageux. — Le *ménianthe*, qui se multiplie de graines ou par l'éclat des pieds, au printemps, peut être cultivé dans une terre de marais entretenue humide, au moyen d'un vase d'eau qui contient les pots.

MENTHE cultivée. Cette plante vivace offre plusieurs variétés, telles que la *verte*, la *ronde*, la *crêpée*, la *poivrée*, etc. Elles se multiplient toutes au printemps par boutures ou drageons. Le semis peut être employé, mais on y a rarement recours.

MILLEPERTUIS. Plante de 1 mètre de hauteur, donnant, de septembre à décembre, de grandes et belles fleurs jaunes. Il en existe un grand nombre de variétés; elles se multiplient de graines, de marcottes, de boutures ou par éclats; quelques-unes veulent l'orangerie.

MOLUCELLE. On cultive sous ce nom deux plantes annuelles et aromatiques de 65 centimètres à 1 mètre 33 centimètres, qui se multiplient de graines semées sur couche au printemps : la *molucelle épine* et la *molucelle lisse*, qui toutes deux demandent une bonne terre et une exposition chaude.

MONARDE. Deux plantes vivaces portent ce nom : l'une à fleurs pourpres, et l'autre surnommée *Baumier de Virginie*, à fleurs rouges, qui, sous tous les rapports, mérite la préférence à cause de son feuillage odorant, d'un beau vert et de l'éclatant rouge feu de ses fleurs disposées en becs d'oiseaux. Terre légère; exposition un peu ombragée; séparation des pieds en automne ou au printemps; couverture l'hiver

MORÉE DE LA CHINE OU IRIS TIGRÉ DES JARDINS. Plante de pleine terre avec l'abri l'hiver, bulbeuse et vivace, ayant plusieurs variétés qui se cultivent comme les iris et se multiplient de graines et d'œilletons.

MOURON EN ARBRE. Ce joli petit arbuste d'orangerie n'atteint jamais la hauteur de 65 cent. Ses tiges, quadrangulaires, sont teintes de rouge foncé, et ses feuilles lancéolées et persistantes. Il produit, une grande partie de l'année, des fleurs d'un rouge vif, simples ou doubles, suivant la variété, ayant quelque ressemblance avec celles du *petit mouron*. Boutures sur couche, au printemps ; terre franche et légère ; mi-soleil.

MUGUET, Lis de mai, Lis des vallées. Jolies petites fleurs, en forme de godets, répandant une odeur suave. Il vient de lui-même dans les bois. On peut le multiplier par l'éclat des pieds et le transporter dans les jardins, ayant soin de le tenir en terrain humide et ombragé. Variété *rose*, autre à *fleurs doubles*.

MUSCARI ODORANT ou JACINTHE MUSQUÉE. Oignon plus petit que celui de *tulipe*, que l'on cultive moins pour sa fleur brune et peu apparente que pour son odeur agréable. Il ne craint pas la gelée, et peut demeurer en terre pendant plusieurs années. On le relève en juillet pour en séparer les caïeux, qui, comme l'oignon principal, se replantent en octobre. On rencontre plusieurs Muscaris : celui à *grappes*, qui pousse sans culture dans les prés ; le Monstrueux, *lilas de terre* ou *jacinthe de Sienne*, fleurs bleues ; et le muscari chevelu ou *jacinthe à toupet*, à cause de la disposition de ses fleurs.

MYOSOTIS. *V. Scorpione.*

MYRTE. Arbrisseau à rameaux souples et nombreux, d'un port agréable, toujours vert et parfumant les doigts, dès qu'on le touche. Il offre plusieurs variétés qui diffèrent entre elles par la taille, les fleurs simples ou doubles, et les feuilles plus ou moins grandes. Dociles au ciseau du jardinier, les myrtes se prêtent à toutes les formes qu'on veut leur donner ; ils aiment le soleil et l'eau, craignent la moindre gelée, et demandent, par cette raison, à être rentrés de bonne heure en orangerie. Ils se multiplient facilement, au printemps, de marcottes, de boutures, de rejetons ou de semis. Une terre légère et substantielle est celle qui leur convient.

NARCISSE DES POÈTES. Oignon moyen donnant en avril et mai des fleurs blanches odorantes. Se multiplie de graines ou de caïeux en toutes terres et à toutes expositions. Il existe plusieurs variétés de narcisses qu'on est dans l'usage de planter en pots ou dans des carafes pleines d'eau, telles que le NARCISSE DE CHYPRE, le TOUT-BLANC, et le GRAND SOLEIL D'OR, qui supporte aussi la pleine terre.

NARCISSE JONQUILLE. Petit oignon dont les feuilles ressemblent au jonc, d'où lui vient son nom. Tige droite ; fleur d'un beau jaune, double ou simple. On emploie les simples dans les massifs. On les déplante tous les ans pour les replanter en septembre et octobre avec séparation de caïeux.

NÉNUPHAR ou LIS D'ÉTANG, ou NYMPHÆA. Cette plante aquatique et vivace offre plusieurs variétés à fleurs blanches, jaunes ou bleu de ciel ; les feuilles, larges, arrondies et d'un beau vert, flottent toujours sur les étangs, où ces plantes viennent sans culture ; elles ornent les pièces d'eau des jardins, si l'on y jette des graines ou des racines.

NIGELLE DE DAMAS, CHEVEUX DE VÉNUS, PATTE D'ARAIGNÉE. Plante annuelle d'environ 54 centimètres. Feuillage très-finement découpé ; fleurs, une partie de l'été, d'un bleu plus ou moins foncé, entourées de petits filaments très-menus. Semis de graine en place à l'automne ou au printemps · bonne exposition.

NIVÉOLE DE PRINTEMPS. Cette plante bulbeuse, à fleur blanche, rayée de vert, paraît dans quelques prés, dès février, sous la neige, d'où lui vient son dernier nom.

NIVÉOLE D'ÉTÉ. Tige de 45 à 55 centimètres surmontée d'un bouquet de fleurs d'un bleu pur. Toutes deux se multiplient par les caïeux levés en été, et plantés en automne en terre franche.

NOLANE. Les tiges de cette plante annuelle sont grêles et couchées. Feuillage ovale ; fleurs l'été, bleu violet, en forme de sonnettes, d'où le nom de la plante : *Nola*. Semis au printemps en bonnes terre et exposition.

ŒILLET DES FLEURISTES. — La culture, en doublant les

pétales de cette fleur, a procuré plus de trois cents variétés de diverses couleurs, franches ou mélangées. On regarde comme beau un œillet dont les pétales sans dents ou dentelés très-finement sont teints de deux, ou mieux de trois couleurs bien opposées, bien tranchées, sans s'imbiber, se confondre, se brouiller, et s'arrangent régulièrement, un peu en dôme, sans ou avec peu de secours de l'art.

L'œillet double se multiplie en juillet ou août par marcottes à languette qu'on sèvre et qu'on plante séparément en octobre ou en mars. Les variétés de médiocre mérite se plantent sur les parterres, et y réussissent, pourvu que le terrain ne soit ni trop compacte, ni trop maigre, ni trop humide. Les beaux œillets se cultivent en pots remplis de terre composée et préparée au moins une année d'avance, qui ait du corps sans être forte, et qui soit substantielle, sans être grasse. Des marcottes étant plantées, il faut porter les pots à l'ombre jusqu'à ce qu'elles soient reprises (12 ou 15 jours); ensuite les placer à une mi-ombre sur des gradins ou des planches, et non sur la terre; les préserver des grandes pluies; lorsque les gelées deviennent fortes, transporter dans un bâtiment où les œillets soient à couvert des gelées; leur donner autant d'air qu'il est possible; ne mouiller que dans le besoin; préserver de l'humidité. En mars, les tirer de la serre; les placer à une mi-ombre; les couvrir dans les temps rudes.

En septembre, ou au printemps, semez clair la graine d'œillets en terre préparée, ou en bonne terre douce, le plant ayant 9 ou 10 feuilles, repiquez-le en pépinière. L'année suivante il fleurira.

L'ŒILLET DES BOIS, plus grand que celui des fleuristes, fleurit l'hiver étant à l'abri des froids, se multiplie comme le précédent; fleurs presque toujours rouges; cependant il existe une *variété à fleurs blanches.*

ŒILLET MIGNARDISE. Grosses touffes de petites fleurs simples, plus ou moins doubles, rouge vif, roses ou blanches. Une variété tachée de pourpre se nomme *Mignardise couronnée;* une autre un peu plus grande et à fleurs rouges, *œillet de mai.* Multiplication de graines; mieux encore par l'éclat des pieds, au printemps et en automne.

ŒILLET DE POÈTE. Tiges de plus de 33 centimètres, droites, lisses ; fleurissant l'été en ombelles rouges, roses, blanches ou panachées. Semer en mars ou avril, repiquer les jeunes plants à l'abri des fortes gelées et les mettre en place au printemps suivant. On le propage encore par l'éclat des pieds. Pour l'espèce double, moins robuste que la simple, les boutures et les marcottes.

ŒILLET D'ESPAGNE. Plus grand que l'*œillet de poële* ; multiplie de même. Ses fleurs sont plus doubles et d'un be rouge pourpre.

ŒILLET DE LA CHINE OU DE LA RÉGENCE. Cette jolie petite plante est bisannuelle. Feuilles étroites d'un beau vert ; fleurs, en été, simples ou doubles, veloutées et brillantes. Les divers mélanges de rouge vif, de rose et de blanc, varient beaucoup. Semis en terre légère ou sur couche. Le plant, repiqué en place, doit être garanti du froid.

ŒILLET D'INDE (Grand), TAGÉTÉS ÉLEVÉ OU ROSE D'INDE.

Cette plante annuelle produit des fleurs, placées aux extrémités des tiges, grandes, simples ou doubles, jaune orange ou blanches.

ŒILLET D'INDE (Petit). Cette espèce est assez semblable à la précédente, mais beaucoup moins grande ; ses fleurs sont aussi plus petites et d'un beau jaune orangé. Il en existe plusieurs variétés plus ou moins foncées et veloutées. La culture de toutes est la même. On sème au printemps sur couche, ou simplement en bonnes terre et exposition. Les jeunes plants mis en place demandent de fréquents arrosements. Des *œillets d'Inde* plantés dans un massif de *reines-marguerites* produisent un bel effet. On cultive encore le *tagétès luisant*, dont la fleur, petite et jaune, est odorante. Il est vivace et demande l'orangerie l'hiver.

OLIVIER ODORANT. Arbrisseau de 2 mètres donnant, en juillet, de petites fleurs blanches très-suaves, avec lesquelles on parfume les liqueurs, etc. On cultive dans les jardins d'autres espèces d'olivier, telles que l'*olivier d'Europe*, l'*olivier d'Amérique*, l'*olivier du Cap*, etc. Tous se multiplient de marcottes et semis comme les orangers, veulent une terre légère et l'orangerie.

ORANGER noble. Culture de l'oranger ordinaire. Il existe un grand nombre de variétés et sous-variétés, parmi lesquelles il faut distinguer l'*oranger à feuilles de myrte,* charmant en arbuste. La culture de tous les orangers est la même.

ORCHIS. Plante bulbeuse originaire des prés et des bois. Il en existe un grand nombre d'espèces, dont la multiplication est facile par l'éclat des racines dans toutes sortes de terres et d'expositions. Quelques-unes seulement sont cultivées dans les jardins.

Orchis a deux feuilles. Fleurs blanches.

Orchis odorant. Tige de 33 centimètres; fleurs rouges, pâles et odorantes.

Orchis pyramidal. Fleurs purpurines qui forment une pyramide.

Orchis punaise, *Orchis militaire,* etc. C'est avec les bulbes d'*orchis* que l'on prépare le *salep de Perse,* dont l'usage est utile dans les maladies de consomption et d'irritation.

OREILLE-D'OURS ou PRIMEVÈRE AURICULE. Il y a peu de fleurs qui aient un aussi grand nombre de variétés distinguées par les couleurs, les tons, les mélanges, les panaches. L'oreille-d'ours se multiplie par ses pieds séparés avec racines, et plantés au nord, ou presque au nord, en terre fraîche, bonne, légère; les neiges et les grandes pluies lui nuisent plus que les gelées. Les amateurs de cette plante la cultivent en petits pots remplis de bonne terre meuble préparée, qu'ils exposent au midi pendant l'hiver. Elle se multiplie aussi par les semences traitées comme les graines très-fines. Elle fleurit au printemps et en automne. On sépare les œilletons après la fleur.

ORNITHOGALE A OMBELLES, vulgairement, Dame d'onze heures, parce que ses fleurs s'ouvrent à cette heure et se ferment le soir. Oignon dont la tige ne s'élève pas au-delà de 15 centimètres. Feuilles étroites et longues; fleurs en étoile blanche et très-odorantes, qui se montrent fin du printemps.

Ornithogale pyramidal, *Épi de la Vierge* ou *Bâton de Saint-Jacques.* Les tiges de celui-ci, d'environ 65 centimètres, sont terminées par des fleurs blanches, en étoiles pyramidales. La culture des deux est la même; ils sont de pleine terre, et se plantent en octobre ou novembre, dans un terrain substantiel et léger : ils peuvent y demeurer plusieurs années. C'est en juillet qu'il faut les relever. On cultive encore d'autres espèces, parmi lesquelles plusieurs demandent l'orangerie l'hiver.

L'*ornithogale* multiplie beaucoup dans une terre qui lui convient. On peut en faire d'assez jolies bordures.

OXALIDE. Plante bulbeuse donnant, d'avril en juin, de jolies fleurs de couleur différente, suivant les variétés. Terre légère, exposition abritée, couverture l'hiver; multiplication par bulbes tous les deux ou trois ans. En pots et orangerie près du jour. Les amateurs cultivent, comme plantes d'agrément, trois ou quatre *oxalides*, originaires du Cap, et plus ou moins jolies; elles exigent les mêmes soins que les *ixias*. Voici leurs noms : *oxalide bigarrée, oxalide pied-de-chèvre, oxalide à fleurs pourprées, oxalide traînante.*

PALIURE, Porte-chapeau, Epine de christ ou Argalox. Cet arbrisseau, épineux et de pleine terre, forme un buisson d'environ 2 mètres, dont les tiges sont nombreuses et pliantes. Feuilles ovales, lisses, petites, pointues, et dont les pétioles sont garnis de deux aiguillons; fleurs jaunes en grappes, petites et légèrement odorantes. Multiplication de rejetons au printemps, ou de graines semées aussitôt leur maturité dans des pots sur couche. Terre légère et fraîche; exposition chaude; couverture de litière l'hiver.

PARNASSIE DES MARAIS. Plante vivace qui croît dans les prairies humides, d'où on peut l'enlever en motte. Fleurs solitaires, blanches, tachées de jaune et placées à l'extrémité des tiges, qui s'élèvent à près de 30 centimètres.

PASSERINE FILIFORME, Passerine a grandes fleurs. Arbrisseaux toujours verts qui demandent l'orangerie et se multiplient au printemps de boutures, marcottes ou rejetons sur couche chaude et sous cloche. La première produit, en juillet, des fleurs d'un jaune doré, petites et nombreuses. Les fleurs de la seconde, qui se montrent un mois avant, sont verdâtres, plus grandes, et placées à l'extrémité des rameaux.

PAVOT des jardins. Plante annuelle; fleurs solitaires, simples et plus ou moins doubles, offrant toutes les nuances, depuis le blanc pur jusqu'au rouge le plus vif et le plus foncé.

Ces fleurs, qui viennent en juin et se succèdent jusqu'à la fin de l'été, sont très-propres à la décoration des parterres et des larges plates-bandes.

Pavot-coquelicot. Indépendamment de l'espèce des champs, il existe des *coquelicots semi-doubles* et *doubles,* qui ne diffèrent des *pavots* que par leurs dimensions plus petites. Tous deux se multiplient par le semis, en octobre ou en mars : ils ne sont pas difficiles sur le choix du terrain.

On cultive encore trois espèces vivaces qui aiment une terre légère, un peu ombragée, et se propagent en automne par la séparation des œilletons enracinés ou de graines semées au printemps. Ce dernier moyen est plus long.

PÊCHER. Les deux espèces suivantes doivent avoir place dans les jardins d'agrément. Elles s'écussonnent sur les mêmes sujets que les autres pêchers.

Pêcher à fleurs doubles. Feuilles vert brillant, grandes, dentelées et très-pointues ; fleurs d'un beau rose, qui durent quinze à vingt jours, et disputent à celles de l'amandier l'honneur d'annoncer le retour du printemps.

Pêcher nain. Il diffère du précédent par le port et la taille. Sa tige, qui s'élève rarement à 65 cent., le rend propre à être cultivé dans des vases. Son feuillage est très-beau, et ses fleurs, roses comme les autres, sont très-rapprochées.

PENSÉE ou VIOLETTE TRICOLORE. Plante annuelle dont les fleurs, légèrement odorantes, veloutées, jaune d'or et violet plus ou moins foncé, se montrent presque toute l'année si, depuis avril jusqu'en août, on sème de mois en mois. Cette *pensée* et ses variétés se propagent souvent d'elles-mêmes.

Pensée vivace ou a grandes fleurs. Feuilles ovales, crénelées et pointues ; fleurs dans lesquelles le jaune domine, plus grandes que celles annuelles et moins odorantes. Cette plante, plus délicate que la précédente, offre, comme elle, plusieurs variétés, qui se multiplient toutes par l'éclat des pieds en automne.

PENTAPÉTÈSE ECARLATE. Plante annuelle étant livrée à la pleine terre, et vivace quand elle demeure en serre chaude. Ses feuilles sont longues, lancéolées et dentées en scie ; ses fleurs, petites et d'un beau rouge, paraissent en été. On la mu.tiplie, au printemps, par le semis en pots sur couche chaude. Bonnes terre et exposition.

PERCE-NEIGE. (*V. Primevère* et *Nivéole.*)

PERCE-NEIGE, *Galanthe* ou *Galanthine.* Très-petit oignon. Deux feuilles étroites; tige de 18 centimètres, surmontée d'une fleur simple ou double, et bordée de vert; elles se montrent dès le commencement de mars. Les caïeux, séparés tous les trois ans, en juin ou juillet, se plantent au mois d'octobre. Situation ombragée et de l'humidité.

PERCE-NEIGE ou FENOUIL-MARIN. Plante vivace et délicate qui se multiplie de graines semées sur couche en mars. Le plant, assez fort, se place dans une bonne terre au midi; il faut les couvrir pendant les gelées.

PERSICAIRE DU LEVANT. Plante annuelle à tige de 2 ou 3 mètres, bel épi de fleurs rouges ou blanches; semis au printemps quand elle ne se sème pas d'elle-même. La *persicaire élégante* et plusieurs autres variétés se multiplient de même.

PERVENCHE. La GRANDE PERVENCHE est une plante vivace qui pousse des tiges grêles et sarmenteuses de 65 centimètres à 1 mètre, garnies de feuilles persistantes, lisses, fermes, vert foncé et luisant en dessus, vert plus gai et moins brillant en dessous. Les fleurs, qui naissent de l'aisselle des feuilles, sont assez grandes, en entonnoir évasé, bleu tendre, blanches ou panachées.

La PETITE PERVENCHE, ainsi que ses variétés, est plus rampante que la grande. Ses feuilles sont entières, lisses, fermes et d'un brillant vert foncé; ses fleurs bleues ne diffèrent des autres que par leurs dimensions. Elles offrent des variétés à *fleurs doubles pourpres* ou *violettes,* et à *fleurs blanches et rouges, simples* ou *doubles.* Les *pervenches* décorent très-bien les jardins; elles se plaisent à l'ombre, fleurissent pendant près de six mois, d'avril en septembre, et ne sont pas difficiles sur le choix du terrain. Leur multiplication s'opère par le semis, plus ordinairement par la séparation des sarments enracinés. Cette opération peut se faire toute l'année, mais de préférence en automne après la fleur passée. Les amateurs cultivent encore une très-jolie plante de ... chaude tonnue sous le nom de *pervenché de Madagascar*, dont les fleurs offrent plusieurs variétés plus ou moins agréables.

PEUPLIER. Tous les peupliers se multiplient à l'automne et au printemps, de graines, de boutures, de marcottes ou de drageons. Les terrains humides sont ceux qu'ils préfèrent.

Peuplier de la Caroline. Belles et larges feuilles, dentées, lisses et d'un beau vert.

Peuplier suisse ou de Virginie. Feuilles en cœur à dent, obtuses.

PEUPLIER BAUMIER. Grand arbrisseau à feuilles allongées, dentées, d'abord d'une teinte jaune vif, ensuite vert clair, enfin vert rembruni. Même culture, exposition fraîche. Intéressant par la gomme résineuse et odorante de ses bourgeons.

PHALANGÈRE. Plante vivace et bulbeuse de la famille des asphodèles. Les plus cultivées sont les suivantes :

Phalangère lis Saint-Bruno, dont la racine très-cassante a la forme d'une griffe d'asperge. La tige, de 36 à 45 centimètres, produit en juin des fleurs blanches semblables à celles des lis, mais plus petites et inodores.

Phalangère des Alpes ou Faux Asphodèle. Tige basse, feuilles étroites et fleur verdâtre.

Phalangère bicolore. Feuilles longues; fleurs petites sur une tige ramifiée, blanches intérieurement et roses à l'extérieur.

Ces trois espèces se cultivent et se multiplient de même. Terre douce et légère; bonne exposition. Bulbes ou racines en automne, et couverture l'hiver.

PHILARIA. Arbrisseau toujours vert et de pleine terre, dont il existe trois espèces propres à l'ornement des bosquets l'hiver.

Le Philaria à grandes feuilles lancéolées et dentées en scie, offre des variétés à feuilles de *buis*, de *troëne* et d'*olivier*.

Le Philaria à moyennes feuilles ovales et très-aiguës, avec variété à feuilles de *romarin*.

Et le Philaria à feuilles étroites, longues et lancéolées.

Ces arbrisseaux, qui peuvent servir à former de belles palissades, se multiplient de graines semées aussitôt leur maturité ou de marcottes faites en septembre. Les sujets qui en proviennent doivent avoir au moins quatre ans de pépinière quand on les place à demeure fixe. Les *philarias* se plaisent dans tous les sols : ils sont assez robustes ; cependant il est bon de les couvrir de litière sèche pendant les neiges et les grands froids, qui souvent leur font perdre les feuilles et les rameaux les plus tendres.

PHLOX. Plante à racine vivace, dont les fleurs, qui paraissent tout l'été, sont assez belles et disposées assez bien au froid ; ils aiment une terre meuble, fraîche et substantielle. On les multiplie par boutures en avril, et par la séparation des racines en automne, quand leurs tiges se flétrissent, ou au printemps lorsqu'elles commencent à pousser. Voici les principales variétés :

Phlox blanc. Tige de 33 centimètres ; fleurs odorantes, blanches et grandes.

Phlox de la Caroline. Plus élevé que le précédent. Feuilles luisantes et lancéolées ; fleurs lilas ou panachées de blanc.

Phlox petit ou printanier. Fleurs violettes qui paraissent avant les autres.

Phlox velu. Tiges droites de 33 centimètres ; fleurs lilas pâle.

Phlox a feuilles ovales. Fleurs grandes, solitaires et d'un très-beau rouge vif.

Phlox divariqué, *Phlox maculé* et plusieurs autres encore, parmi lesquels celui à *feuilles étroites*, espèce très-jolie, demande l'orangerie l'hiver ou de bonnes couvertures de litière. Ses fleurs sont grandes, solitaires, roses et paraissent en juin et juillet.

PIED D'ALOUETTE ou Dauphinelle des jardins. Plante moyenne annuelle, dont les feuilles sont lobées, laciniées. Sa tige et ses rameaux un peu diffus se terminent par un épi lâche de fleurs blanches, bleues, rosées, etc., doubles (on rejette les simples). Semences sur place au printemps ou à la fin de l'automne. Pieds éclatés en automne ou au printemps.

Pied d'alouette vivace ou Dauphinelle élevée. Plante rus
tique dont les tiges, velues en touffes, s'élèvent à près de
2 mètres. Feuilles palmées; grandes fleurs en pyramide, d'un
bleu d'azur, en juin-juillet. Même culture que la précédente.

PISTACHIER. Il en existe plusieurs espèces dont la culture
et la propagation demandent des soins assidus. Une autre espèce, connue sous le nom de Pistachier lentisque, est un arbrisseau diffus et toujours vert qui demande l'orangerie.
Ses rameaux tortueux répandent une odeur de térébenthine.
Il se multiplie de marcottes au printemps, ou de semis dans
des pots sur couche. Ses fleurs, pourpre clair, se montrent en
mai.

PIVOINE commune ou Péone. Les racines vivaces de cette
plante, de pleine terre, poussent des tiges de 65 centimètres
garnies de feuilles portées par de gros pétioles divisés en trois
petits, soutenant chacun cinq folioles qui diffèrent de port et
de forme. Les fleurs, plus grosses que celles du *pavot*, sont
rouge cramoisi, roses, blanches, couleur de chair, simples ou
doubles; elles naissent solitaires à l'extrémité de la tige et
des rameaux. Parmi les variétés doubles, celle à *fleurs cramoi-
sies* a beaucoup plus d'éclat que les autres; par cette raison,
on la cultive de préférence. Les *pivoines* prospèrent dans
tous les sols, mais elles préfèrent une terre légère et profonde; elles se multiplient par la séparation des racines en
automne, ou quand les feuilles se fanent. Cette opération doit
être faite tous les trois ou quatre ans, pour diminuer les touffes
qui deviendraient trop fortes et très-embarrassantes.

PIVOINE EN ARBRE. Petit arbuste de 60 à 90 centimètres.
Originaire de Chine. En juin, grandes fleurs d'un beau rose.
Se multiplie de rejetons, marcottes et boutures. Pleine terre
franche mêlée de terre de bruyère. Couvrir avec de la litière
dans les grands froids. Nombreuses variétés à grandes fleurs
doubles de diverses nuances; elles se greffent sur les tubercules de la pivoine commune. Variété à *fleurs pourpres* qui
répandent une douce odeur d'essence de roses

POIRIER. Plusieurs espèces, telles que le *poirier coton.*

neux, le *poirier biflore*, le *poirier à fleurs doubles*, *rier à feuilles panachées*, etc., sont admises comme d'ornement. Ils se multiplient de marcottes, drageons ou fes. La culture est celle du poirier ordinaire.

POIS GOULU. On cultive, comme plante d'agrément, variété de ce pois, dont les fleurs sont d'une belle coule pourpre.

POIS DE SENTEUR ou A ODEUR, Gesse odorante. Il est trop connu pour qu'il soit besoin de le décrire. On le sème chaque année, au mois de mars, daus une terre légère : il a besoin d'appui.

POMMIER. On admet, comme plantes d'ornement, le *pommier à fleurs doubles*, le *pommier odorant*, le *pommier toujours vert*, le *pommier à petits fruits*, le *pommier bacifère* ou *pommier de Sibérie*, dont les fleurs répandent une odeur très-agréable. Ces six espèces se greffent sur *franc* ou sur *doucin*, selon que l'on désire avoir des arbres plus ou moins grands. Culture du pommier ordinaire.

POPULAGE, Souci des marais. Plante vivace dont les tig herbacées ne s'élèvent pas à plus de 33 centimètres. Feuill vert foncé luisant; fleurs jaune vif, simples ou doubles, assez semblables au *bouton d'or*. Éclats de racines en octobre, eu terre humide et bonne.

POTENTILLE EN ARBRE ou QUINTE-FEUILLE. Cet arbuste, d'un mètre à un mètre 33 centimètres, produit, une partie de l'été, des fleurs d'un beau jaune, en bouquets placés à l'extrémité des rameaux, qui sont garnis de feuilles à sept folioles étroites et pointues. Il fournit des drageons qui servent à le multiplier, les graines mûrissant rarement. Terre substantielle et demi-soleil.

PRIMEVÈRE commune. Plante dont il existe un très grand nombre de variété- à fleurs simples ou doubles. Quelques unes sont fort recherchées des amateurs. On en fait de jolies plates-bandes au nord et au nord-est d'un parterre. Elles se multiplient de semis en automne en pleine terre ou en terrine, terre fraîche, légère et ombragée.

PRIMEVÈRE AURICULE ou *Oreille d'ours*, variété qui se sème de décembre en mars, en terre de bruyère, en terrine, au

levant. On repique quand le plant a cinq ou six feuilles, en terrine ou en plates-bandes. L'année suivante, on met en pots
de 15 centimètres. On peut encore mettre les plants en pleine
terre pour les replacer en pots au printemps. Garantir du
froid. Très-peu d'arrosement. Voyez OREILLE D'OURS.

PROTÉE. Bel arbrisseau originaire du Cap, s'élevant de 2
à 4 mètres. Il existe un grand nombre de variétés à feuilles
et fleurs très-variées. Multiplication de graines, marcottes et
boutures. Terre de bruyère ou terre franche, légère, mêlée
de terreau. Serre tempérée ou bâche.

PRUNIER. On admet dans les jardins d'agrément le *prunier à fleurs doubles* et le *perdrigon à feuilles panachées*,
qui se greffent et se cultivent comme les autres; le *prunier
chicasaw* (*prunus chicasa*), arbuste de la Caroline: fleurs
réunies deux à deux en avril; fruits jaunes; multiplication de
semis et de rejetons; le *prunier couché* (*prostrata*) de Crète,
charmant arbuste dont les branches, étalées sur la terre, se
couvrent à la fin d'avril de nombreuses fleurs d'un joli rouge:
multiplication de rejets; et le *prunier épineux à fleurs doubles* (*spinosus flore pleno*). C'est encore un joli arbuste;
multiplication de greffe sur épine noire commune.

PULMONAIRE. On cultive sous ce nom deux plantes rustiques et vivaces par leurs racines: la *pulmonaire de Virginie* et celle *de Sibérie*, qui se multiplient par le semis au
printemps, ou par l'éclat des pieds en automne. Les tiges de
la première s'étendent à 66 centimètres; ses feuilles sont lancéolées, et ses fleurs bleues, blanches ou rouges, et pendantes
en bouquets. La seconde diffère peu de celle-ci; elle a les
feuilles en cœur, larges et glauques, et les fleurs petites,
bleues et disposées en grappes assez jolies.

RENONCULE. Plante basse, vivace par ses racines digitées
ou griffes. Ses tiges, rameuses, portent de belles fleurs terminales, doubles (les simples sont rejetées) qu'on cultive peu,
parce qu'elles sont sujettes à dégénérer, ou semi-doubles,
qui sont préférées, parce qu'elles ne dégénèrent point, qu'elles
offrent un plus grand nombre de variétés de couleurs dont les
noires et les plus rembrunies sont les plus estimées, et
qu'elles donnent un plus grand nombre de fleurs.

Depuis que les graines de semi-doubles sont mûres jusqu'à la mi août, labourez et dressez un terrain doux, léger, gras (ou moins bien, remplissez de pareil terrain des caisses ou des terrines) à l'exposition du levant ou du couchant; donnez une bonne mouillure, répandez la semence; tamisez dessus un peu de terre, ou de terreau fin; couvrez de paillassons qui ne touchent point à la terre, ou de 54 mill. de mousse, au travers desquels vous donnerez de légers arrosements, jusqu'à ce que la graine commence à lever; alors retirez les couvertures; défendez du soleil le plant naissant; couvrez-le dans les grands froids. Au printemps, déplantez les jeunes griffes ou *pois*, conservez-les en sec; replantez-les de septembre en novembre, à 27 millimètres de profondeur; défendez-les des fortes gelées; déplantez-les au printemps; elles seront formées... Si vous semez la graine en mars sous cloches ou châssis couverts de treillis ou de paillassons légers, en pots enfoncés dans une couche fort tempérée, ou sur la couche même chargée de 10 centimètres de bonne terre, la plupart des griffes se formeront assez pour fleurir au printemps suivant. La renoncule se multiplie aussi par ses griffes.

Cette plante veut une terre douce, légère, grasse et bonne. Il faut en substituer une de cette qualité aux terrains glaiseux, argileux, pourrissants, qui ne peuvent se corriger. En octobre ou novembre, dressez un terrain bien exposé (le mieux au levant); élevez-le un peu; tracez des rayons distants de 10 centimètres ou 10 centimètres 35 millimètres; saisissez les griffes avec l'extrémité de vos cinq doigts; enfoncez-les d'environ 45 millimètres; mettez 10 centimètres ou 10 centimètres 35 millimètres d'intervalle; recouvrez en passant le râteau fin; il serait bon de jeter sur la planche 27 millimètres de gros terreau, ou de paille brisée; couvrez de paille ou de paillassons pendant les fortes gelées.

Au printemps, mouillez modérément avant et pendant la floraison. Avec une toile étendue pendant le jour, défendez les fleurs du soleil qui les ferait bientôt passer et en ternirait l'éclat. Lorsque les feuilles deviennent jaunes, coupez les tiges porte-graines; exposez-les au soleil quelques jours; ramassez-les en lieu sec. Déplantez les griffes; séparez les caïeux; nettoyez, exposez quelques jours à l'air à l'ombre ; amassez sèchement; conservez-les un an ou même deux, sans les replanter, si vous êtes assez riche pour leur donner ce repos. On peut planter en pots (de trois à six griffes en chacun) les variétés précieuses, et celles dont on veut avancer ou retarder la fleur.

RÉSÉDA ODORANT. Plante au parfum d'ambroisie. Le *réséda* livré à la pleine terre est annuel; mais il peut devenir ligneux, former un joli petit arbuste, et durer plusieurs années, si on a soin de le rentrer l'hiver en orangerie et de couper les branches inférieures. Il ne se multiplie que par ses graines, que l'on sème au printemps en terre légère et à bonne exposition. Tous les terrains ne sont pas en possession de le produire. Il vient de lui-même dans ceux qui lui plaisent.

RHODODENDRON D'AMÉRIQUE. Arbrisseau très-joli, de 2 mètres de hauteur, dont les feuilles, luisantes, ovales et persistantes, ressemblent à celles du *laurier-cerise*. Ses fleurs sont grandes, belles, disposées en entonnoir et par bouquets roses, rouges ou blanches suivant la variété. Terre de bruyère humide et mi-soleil. Semis en terrines aussitôt la maturité des graines. Rejetons ou marcottes avec du jeune bois.

RHODODENDRON FERRUGINEUX, *petit laurier-rose des Alpes*.

RHODODENDRON PONTIQUE OU A FLEURS VIOLETTES.

RHODODENDRON VELU. Rameaux nombreux et rampants.

RHODODENDRON PONCTUÉ. Rameaux teints de rouge et ponctués de jaune dans leur jeunesse.

RHODODENDRON A FLEURS JAUNES et plusieurs autres plus ou moins grands. Tous très-beaux; ils se multiplient et se cultivent comme les premiers.

RHODORE DU CANADA. Arbuste formant buisson, dont les fleurs, en faisceaux au bout des rameaux, se montrent avant le développement des feuilles; elles sont pourprées et répandent l'agréable odeur de la *rose*. Le *rhodore* se multiplie, au printemps, de marcottes ou de graines semées en terre de bruyère aussitôt leur maturité.

RICIN. Cette plante, plus connue sous le nom de *Palma Christi*, n'est cultivée que pour la beauté de son feuillage;

elle est annuelle dans nos jardins, et dure plusieurs années si on la rentre en serre chaude. Semis sur couche au printemps : le jeune plant se repique, quand les gelées sont passées, en terre substantielle et bien exposée.

ROBINIER. Arbrisseau dont il existe un grand nombre d'espèces qui se reproduisent par le semis, les drageons, et, s'il est nécessaire, par les marcottes et la greffe.

ROMARIN. Arbuste aromatique, toujours vert, qui ne s'élève pas à plus de 1 mètre 33 centimètres. Feuilles nombreuses, très-étroites, blanchâtres et repliées par les bords en dehors. Ses fleurs, d'un bleu pâle, paraissent de mars en mai. Deux variétés, *à feuilles panachées* de *jaune* et de *blanc*, demandent l'orangerie l'hiver; elles se multiplient toutes trois, au printemps, de marcottes, de boutures ou de pieds éclatés. Terre ordinaire, plus légère qu'autrement.

RONCE. Arbrisseau dont les longs sarments anguleux rampent ou grimpent sur les arbres et dans les buissons. Sa variété à *fleurs doubles* et *blanches* peut être admise dans les jardins d'agrément, de même que la *ronce à feuilles panachées* et *celle sans épine*.

La RONCE ODORANTE ou FRAMBOISIER DU CANADA donne des fleurs grandes et roses qui répandent une odeur agréable. Les amateurs cultivent encore plusieurs espèces plus ou moins grandes et jolies, qui demandent une terre à oranger et la serre tempérée l'hiver. Toutes les *ronces* se multiplient, au printemps, de marcottes et de drageons.

ROSIER. Il existe beaucoup d'espèces de *rosiers*, et de ces espèces un grand nombre de variétés.

ROSIER A CENT FEUILLES. Fleurs d'un rose vif ayant très-bonne odeur.

ROSIER A CENT FEUILLES. Fleurs semi-doubles.

ROSIER. Fleurs dites des peintres.

ROSIER MOUSSEUX, à cause d'une espèce de mousse qui entoure les pédoncules et les rameaux. Fleurs comme les précédentes, simples ou doubles. Trois autres *à fleurs blanches, couleur de chair* et *panachées*.

ROSIER UNIQUE. Fleurs d'un beau blanc; boutons teints de rouge.

'ROSE VILMORIN. Couleur de chair transparente.

Rosier de Bourgogne ou Petit pompon. Fleur d'un rose clair en mai. Variétés. Fleurs rouge vif, blanches et pourprées.

Rosier des quatre saisons. Fleurit en mai, juin, septembre et octobre.

Rosier de tous les mois. Presque toujours en fleurs.

Rosier de Francfort. Fleurs roses peu odorantes.

Rosier blanc. Très épineux ; fleurs doubles qui répandent une odeur suave.

Variétés.

Rosier couleur de chair, dit *cuisse de nymphe*; la *rose royale*, *couleur de chair rosé*, la *rose à cœur vert*, etc.

Rosier muscade. Petite fleur d'un bleu sale. Odeur musquée.

Rosier jaune. Plusieurs espèces et variétés. Fleurs en juin et juillet, rarement bien développées.

Rosier cannelle ou Rose de mai. Fleurs rouge foncé, odeur de cannelle.

Rosier a feuilles de pimpernelle. Fleurs doubles, blanches et roses.

Rosier de la Caroline. Fleurs semi-doubles et doubles peu odorantes.

Rosier de Provence. Fleurs d'un beau rouge cramoisi et velouté. Beaucoup de variétés.

Rosier de Meaux. Fleurs rouges ayant peu d'odeur.

Rosier a feuilles de chanvre. Fleurs blanches.

Rosier a feuilles de groseillier. Fleurs rouges.

Rosier sans épines. Fleurs roses.

Rosier capucine. Fleurs presque simples, d'un rouge orange. Ce dernier est une variété du *rosier jaune*.

Rosier de Provins. Fleurs simples, semi-doubles et doubles, roses, rouges et plus ou moins foncées de cramoisi ou de noir. Veloutées ou panachées. Dans cette espèce, les variétés sont nombreuses.

Rosier du Bengale. Il est aujourd'hui très-répandu. C'est tous les *rosiers* celui que l'on cultive le plus dans des ts, quoiqu'il supporte assez bien la pleine terre. Fleurs un beau ros., plus ou moins doubles et peu odorantes. Variétés à *fleurs bla ~hes* et *cramoisi foncé*.

Rosier sauvage ou des haies, *Églantier.* Tiges épineuses et très-fortes. Fleurs rose pâle et simples.

Il existe encore deux autres *églantiers* à feuilles odorantes; mais on préfère celui-ci pour la greffe de tous les **rosiers,** qui se fait en fente ou en écusson.

Les *rosiers* sont généralement peu sensibles au froid. Ils aiment une bonne terre, et se multiplient facilement par boutures, marcottes ou éclats des pieds. Ceux qui fleurissent les premiers sont ordinairement taillés en automne, et les moins hâtifs au printemps. Le *rosier jaune* ne doit pas l'être ; le bois mort est tout ce qu'il faut ôter. La taille se renouvelle au *rosier de tous les mois* après les fleurs , pour en faire pousser de nouvelles. Par la même raison, celles du *Bengale* doivent être soigneusement coupées dès qu'elles défleurissent. Pour faire éclore des roses dans l'arrière saison, on coupe les têtes des rosiers après la floraison , on enlève les boutons de roses lorsqu'ils viennent de se former ; les branches latérales produiront en automne. Découvrez les racines vers Noël ; la séve se trouvera arrêtée dans son mouvement ascendant ; recouvrez les racines de terre, et la séve reprendra son cours, mais plus promptement. Entourez de ficelle le corps ou la tige d'un rosier, la séve, resserrée, ne pourra pénétrer l'écorce de l'arbre, qui se couvrira plus tard de feuilles et de fleurs.

Parmi les nombreuses espèces et variétés de rosiers , nous n'avons cité que les principales, attendu qu'il n'y a qu'un très-petit nombre d'amateurs cultivant la collection entière , composée de plus de 200 , dont plusieurs demandent l'orangerie. Le semis est quelquefois employé. Les graines, mises en serre aussitôt leur maturité, lèvent au printemps ou l'année suivante.

RUDBECKIA. On cultive sous ce nom plusieurs plantes vivaces, qui se multiplient, au printemps, par l'éclat des racines, ou par le semis en terre légère et bonne.

Le **Rudbeckia ailé.** Tiges d'environ 1 mètre, cylindriques et garnies de poils. Fleurs radiées, solitaires et jaune doré.

Le **Rudbeckia pourpre.** De même hauteur. Feuilles lancéolées et lisses ; fleurs l'été, grandes, à rayons pourpre-rose et à disque brun.

Le RUDBECKIA LACINIÉ. Il s'élève à près de 2 mètres 65 cent. Feuilles d'un beau vert foncé ; fleurs larges, jaunes et placées comme les autres à l'extrémité des tiges.

Le RUDBECKIA VELU. Les feuilles sont oblongues, dentées et duveteuses. Ce dernier est encore connu sous le nom d'*Obéliscaire*. Ses fleurs jaunes diffèrent peu des autres.

SAFRAN, *crocus.* Plante bulbeuse, qui se multiplie par ses caïeux en terre sèche et légère. Feuilles longues, étroites, épaisses, vert foncé et douces au toucher. Du milieu d'une fleur bleue, mêlée de rouge et de purpurin, il naît une espèce de houppe qui se réduit en filaments rouges et d'une odeur agréable. Cette houppe, séchée, est le safran dont nous nous servons dans les aliments, en médecine et à beaucoup d'autres usages.

SAINFOIN D'ESPAGNE. Plante trisannuelle ou vivace, d'environ 1 mètre, dont les fleurs, qui paraissent l'été, sont rouges ou blanches, d'une assez bonne odeur et disposées en épis à l'extrémité des tiges. Semis au printemps dans une terre légère, et mieux dans du terreau. La plante, repiquée à part et mise en place en automne, fleurit l'année suivante. Il est bon de la garantir des grands froids.

Le SAINFOIN ANIMÉ est une plante qui ne doit pas quitter la serre chaude. Le *Sainfoin capité*, originaire de Barbarie, se sème sur couche pour l'avancer et se replante en terre ordinaire. Fleurs roses en juillet et octobre.

La graine de *sainfoin*, cultivé dans les champs, est une bonne nourriture pour les poules, qu'elle fait pondre plus souvent.

SALPIGLOSSE SINUÉE. Plante vivace, ou bisannuelle, de 50 cent., donnant en juillet et août de belles fleurs striées et nuancées de blanc, de jaune, de violet et de pourpre. Semis en terre légère. Il existe plusieurs variétés, dont une à fleurs d'un jaune uni sans aucune nervure. Leur culture est la même. Ces plantes sont originaires du Chili.

SANTOLINE ou PETIT CYPRÈS. Très-petit arbuste aromatique, en buisson, à feuilles persistantes, cotonneuses, blanches en dessous et assez semblables à celles du *cyprès;* fleurs jaunes, solitaires et d'une odeur forte. La *santoline* aime une terre pierreuse; elle se plaît partout et se multiplie, au printemps, de marcottes, de boutures ou par l'éclat des pieds.

SAPONAIRE. Plante de 1 mètre, et très-rustique, qui se multiplie souvent d'elle-même, et que l'on peut propager par les traces ou les pieds éclatés en automne. On ne cultive que la variété à fleurs doubles incarnates et légèrement odorantes; elles ont la forme d'un petit œillet.

SAUGE (Grande et petite). Plante vivace, de 35 à 40 centimètres, qui se multiplie par l'éclat des pieds en automne. On la cultive à cause de ses propriétés en médecine. Les trois espèces suivantes sont cultivées comme plantes d'agrément :

Sauge ormin. Assez rustique et annuelle.

Sauge argentée. Bisannuelle.

Sauge bicolore. Moins rustique que les deux autres; il faut la couvrir l'hiver ou la rentrer en orangerie.

On cultive encore des *sauges arbrisseaux* plus ou moins grands, parmi lesquels plusieurs sont d'orangerie. Les deux suivants peuvent demeurer en pleine terre, et se multiplier de boutures l'été, ou de graines sur couche au printemps.

Sauge cardinale. Tiges quadrangulaires d'environ 1 mètre 33 cent.; feuilles persistantes, douces et velues.

Sauge élégante. Ce joli arbuste est plus petit que le précédent. Feuilles d'un beau vert, larges, fermes et pointues. Fleurs nombreuses, grandes et bel écarlate; elle se montrent une partie de l'année comme celles de la *cardinale.*

SAXIFRAGE. Plante vivace dont il y a plusieurs espèces, qui viennent dans toutes sortes de terres, ne craignent pas les gelées et se multiplient par les traces ou l'éclat des pieds.

Saxifrage de Sibérie. Une des plus jolies. Ses feuilles sont larges, épaisses, lisses, persistantes et d'un beau vert; fleurs, fin de mars ou commencement d'avril, en grappes roses sur des tiges de 33 centimètres.

Saxifrage pyramidale ou Sédum pyramidal des jardins. Tige d'environ 65 centim., à rameaux nombreux; feuilles persistantes, dentelées, longues et d'un vert blanc; fleurs en mai et juin, petites, blanches et très-jolies.

Voici les noms de quelques autres espèces :

SAXIFRAGE COTYLÉDONE.

SAXIFRAGE RÉNIFORME.

SAXIFRAGE OMBREUSE, *Mignonnette* ou *Amourette*. On peut en faire des bordures assez jolies.

SAXIFRAGE GRANULÉE. Grandes fleurs blanches, simples ou doubles.

SAXIFRAGE VELUE. Fleurs blanches marquées de petits points rouges.

SCABIEUSE DES JARDINS. Plante bisannuelle, tige d'environ 65 centimètres, se terminant de même que les rameaux par de longs pédicules portant chacun une fleur assez large, d'un violet cramoisi, velouté, foncé, qui s'éclaircit dans les fleurs de l'arrière-saison; car la scabieuse en donne depuis juin jusqu'en octobre ; on la sème en automne ou au printemps, mieux en place qu'autrement.

SCABIEUSE ÉTOILÉE. Annuelle, fleurs blanches; culture de la précédente.

SCABIEUSE DES ALPES. Plante de plus d'un mètre 65 centimètres; vivace; se multiplie par l'éclat des racines. Fleurs jaunâtres, à têtes arrondies.

SCABIEUSE DU CAUCASE. Vivace et très-belle ; même multiplication.

SCABIEUSE DES BOIS, etc.

SCEAU-DE-SALOMON. Plante vivace de la famille du *muguet*. Petites fleurs blanches, solitaires ou deux à deux, composées comme celles du *muguet*. L'espèce à *fleurs simples* croît dans les bois. On cultive dans les jardins la variété à *fleurs doubles*, qui se multiplie par la séparation des racines en terre légère, humide et ombragée.

SCILLE AGRÉABLE, JACINTHE ÉTOILÉE OU DE MAI. Oignon assez rustique que l'on plante en octobre ou novembre, à 9 centimètres de profondeur, dans une terre légère, meuble et non fumée. Il pousse de longues feuilles, planes et molles ; sa tige, de 18 à 24 cent., donne, à son extrémité, un épi de fleurs d'un beau bleu. On le multiplie de graines ou de caïeux séparés, quand on relève l'oignon, en juillet, par un temps sec.

Le *scille* offre plus de quinze espèces et variétés; nous ne citerons que les trois suivantes :

SCILLE D'ITALIE ou LIS-JACINTHE DES JARDINIERS, qui se cultive et multiplie comme le précédent. Feuilles en gouttières; jolies fleurs bleues en épi et d'une odeur assez douce.

SCILLE MARITIME. Oignon très-gros. Feuilles longues; fleurs nombreuses et petites.

SCILLE ou JACINTHE DU PÉROU. Feuilles longues, larges et pointues; fleurs en mai, bleues, nombreuses et en épi pyramidal. Ces deux derniers sont d'orangerie.

SCORPIONE, MYOSOTIS, VERGISSMEIN NICHT, OREILLE DE SOURIS, SOUVENEZ-VOUS DE MOI. Petite plante vivace qui devrait toujours être placée dans un coin humide de nos jardins. Epis de jolies petites fleurs d'un bleu céleste, ponctuées de jaune, qui commencent à paraître en avril et se succèdent pendant quatre mois. Séparation des pieds.

SCROFULAIRE (Petite), ou CHÉLIDOINE. Petite plante qui croît sans culture dans les lieux humides et marécageux. Ses feuilles, mêlées avec celles du *séné*, enlèvent, à la décoction de ces dernières, le mauvais goût qui la caractérise, sans altérer en rien ses propriétés purgatives.

SEDON. On cultive, sous ce nom, plusieurs plantes vivaces, parmi lesquelles nous citerons seulement le SEDON ODORANT et le SEDON ORPIN OU REPRISE, parce qu'on attribue à ses feuilles la vertu de faire reprendre les coupures, étant appliquées dessus. Les racines du premier répandent une odeur de rose. Ses tiges s'élèvent à moins de 33 cent. ; ses feuilles sont dentées, épaisses et oblongues, et ses fleurs roses, en bouquet serré. La variété du *sedon orpin*, à fleurs d'un rouge éclatant, est la seule cultivée; ses tiges, cylindriques, s'élèvent à plus de 65 cent., et sont terminées par les fleurs, qui se montrent en juillet et août. Ces deux plantes se multiplient de boutures et par l'éclat des pieds, en février ou mars, dans une terre sableuse et bien exposée.

SÉNEÇON ROUGE OU D'AFRIQUE. Il ressemble au *séneçon commun*, mais il est beaucoup plus élevé. Sa tige est plus forte, et sa fleur, plus grande, d'un beau rouge cramoisi avec un disque jaune. Cette belle plante annuelle se propage par le semis au printemps, en bonne terre ou sur couche ; elle se sème souvent elle-même. Sa variété, à fleurs doubles, blanches, roses ou pourpres, se cultive de même que la *capucine à fleurs doubles.* „

SENSITIVE ou ACACIE PUDIQUE. Tige de 60 à 65 cent. Propagation de semis, au printemps, en mettant une graine dans un pot placé sur couche chaude et vitrée. Les feuilles de ce petit et curieux arbuste se contractent au moindre attouchement.

SILÈNE A BOUQUETS. Plante annuelle à tige de plus de 33 centimètres, à feuilles très-larges et lisses, et à fleurs roses, rouges ou blanches, qui se montrent une partie de l'été.

SILÈNE A CINQ TACHES. Plante annuelle comme la précédente, et remarquable par ses jolies fleurs en épi d'un seul côté, dont les cinq pétales blancs sont marqués d'une tache rouge.

Ces deux *silènes* se multiplient facilement par le semis, au printemps, en terre légère et douce.

Le *silène à fleurs roses* et le *silène attrape-mouche,* sont aussi annuels, et se propagent comme les deux autres.

Le *silène de Virginie* est vivace, et le *silène à odeur de tagétès* trisannuel. Ce dernier demande l'orangerie.

SOLDANELLE DES ALPES. Très-jolie plante à fleurs violettes ou blanches en entonnoir. Multiplication de graines en pleine terre ou en orangerie.

SOLEIL ou TOURNESOL. Plante annuelle originaire du Pérou. Tige de 2 à 3 mètres ; fleurs radiées d'un beau jaune, simples ou doubles, toujours inclinées vers le soleil. Semis au printemps, sur couche ou en place, dans toutes sortes de terre.

SOLEIL VIVACE. Fleurs simples, semi-doubles. Plusieurs tiges moins élevées que celle du Soleil annuel. Eclat des racines en automne ou au printemps.

SOPHORA DU JAPON. Cet arbre, de moyenne taille, peut se multiplier, au printemps, par le semis, les marcottes et les jets enracinés. Il vient dans toutes sortes de terres ; mais il demande une bonne exposition, et d'être préservé du froid dans sa jeunesse. Ses fleurs, en grappes blanc sale, et nombreuses, sont tellement recherchées par les abeilles, que souvent l'arbre en est entièrement couvert.

Le Sophora soyeux, le doré, celui du Cap et plusieurs autres, sont des arbustes qui demandent l'orangerie ou la serre chaude. Ils se propagent de graines ou de marcottes comme le *sophora du Japon.*

SORBIER des oiseaux, Arbre aux grives, Bransier. Arbre de moyenne grandeur; forme régulière, aspect gracieux. En mai, fleurs blanches et légèrement odorantes. Elles font place à des baies d'un beau rouge qui décorent très-bien l'arbre et servent d'affût pour prendre les grives, qui en sont très-friandes.

Sorbier domestique ou Cormier. Beaucoup plus élevé que le précédent. Ses fruits, d'un rouge jaunâtre, et en forme de poire, se nomment *cormes.* Ces deux sorbiers, de même que le *sorbier hybride* et le *sorbier d'Amérique,* se multiplient de graines; mais la multiplication est plus prompte par la greffe en écusson à œil dormant sur le coignassier, l'aubépine et le poirier franc.

SOUCI. Le *souci* offre deux variétés, qui ne diffèrent entre elles que par la taille de la plante, le nombre des pétales et la couleur jaune plus ou moins foncée des fleurs. L'une est le *souci des jardins,* et l'autre le *souci de la reine* ou *souci anémone.*

Souci pluvial. *Hygromètre. Emblème du présage.* Faibles tiges, terminées tout l'été par des fleurs radiées, grandes, blanches dessus et d'une teinte violette dessous; elles s'ouvrent à sept heures, et se ferment à quatre si le temps est beau. Quand elles restent fermées le matin, il pleut dans la journée : elles n'annoncent pas les pluies d'orage.

On peut facilement multiplier les *soucis* par les semis, qui se font, au printemps, en place ou sur une vieille couche, pour repiquer ensuite.

SPIGÉLIE DU MARYLAND. Les tiges quadrangulaires et herbacées de cette plante à racines vivaces s'élèvent à environ 33 cent. Feuilles ovales, oblongues et aiguës; fleurs en épi, rouges à l'extérieur et jaunes intérieurement : elles se montrent en juin, et répandent une légère odeur. Semis ou éclat des pieds. Mi-soleil et terre de bruyère souvent arrosée.

SPIRÉE. On cultive sous ce nom plusieurs plantes vivaces qui se multiplient par la séparation des pieds en automne ou au printemps, et quelques arbrisseaux assez jolis que l'on peut propager par semences en mars ; marcottes et rejetons en septembre et octobre.

Plantes d'agrément.

SPIRÉE ULMAIRE, *Reine des Prés*. Tiges d'environ 1 mètre, petites fleurs blanches en épi, simples ou doubles.

SPIRÉE FILIPENDULE. Jolies petites fleurs blanches, portées par de faibles tiges de 50 à 60 centimètres.

SPIRÉE A FEUILLES LOBÉES, *Reine des Prés du Canada*. Fleurs rouges, petites et odorantes.

SPIRÉE BARBE DE BOUC. Plus élevée que les précédentes. Fleurs comme elles en juin et juillet, petites, blanches, et en grappes à l'extrémité des tiges.

Arbrisseaux.

SPIRÉE A FEUILLES DE MILLEPERTUIS OU MILLEPERTUIS EN ARBRISSEAU. Il n'a de ressemblance avec le vrai millepertuis que par la forme de ses feuilles vertes, lisses et s'élargissant vers les extrémités ; ses rameaux, nombreux et menus, se garnissent, en mai, de petites fleurs blanches disposées en ombelles.

SPIRÉE A FEUILLES DE SAULE. Cet arbrisseau, un peu moins élevé que le précédent, compose un joli buisson pyramidal. Feuilles assez larges à leur base, longues, pointues et d'un vert gai ; fleurs couleur de chair plus ou moins foncée, en bouquets ou épis au sommet des rameaux. Elles se montrent en juin, et durent plus d'un mois.

Ces *spirées* et plusieurs autres sont propres à la décoration les bosquets de printemps et d'été.

SPRINGÉLIE ÉTOILÉE. Très-joli petit arbrisseau d'orangerie, qui se multiplie, au printemps, par semences et boutures, et dont la culture est la même que celle des bruyères. Il produit des fleurs roses en étoiles, qui se conservent belles presque tout l'été.

STAPHILIER ou FAUX PISTACHIER. Cet arbrisseau, en buisson de plus de 4 mètres, peu difficile sur le choix de l'exposition et du terrain, se multiplie par le semis et les drageons enracinés. On fait des chapelets avec ses graines : c'est à cause de cela, sans doute, qu'on le nomme *Patenôtrier*.

STATICÉ ou GAZON D'OLYMPE. Petite plante vivace propre à faire d'assez jolies bordures. Ses feuilles ressemblent au gazon, et ses fleurs, blanches, roses ou rouges, se montrent aux extrémités des tiges plus ou moins élevées, mais jamais au delà de 25 à 30 centimètres.

On cultive encore plusieurs *staticés* vivaces, qui se multiplient, comme la première, par la séparation des pieds ou par le semis.

La Staticée crépue demande l'orangerie l'hiver; elle est jolie. Feuilles petites, crispées, dentées et répandues sur terre ou placées en partie le long des tiges de 45 à 55 centimètres. Fleurs violet tendre, en bouquets ou petites aigrettes paraissant tout l'été.

STRUTHIOLE. On cultive, sous ce nom, trois jolis petits arbustes d'orangerie dont la culture exige quelques soins. Ils demandent la terre de bruyère, et se multiplient, en mars ou avril, par boutures faites en pots sur couche chaude et vitrée.

Struthiole imbriquée. Ses tiges, d'environ 1 mètre, sont pour ainsi dire cachées par de très-petites feuilles. Ses fleurs, odorantes et blanches, se montrent au printemps et à l'automne.

Struthiole cilicée. Fleurs rouges et blanches en mai.

Struthiole a fleurs de myrte. Fleurs, tout le printemps, blanches, plus grandes et très-odorantes.

SUMAC. Arbrisseau dont la hauteur excède rarement 2 mètres 65 cen; ses rameaux sont souples et couverts d'un duvet roussâtre. Les *sumacs*, qui offrent plus de douze variétés, se multiplient par les traces, viennent dans tous les terrains, aiment le soleil, et sont presque toujours tortus et sans régularité. Nous ne citerons que les deux suivants :

Sumac des corroyeurs. Très-petites fleurs verdâtres et sans apparence.

Sumac du Canada et **Sumac de Virginie.** A peu près semblables : ils donnent des fleurs rouges en panicules très-serrées.

SUREAU. Indépendamment de l'espèce commune qui croît dans les haies, on cultive encore :

Le **Sureau du Canada** ou **de tous les mois,** dont les fleurs se succèdent plus longtemps que dans l'espèce ordinaire, et le **sureau a grappes** donnant de jolies baies rouges d'un très-bon effet. Tous trois se multiplient facilement de boutures, de rejetons ou par la greffe en fente ; ils ne sont pas difficiles sur le choix du terrain.

SYRINGA. Cet arbrisseau, de moyenne hauteur et très-touffu, buissonne aisément ; ses tiges se chargent d'une infinité de petites branches garnies de feuilles rudes et teintes en dessus d'un vert foncé qui pâlit en dessous. Fleurs en juin et juillet, blanches et par bouquets, répandant une odeur de fleur d'oranger assez agréable de loin, mais si forte de près, que bien des personnes ont peine à la supporter longtemps. On cultive encore un *syringa* qui ne diffère du précédent que par sa taille plus élevée. Ses fleurs sont aussi plus grandes et inodores. La multiplication de ces deux espèces est très-facile par les drageons enracinés. Tout terrain et toute exposition leur conviennent.

TAMARIS DE NARBONNE, de 2 mètres 65 à 3 mètres 30 centimètres, dont les branches, souples et pendantes, se garnissent de rameaux grêles, qui portent de petites feuilles en partie persistantes, assez semblables à celles de la bruyère. Fleurs, blanc-rose, en épis légers, à l'extrémité des branches et des rameaux.

Le **Tamaris d'Allemagne** a les feuilles doubles de grandeur, moins pointues, et d'un vert tirant sur le bleu. Ses fleurs, disposées comme les autres, sont beaucoup plus grandes, un peu odorantes et d'une couleur foncée.

Les *tamaris* aiment les terrains humides, le voisinage des ruisseaux et des fontaines. Ils se propagent, au printemps, de marcottes ou de boutures, qui, avant d'être mises en place, doivent demeurer au moins deux ans en pépinière ou en orangerie.

TANAISIE, Baume, Menthe-Coq ou Coq des jardins. Plante aromatique dont quelques personnes font usage dans les salades, mêlée avec d'autres fournitures. Elle se multiplie de drageons au printemps. La *tanaisie*, qui croît sans culture le long des chemins, dans les haies et dans les jardins, offre une variété *à feuilles frisées,* plus grande et jolie.

THÉ BOU. Petit arbrisseau d'orangerie ; fleurs blanches nombreuses, solitaires ou réunies. Ses feuilles servent à faire le *thé.* Semis, boutures, marcottes ou rejetons sur couche vitrée au printemps.

THLASPI. Plante dont il existe deux espèces, l'une annuelle et l'autre vivace. Cette dernière offre plusieurs variétés, parmi lesquelles une blanche fleurit en octobre, dure l'hiver, et reste encore en fleurs une partie du printemps. Elle doit être mise en pot et tenue en orangerie pendant les gelées.

Thlaspi annuel. Tige qui ne s'élève pas à plus de 33 centimètres. Feuilles oblongues et dentées au sommet ; fleurs en ombelles, rougeâtres, blanches ou violettes. Il se sème, au printemps, souvent de lui-même, et fleurit en juillet. La transplantation ne lui plaît pas.

On cultive encore en pleine terre le thlaspi jaune, *Alysse* ou *Corbeille d'or,* dont la feuille a beaucoup de ressemblance avec celle de la *giroflée rouge.* Branches nombreuses et presque rampantes. Fleurs, en mai, jaune d'or brillant, petites et réunies en bouquets. Le *thlaspi* s'écarte trop en vieillissant, aussi est-on dans l'usage de le semer tous les ans pour avoir de plus jolies plantes. De même que le premier, il se propage encore de marcottes ou par l'éclat des racines. Les *thlaspis* ne sont pas difficiles sur le choix du terrain.

THUYA DU CANADA, Arbre de vie. Le *thuya* est un arbre vert assez rustique, qui s'élève en forme pyramidale à plus de 10 mètres. Ses feuilles, très-petites, épaisses et odorantes, étant froissées, ressemblent beaucoup à celles du *cyprès.* Ses fleurs terminales, mâles ou femelles, sur le même sujet, se montrent en avril.

Thuya de la Chine. Il est à peu près de même grandeur que le précédent. Ses branches étant plus serrées, il figure mieux la pyramide. Le vert de son feuillage est beaucoup plus gai.

Les *thuyas* se multiplient de boutures faites à l'ombre, en terre douce, tenue fraîche, ou de semis, au printemps, dans des pots pleins de terre de bruyère et placés sur couche. Les jeunes plants doivent être levés en motte, et garantis du froid pendant deux ou trois ans.

THYM. Cette plante, ligneuse et vivace, offre plusieurs variétés, qui se multiplient toutes par l'éclat des pieds, au printemps. On peut les mettre en bordures.

TRACHELIUM bleu. Plante fort jolie, originaire d'Alger. Bisannuelle. Fleurs bleu-violacé en corymbe. Terre légère et un peu sèche, exposition chaude. Pleine terre l'été; orangerie l'hiver. Multiplication de graines aussitôt la maturité ou sur couche au printemps.

TUBÉREUSE. Plante vivace, dont les oignons, plantés depuis février jusqu'en mai en pots (2 ou 3 en chaque pot) remplis de bonne terre légère et grasse, plongés dans une couche de chaleur tempérée, ou plantés dans la couche même, chargée de 20 c. 71 m. à 30 c. 25 m. de semblable terre, et couverts de cloches, ou d'un châssis; soutenant la chaleur de la couche jusqu'à la fin de mars; mouillant, donnant de l'air; ou plantés en pots au commencement d'avril, enterrés dans une plate-bande d'espalier au midi, et défendus des nuits et des temps rudes jusqu'à la mi-mai, poussent une tige haute de 65 à 97 cent. garnie de feuilles étroites, ensiformes; et produisant des fleurs axillaires vers l'extrémité, quelquefois géminées, blanches, très-odorantes, en long tube évasé et découpé en six échancrures, simples ou doubles. Lorsque les feuilles et les tiges sont desséchées, on déplante les oignons; on jette ceux à fleur simple; on conserve ceux à fleur double, et on en sépare les caïeux qui, étant soignés comme les oignons, mais tenus moins chaudement, sont formés en deux ou trois ans.

TULIPE. Plante moyenne vivace. Une belle tulipe doit former un calice un peu ouvert, bien proportionné ; avoir au moins trois couleurs vives, éclatantes, lustrées, bien opposées, relevées de filets noirs ou sombres. Sur les qualités et sur la culture de cette plante, nous n'entrerons point dans un détail qui n'est intéressant que pour les grands fleuristes, qui en ont dénommé plus de 500 variétés. Elle s'accommode du même terrain et de la même culture que la jacinthe ; se multiplie par caïeux ou par semences, moyen d'obtenir des variétés, mais réservé pour ceux qui ont la patience d'attendre depuis trois jusqu'à neuf ans le succès de leur semis.

La TULIPE A FLEUR DOUBLE, ou plutôt semi-double, peu estimée, a de jolies variétés. La petite TULIPE DUC DE THOL n'a de mérite que par sa précocité et son odeur.

TUSSILAGE ODORANT, HÉLIOTROPE D'HIVER. Les fleurs, qui paraissent tout l'hiver, sont d'un blanc rose et répandent une odeur d'héliotrope. Cette plante demande à être garantie de la plus petite gelée ; elle se multiplie par la séparation des racines, qui sont traçantes.

VALÉRIANE ROUGE. Plante vivace. Variétés blanches et pourpres.

Multiplication, au printemps, par la séparation des touffes, ou de graines, qui se sèment souvent d'elles-mêmes.

VERGE D'OR. Cette plante vivace, donnant de jolies fleurs jaunes, offre plusieurs variétés. Peu difficiles sur le terrain et sur l'exposition, elles ne demandent pas le moindre soin et se multiplient très-facilement par les nombreux rejetons qu'elles poussent souvent de manière à nuire aux plantes voisines.

VÉRONIQUE. Cette plante vivace offre plusieurs espèces assez rustiques, qui s'accommodent de toute exposition et se multiplient de semis au printemps, ou par l'éclat des pieds et les rejetons en automne. Les fleurs de toutes sont en épis, et se montrent de mai en août.

Véronique maritime. Tiges et feuilles blanchâtres ; fleurs bleues.

Véronique de Virginie. Feuilles lancéolées ; fleurs blanches à l'extrémité des tiges d'environ 1 mètre.

Véronique a épis. Tiges de 50 centimètres; fleurs bleu tendre.

Véronique officinale ou Thé d'Europe. Tiges d'environ 33 centimètres, couchées, menues et noueuses ; feuilles ovales, velues et dentelées.

On cultive encore, sous le nom de Véronique en croix, un bel arbrisseau toujours vert, qui donne, en juin, des grappes de jolies fleurs blanches. Il demande la terre de bruyère et l'orangerie, et se multiplie de semences ou de boutures qui reprennent assez facilement.

VERVEINE a bouquets. Bonne exposition; terre substantielle mêlée de terreau ; arrosement ordinaire. Multiplication, au printemps, de graines qui se sèment souvent d'elles-mêmes. On propage encore par boutures ou branches enracinées.

VIGNE-VIERGE. Cet arbrisseau pousse rapidement un grand nombre de rameaux sarmenteux et longs qui s'attachent partout, et se multiplie de graines, marcottes ou boutures : elle s'accommode de toutes sortes de terres et d'expositions.

VIOLETTE. Il en existe deux variétés : la *double* et la *blanche*. Emblème de la candeur. La multiplication de toutes est très-facile.

CULTURE ET PROPRIÉTÉS

DES PRINCIPALES

PLANTES MÉDICINALES

ABSINTHE. Nous avons donné plus haut la culture de cette plante. L'absinthe est employée avec succès dans la médecine humaine et vétérinaire, comme un excellent tonique. Elle est fébrifuge et chasse les vers. On emploie ses feuilles en infusion dans l'eau, le vin ou l'alcool.

ACACIA. Le suc d'acacia est un astringent recommandé dans le vomissement, la diarrhée, le diabète, les hémorrhagies. Il est un des ingrédients de la thériaque et de plusieurs autres préparations pharmaceutiques. La gomme arabique, dont les usages sont variés et si importants, est un produit de l'acacia.

ACANTHE. Cette plante a des propriétés émollientes et l'on s'en sert en cataplasmes, en fomentations, en lavements pour calmer les irritations inflammatoires ou nerveuses. Sa racine, légèrement astringente, est employée contre l'hémoptysie, la diarrhée et même la dyssenterie.

ACHE. Pilées et appliquées sur les contusions, les feuill d'ache agissent comme résolutives; aussi les emploie-t- avec succès pour diminuer ou dissiper le lait qui gonfle engorge les mamelles.

ALKEKENGE. Tiges de 50 cent.; fleurs d'un blanc ter baies rouges ou jaunes. Cette plante, dont la racine est vivace, aime à la fois l'ombre, la chaleur et une terre légère. Ses fruits, acides et rafraîchissants, sont servis sur table dans quelques contrées. L'usage de ces fruits ou leur suc convient dans l'hydropisie et les inflammations qui succèdent aux fièvres intermittentes. L'alkekenge pousse aux urines.

ANGÉLIQUE. Ses racines et ses feuilles sont excitantes et carminatives.

ANIS. Mêmes propriétés, pour la graine seulement.

ARRÊTE-BŒUF. Les racines sont excitantes et diurétiques.

AUNÉE. Tiges de 1 mèt. à 1 mèt. 30. Grandes fleurs jaunes radiées de juillet et août. Multiplication de graines et d'éclats. Les racines sont expectorantes-excitantes.

BARDANE. Tiges de 65 cent. à 1 mèt. Fleurs purpurines, en août; tout terrain; multiplication de graines. La racine est dépurative.

BELLADONE. Plante de 1 à 2 mètres; feuilles vert foncé, fleurs d'un pourpre violacé, en forme de cloches, fleurissant pendant tout l'été; fruits semblables à des guignes. La belladone est un poison violent, mais la médecine en tire un précieux secours; car, en pilules ou en pommade, son suc a la propriété de faire taire la douleur dans toutes les maladies où elle est prédominante.

BISTORTE. Tiges de 35 cent. Fleurs couleur de chair, en août. Multiplication de graines ou d'éclats. Terre humide ou ombragée. La racine est astringente.

BOUILLON-BLANC ou MOLÈNE OFFICINALE. Cette plante bisannuelle, généralement connue, vient partout, mais beaucoup mieux dans un terrain sec et chaud; elle se sème d'elle-même. Ses propriétés et son beau port doivent engager les amateurs à en admettre quelques pieds dans les jardins.

Les feuilles et les fleurs de la *molène*, bouillies dans l'eau et dans le lait, calment la toux et les ardeurs de la poitrine. Employées en forme de cataplasme, elles peuvent guérir les panaris, les brûlures et les hémorroïdes enflammées. La graine, jetée dans un vivier, frappe d'étourdissement le poisson, qui se laisse prendre à la main.

BOURRACHE. Tige d'environ 70 centimètres; jolies fleurs bleues. La plante se reproduit partout avec une extrême facilité.

Tout le monde connaît l'usage de ses fleurs, mêlées à celles de la *capucine*, pour orner les salades, et personne n'ignore que sa racine, ses tiges et ses feuilles, en décoction miellée, facilitent l'expectoration, et sont bonnes dans les fièvres ardentes et les embarras du foie.

CAMOMILLE ROMAINE. Les fleurs et les tiges fleuries sont très-stomachiques.

CÉLERI. La racine est diurétique, excitante et tonique.

CENTAURÉE (PETITE). Tiges de 35 centimètres. Fleurs roses de juin en août. Terre légère un peu sèche. Multiplication de graines au printemps. Les sommités fleuries sont stomachiques et toniques.

CENTAURÉE-BLUET, PERCETTE, CASSE-LUNETTES, BARBEAU DES BLÉS. Tout le monde connaît cette plante dont les fleurs infusionnées sont excellentes pour les inflammations des yeux.

CHICORÉE SAUVAGE. Les racines et les feuilles sont dépuratives.

CHIENDENT. Plante graminée, qui se multiplie par ses traces. Tout terrain et toute exposition ; la racine est émolliente et pousse aux urines.

CIGUE. Plante de 1 mètre à 1 mètre 50 centimètres. Fleurs blanches en ombelle, en juin et juillet. Multiplication de graines au printemps, en place ou en pépinière, pour repiquer à 1 mètre de distance. Terre substantielle, humide, ombragée. Les feuilles ressemblent à celles du persil. La ciguë est un poison violent ; mais la médecine emploie ses feuilles et ses racines comme narcotiques. On en fait des emplâtres pour dissoudre les tumeurs.

COCHLÉARIA. Plante de 20 à 30 centimètres. Petites fleurs blanches. Tout terrain ; multiplication de graines au printemps ; arrosements. Les feuilles sont anti-scorbutiques.

CONSOUDE (GRANDE.) Tige de 35 à 70 centimètres. Fleurs rouge-jaunâtre ou blanches. La racine sèche ou verte est émolliente.

CRESSON. Toute la plante est antiscorbutique.

DAPHNÉ LAURÉOLE ou Lauréole male. Arbrisseau toujours vert de la famille des thymélées. Nous en avons déjà parlé ; il a les mêmes propriétés médicales que le *lauréole femelle* ou *daphné mézéréon*. Les baies sont un violent purgatif. L'écorce et les semences sont employées contre l'hydropisie.

DATURA STRAMONIUM, Pomme épineuse, Stramoine, Herbe au diable, Herbe au sorcier, Endormeuse, Endormie. Cette plante est un poison ; mais ses feuilles en fumigation ou fumées comme le tabac sont un remède souverain contre l'asthme. On l'emploie aussi contre les maladies nerveuses et l'épilepsie. Sa semence en teinture est employée en frictions contre les névralgies de la face, du cou, etc.

DIGITALE POURPRÉE, Digitale gantelée, Gant notre-dame. En poudre ou en infusion, elle guérit les douleurs au cœur et les palpitations. On l'emploie avec grand succès contre l'hydropisie.

DOUCE-AMERE. Les tiges sarmenteuses sont dépuratives.

ELLÉBORE NOIR. La racine est purgative.

EPINE-VINETTE. Les baies sont rafraîchissantes.

FENOUIL. Toute la plante est carminative excitante.

FUMETERRE. Tiges de 20 à 30 centimètres. Fleurs verdâtres en épi, fleurissant tout l'été. Tout terrain, toute exposition. Se multiplie de graines en place au printemps. Toute la plante est dépurative.

GENEVRIER. Les baies sont diurétiques, excitantes, atoniques.

GRATIOLE, Petite Digitale, herbe a pauvre homme. Plante vivace, qui se plaît dans les lieux humides, le long des fleuves, sur le bord des étangs. Elle donne au mois de juillet des fleurs purpurines solitaires. La gratiole est inodore, mais elle a une saveur désagréable, amère, nauséabonde. Les moutons dédaignent cette plante et l'on est obligé d'éloigner les troupeaux des prairies qui la renferment. Les chevaux la mangent, mais ils sont violemment purgés et maigrissent bientôt d'une manière notable. La gratiole, employée en infusion ou en poudre, est très-purgative. On s'en sert avec succès contre la gaïe et toutes les maladies de la peau, contre certaines hydropisies, contre la goutte et la dyssenterie.

GUIMAUVE. Les fleurs, les feuilles et les racines sont émollientes.

HOUBLON. Cette plante, que tout le monde connaît, est dépurative.

HOUX. La racine du petit houx est diurétique, excitante, atonique.

HYSSOPE. Cette plante est expectorante, excitante.

IRIS DE FLORENCE. Une eau souveraine pour les inflammations des yeux se compose ainsi :

Iris de Florence en poudre pour 5 centimes, sulfate de zinc ou couperose blanche pour 10 cent.; sucre candi pour 10 cent.; on met dans une demi-bouteille d'eau; on laisse reposer vingt-quatre heures, puis l'on s'en bassine les yeux soir et matin.

JALAP. Le jalap, qu'on vend dans la pharmacie en tronçons desséchés, est la racine d'un *convolvulus* d'Amérique. Il purge à petite dose, et facilement.

JOUBARBE, FIL D'ARAIGNÉE. *Sempervivum arachnoïdium.* Famille des joubarbes. C'est une plante grasse des Alpes. Elle est vivace. On la cultive en pot, au fond duquel on met des pierrailles, puis du terreau mêlé de vieux mortier. On enterre le pot au midi, au pied d'un mur. On a soin d'en renouveler la terre tous les trois ans. Cette plante se multiplie par ses rosettes, qui s'allongent et qu'on peut mettre en terre sans racines tout l'été. Ces rosettes sont couvertes de poils qui paraissent les attacher les unes aux autres, et imitent le tissu d'une toile d'araignée. Les fleurs, en août, sont roses et jolies.

GRANDE JOUBARBE (*sempervivum tectorum*). Elle vient sans culture sur les vieux murs; ses fleurs sont en grappes et purpurines ; elles paraissent en juin, et sont suivies de graines en automne. Ses sucs émollients apaisent les douleurs hémorrhoïdales. Selon Tournefort, un demi-litre de suc de joubarbe contribue à guérir les chevaux fourbus.

La PETITE JOUBARBE ou ORPIN BLANC (*sempervivum album*) croît aussi sur les toits. Son suc est également émollient. Il rougit le papier bleu. Cette plante est cultivée dans quelques jardins pour être employée en salade. Elle donne au mois de juin de petites fleurs en formes de roses, en corymbes, au sommet des branches et d'un jaune blanchâtre.

JOUBARBE VERMICULAIRE (*sempervivum acre*). Cette plante se trouve également sur les vieilles murailles et dans les lieux arides. Elle sèche en hiver. Ses fleurs jaunes et petites, en étoiles, sont rangées comme en épis au bout des tiges, qui se divisent en trois branches.

Le suc de la *vermiculaire* est caustique. On la pile avec du beurre frais, et on l'applique sur la tête pour guérir la teigne. On s'en sert pour fomenter les cancers et la gangrène.

JOUBARBE PYRAMIDALE (*sempervivum pyramidale*). La tige de cette plante, de Provence, est garnie de fleurs blanches. Elle réussit dans un mélange de terreau et de sable et y fleurit la troisième année. On reconnaît que les pieds donneront des fleurs, lorsque leur centre est garni de petites feuilles tendres propres à fournir une tige.

JUJUBES. *Rhamnus ziziphus*. Famille des nerpruns. Les jujubes sont les fruits du jujubier, arbre de l'Arabie, qui est actuellement fort commun en Languedoc et en Provence, où il s'est très-bien naturalisé, et que l'on cultive partout dans les serres. Il est de la grandeur d'un olivier et tortueux. Il produit un fruit oblong, de la figure et de la grandeur d'une olive, d'abord verdâtre, ensuite jaunâtre, enfin rouge ; il n'y a que la pellicule de cette couleur. Ce fruit renferme une pulpe blanchâtre, molle, fongueuse, d'un goût doux et vineux ; au milieu de cette moëlle est un noyau oblong, graveleux, très-dur, qui contient deux amandes lenticulaires, dont l'une avorte le plus souvent.

Les jujubes se cueillent dans leur maturité ; et, étant récentes, elles servent de nourriture familière et agréable aux peuples des pays où elles croissent. On en expose au soleil sur des claies et sur des nattes de paille, jusqu'à ce qu'elles soient ridées et sèches, et, en cet état, on nous les envoie. On en fait des décoctions salutaires. Par leur mucilage doux, elles apaisent les irritations de la poitrine et des poumons, et calment les toux fâcheuses.

La pâte de jujubes est pectorale et émolliente; elle fait un
:ellent effet, quand on en prend le matin en se levant, si
la laisse fondre lentement dans la bouche, et elle facilite
:pectoration des matières accumulées dans les bronches
idant la nuit. Elle calme la toux et l'irritation des poumons.

US D'HERBE. On obtient les jus d'herbe en pilant les
ntes fraîches dans un mortier de marbre avec un pilon de
s ; on les réduit en une espèce de pulpe, que l'on exprime
is un linge un peu fortement. Il passe un suc trouble, coloré
vert.

On peut clarifier, au moyen de la chaleur, du blanc d'œuf,
., lorsqu'on opère sur des plantes qui ne contiennent pas
principes volatils, telles que de la chicorée, le pisse en lit,
lumeterre, la laitue, la saponaire, la bourrache, l'oseille, etc.

Le suc des plantes dites *antiscorbutiques*, telles que le
:sson, la véronique d'eau, le cochléaria, le cerfeuil, le mé-
anthe ou trèfle d'eau, se dépure par le repos et la filtra-
n à travers le papier joseph.

Lorsque les plantes sont trop sèches ou trop visqueuses, on
iute un peu d'eau tiède en les pilant, ce qui arrive rarement
ns la bonne saison.

On fait un sirop avec le jus des herbes mêlé à l'eau de
mme pectorale.

On fera un sirop avec le jus de feuilles de capillaire, de vé-
nique, d'hyssope, de lierre terrestre, parties égales mêlées.
:ur infusion est stimulante, incisive, expectorante et sudo-
ique.

On compose un sirop béchique avec un mélange de fleurs
: mauve, de bouillon-blanc, de coquelicot, de pas-d'âne,
irties égales.

Leur infusion est émolliente et adoucissante, et convient
rsqu'il y a beaucoup d'irritation et d'inflammation dans les
ronches, la gorge et dans les poumons.

JUSQUIAME NOIRE. (*Hyosciamus vulgaris*). Famille des
)lanées. Elle croît dans les champs et le long des chemins.
es feuilles, d'un vert gai, ont une odeur forte et puante ; leur
ic rougit le papier bleu. Les fleurs sont en épis, d'un jaune

pâle, veinées d'un pourpre brun dans le centre. Le fruit a la figure d'une marmite.

La JUSQUIAME BLANCHE (*Hyoscyamus albus*) est plus petite et moins rameuse.

La JUSQUIAME DORÉE (*Hyoscyamus aureus*) se cultive en pot dans une orangerie, et dehors en été, au grand soleil. Elle est originaire de Provence.

La jusquiame a les propriétés des narcotiques. Ses émanations causent des étourdissements et des maux de tête à ceux qui s'endorment sous son ombrage. L'antidote de la jusquiame est le même que celui des narcotiques. Elle tue la volaille, mais elle paraît salutaire aux cochons. L'extrait de la jusquiame, pris à la dose d'un grain, convient pour calmer les tremblements convulsifs, les frissons et syncopes.

Onguent de jusquiame contre les tranchées et coliques. Faire cuire les feuilles avec du s indoux, en frotter un papier gris, et l'appliquer sur le ventre.

LAVANDE. Les épis fleuris et les feuilles sont aromatiques et excitants.

LIERRE TERRESTRE, RONDETTE, TERRETTE, HERBE A LA SAINT-JEAN. Le lierre terrestre fleurit en avril et mai ; il abonde dans les endroits couverts, humides, dans les fossés, le long des haies et des buissons. L'infusion de ses fleurs convient dans la toux, le catarrhe et les maladies de poitrine.

LILAS. L'infusion des fleurs de *lilas* dissipe les vents.

LIN. On connaît l'emploi de ses graines et de leur farine. C'est l'un des meilleurs émollients.

MARJOLAINE, ORIGAN. On fait usage de l'*Origan-Marjolaine* en fomentation et en bain contre les rhumatismes et le torticolis. Son huile volatile calme les douleurs des dents cariées. On assure qu'un petit paquet de cette plante, suspendu dans un tonneau de bière, l'empêche d'aigrir.

MAROUTE ou CAMOMILLE PUANTE. Tige de 35 à 70 centimètres. Fleurs blanches, à disque jaune en juin et juillet. Terre légère et maigre. Se multiplie de graines. On emploie la plante entière comme excitante et antispasmodique.

MARRUBE blanc. Plante de 35 à 70 centimètres; petites fleurs blanches pendant tout l'été; terre légère, substantielle; en position chaude; multiplication de graines et d'éclats. Les feuilles et sommités fleuries facilitent l'expectoration et sont légèrement excitantes.

MATRICAIRE. Mêmes propriétés que la précédente. Cette plante peut être employée contre les vers; on lui attribue beaucoup d'autres vertus contestées par la médecine moderne. Les abeilles ne peuvent supporter l'odeur de la *matricaire*.

MAUVE. L'espèce sauvage, annuelle, très-commune et rustique, a des propriétés émollientes, adoucissantes, rafraîchissantes et relâchantes. En infusion, elle est employée dans toutes les affections de l'appareil urinaire, dans la diarrhée, dans la dyssenterie, la toux et les maladies du poumon. On l'administre en lavement pour combattre la constipation chez les sujets ardents et secs et pour calmer les coliques.

Les jeunes pousses de cette plante peuvent se manger en salade.

MÉLISSE OFFICINALE, Citronnelle. Petites fleurs blanches, à odeur de citron, en juin et septembre; terre légère au midi. Semis ou éclat des pieds. Les fleurs et les feuilles sont excitantes et aromatiques.

MENTHE POIVRÉE. Plante de 40 à 55 centimètres, épis de fleurs d'un rouge violâtre, en août et septembre. Terre franche, légère et humide. Multiplication de drageons au printemps et en automne.

MORELLE NOIRE. Plante de 35 à 70 centimètres. Fleurs blanches en grappes pendantes durant tout l'été. Multiplication de graines en avril. C'est un narcotique.

La Morelle officinale, qui croît le long des chemins et dans les haies, n'est en quelque sorte administrée qu'à l'extérieur, en fomentation ou en cataplasme sur les panaris, sur les dartres vives, sur les brûlures, les hémorroïdes et les parties contuses.

MOUTARDE. La graine de moutarde blanche, avalée avec de l'eau, est excellente pour toutes les affections des voies digestives.

MUGUET DE MAI, Lis de mai, Lis des vallées. La poudre de muguet, prisée comme du tabac, est excellente contre les migraines.

NAVET. La décoction du navet est en usage contre la toux, le catarrhe et la phthisie pulmonaire. On assure que, cuit et préparé en cataplasme, il peut guérir les engelures, et les maux de dents étant appliqué derrière les oreilles.

NERPRUN. Arbrisseau de 2 à 3 mètres, donnant en mai et juin des fleurs d'un jaune verdâtre réunies. Multiplication de graines ou de marcottes. Tout terrain et toute exposition. Les fruits sont purgatifs.

PARiÉTAIRE OFFICINALE. Plante de 35 à 65 centimètres, donnant en été de petites fleurs verdâtres. Multiplication de graines ou d'éclats. Terre sèche et de décombres. La plante est émolliente et diurétique.

PATIENCE. Plante de 1 mètre 30 à 1 mètre 60 centimètres, donnant en juin et juillet des fleurs verdâtres en épis. Multiplication de graines à l'automne. Terre fraîche et substantielle. La racine est dépurative.

PAVOT DES JARDINS, Pavot somnifère. Plante annuelle, originaire d'Orient, naturalisée en Europe où on la cultive comme plante économique et comme plante d'agrément. Il y a deux variétés : le Pavot noir, dont les fleurs sont purpurines, les capsules moins grosses et les graines noirâtres, et le Pavot blanc, à fleurs blanches, à capsules plus volumineuses, à graines blanchâtres. On connaît l'usage de la décoction de capsules ou têtes de pavot dans la confection des cataplasmes, en lavements, injections et lotions de toute nature. Le *sirop diacode* se prépare avec les têtes de pavot blanc. Les semences de pavot donnent, sous le nom d'*œillette*, une huile excellente pour les usages alimentaires.

PECHER. Les feuilles et les fleurs du pêcher infusées sont purgatives. De cette infusion sucrée on fait un sirop bon pour tuer les vers des enfants.

PISSENLIT. Plante dépourvue de tige, produisant au printemps une fleur grande, jaune, solitaire. Multiplication de graines. Tout terrain ; la racine et les feuilles sont dépuratives.

PIVOINE OFFICINALE. Les graines, les fleurs et les racines sont antispasmodiques, excitantes.

POIRÉE ou **Bette.** Les feuilles de *bette*, couvertes de beurre, servent à panser les cautères. La racine de cette plante est blanche, grosse, longue, charnue, ronde et ligneuse ; ses feuilles sont grandes, larges, lisses, luisantes et tendres, d'un jaune blanchâtre, remplies d'un suc ayant le goût nitreux. Sa tige s'élève à la hauteur de 1 mètre 33 c. à 1 mètre 65 c., portant plusieurs rameaux dont les extrémités sont garnies de longs épis remplis de petites fleurs rougeâtres, composées de cinq étamines ; à ces fleurs passées succèdent des graines presque rondes, grosses comme des pois raboteux, de couleur cendrée, renfermant chacune trois grains de semence brunâtre, qui est bonne pour trois ans.

La culture de cette plante est fort aisée, et toute terre lui est bonne, en la préparant à l'ordinaire par un bon labour. On la sème au mois de mars dans les terres légères, et en avril dans les terres fortes. On peut faire la semence à volées, comme les maraîchers la pratiquent, ou par rayons, à 24 centimètres de distance les uns des autres, comme il est plus ordinaire dans les jardins particuliers : cette manière est plus commode pour la serfouir et la couper. Six semaines après qu'elle a été semée, on peut commencer à s'en servir ; et dans cette saison, où la racine est encore faible, on la coupe à fleur de terre ; elle repousse de nouvelles feuilles, et plus elle est coupée souvent, plus la feuille est tendre et onctueuse.

POMMES ÉPINEUSES, Stramoine. Le suc de la plante feuilles sont narcotiques.

RAFRAICHISSANTES (Plantes) pour calmer l'agitation humeurs. — V. *concombre, melon, laitue, pourpier, chirée, chiendent, groseillier, mauve, oranger, vigne.*

RAIFORT (Grand), Cranson rustique ou Moutarde des Allemands. Cette plante, qui s'accommode de tous les terrains, se multiplie à l'automne par l'éclat des racines ou par le semis au printemps. Ce dernier moyen est peu employé. La racine est antiscorbutique.

RICIN. La semence et les feuilles sont purgatives.

RÉGLISSE. Si on veut admettre cette plante économique dans un jardin, il faut la placer de manière à ce qu'elle ne puisse nuire, parce qu'elle trace et creuse autant que le *chiendent*. Elle se multiplie, au printemps, de drageons ou de pieds enracinés. Tout le monde connaît les propriétés adoucissantes et l'usage de la racine de *réglisse*.

ROSE DE PROVINS. Les pétales de la fleur sont astringents.

SAFRAN. Le safran, que de nombreuses analogies rapprochent de l'iris, s'élève à 20 centimètres environ; racine bulbeuse; fleurs pourpre clair. Terre légère, sablonneuse. Multiplication de bulbes. Le safran, pris à petites doses dans les aliments, possède une vertu cordiale, stimulante et digestive. Il entre dans la composition de l'*élixir de Garûs* ou *laudanum de Sydenham*, etc. Le *sirop de safran au malaga* possède une vertu calmante et fortifiante contre la coqueluche et les toux nerveuses.

Le safran s'applique sur la peau qu'on veut irriter. On l'introduit dans la bouche en gargarisme pour guérir les ulcères fétides des gencives; on l'administre en lavement dans les affections vermineuses. Quelques auteurs prétendent que la vapeur qui s'élève de la décoction de cette plante peut guérir l'affaiblissement de la vue.

SAPONAIRE OFFICINALE, Savonniere, Savonnaire, Savon de fossé, Herbe a foulon. Plante herbacée, de 70 cent.; fleurs en ombelles, blanches ou purpurines, d'une odeur agréable; croît dans les haies, les buissons, sur les bords des grands chemins. Peu difficile sur la nature du terrain; se multiplie avec la plus grande facilité par ses racines traçantes. Souvent même, elle devient incommode pour les plantes qui sont dans son voisinage, et si l'on n'a pas soin de veiller à ce qu'elle ne se propage pas trop, elle ne tarde pas à envahir beaucoup d'espace. Elle mérite d'ailleurs, par la beauté de ses fleurs et son odeur agréable, de se trouver dans tous les jardins. En décoction, la saponaire est dépurative; on emploie aussi le jus de ses feuilles pilées; enfin, les feuilles en cataplasme sont excellentes contre les engorgements lymphatiques.

SAUGE. Les feuilles et les fleurs sont excitantes, aromatiques.

SCILLE. Plante bulbeuse dont la racine atteint quelquefois la grosseur de la tête d'un enfant; fleurs blanches en grappe ou épi. C'est un poison pour les chiens et les chats. Prise à forte dose, elle détermine aussi la mort de l'homme. Elle est excellente contre l'hydropisie, et contre certaines affections du cœur et des poumons.

SERPOLET. Petite plante dont les feuilles approchent assez de celles du *thym*; elle s'étend sur terre, et, croît aux lieux humides et montagneux.

Elle convient pour élever le ton de l'estomac et des intestins aux sujets affaiblis par les travaux de l'esprit. On attribue à son infusion la faculté de dissiper du cerveau les vapeurs du vin. Les abeilles aiment beaucoup ses fleurs, qui donnent un bon goût au miel. La chair des moutons qui broutent le *serpolet* acquiert une saveur très-recherchée.

TANAISIE. Les sommités des tiges, les fleurs et les graines ont des propriétés antispasmodiques excitantes.

TORMENTILLE. Plante d'environ 35 centimètres; fleurs jaunes, solitaires pendant tout l'été. Terre légère et sèche; multiplication de graines ou d'éclats. La racine est astringente.

TREFLE D'EAU. Les feuilles sont excitantes, aromatiques.

VALÉRIANE. La *valériane sauvage* ou *officinale* croît dans les bois aux lieux humides. Sa racine, qui a la propriété d'attirer les chats, a été administrée avec succès dans l'épilepsie produite par la peur, la colère et autres affections morales.

VERVEINE OFFICINALE. Très-commune le long des haies, sur le bord des chemins.

Les anciens accordaient à cette plante la vertu de *rallumer* les feux de l'amour, de réconcilier les cœurs aliénés par la haine. On s'en servait pour purifier les autels de Jupiter.

Ses propriétés médicales, sacrées et magiques, ne reposent que sur des faits douteux ou des préjugés. La *verveine* ne mérite pas grande confiance, et son usage médical est aujourd'hui tombé en désuétude.

VÉLAR, HERBE SAINTE-BARBE, JULIENNE JAUNE. Plante vivace qui s'accommode de toutes sortes de terres et d'expositions, et se multiplie, au printemps, de boutures ou de pieds éclatés. Tiges d'environ 65 centimètres.

Elle est antiscorbutique.

CLASSIFICATION DES PLANTES

SUIVANT LEUR HAUTEUR, LEURS COULEURS ET L'ÉPOQUE
DE LEUR FLORAISON.

PREMIER RANG. PLANTES DE 3 à 18 CENTIMÈTRES.

Fleurs de printemps vivaces. — Jaunes : crocus, alysse, corbeille d'or, renoncule repens. — Blanches : galantine, nivéole, primevère blanche, violette blanche, ornithogale umbellatum ou belle d'onze heures, muguet, araiste ou argentine, renoncule rutæfolius. — Rouges : cyclamen europæum. — Roses : cyclamen hederofolium, bulbocode ou merendera verna et tigrida. — Violettes : violettes, lilas, statice ou gazon d'Olympe. — Bleues : gentiane acaulis. — Variées primevère, muscari suaveolens, marguerite vivace ou pâquerette, oreilles d'ours.

Annuelles. — Bleues : campanule des Alpes. — Jaunes : réséda. — Roses : gyrophile muralis.

Fleurs d'été vivaces. — Rouges : ficoïde linguiforme. — *Annuelles.* Lilas : giroflée de Mahon. — Blanches : basilic.

Fleurs d'automne vivaces. — Blanches : tussilage odorant, héliotrope d'hiver. — Variées : colchique. — *De terre de bruyère:* amaryllis jaune.

SECOND RANG. PLANTES DE 21 à 33 CENTIMÈTRES.

Fleurs de printemps vivaces. — Jaunes : anémone ranunculoïde, ellébore hyemalis, petite-éclaire, narcisse, porjon, jonquille, renoncule bulbeuse, adonis vernalis, ficoïde dolabiforme, cypripède calceolus ou sabot de Vénus.— Blanches: ibéride, tourette, érythrone à longues feuilles, saxifrage umbrosa, id. hyproïde, narcisse des poëtes, arénaire, anémone à fleurs de narcisse, iris Swertii. — Rouges : anémone pavonina, cyclamen de Perse, lichinide alpina, id. spectabilis, giroselle. — Roses : ellébore niger, érythrone flavescens, ficoïde hispidum, glaïeul bysantinus, ficoïde denteculatum, phlox subulata, saxifrage sarmentosa, drave. — Violettes: soldanelle, iris sysirinchum. — Bleues: cynoglosse omphalodes, iris persica, anémone pulsatile ou coquelourde, gentiane verna, anémone aponina, muscari cosmosum, id. monstruosum, iris graminea.— Variées : iris pumula, frétillaire méléagre, jacinthe, fumeterre bulbosa, renoncule asiatique, glaïeul commun, id. grandiflorus.

Annuelles.—Blanches : Blete capitatum. — Bleues : campanule speculum.— *De terre de bruyère.*— Blanches : érythrone.—Rouges : pachcasandre trillium.

Fleurs d'été vivaces. — Jaunes : lysimachie trisiflora. — Blanches : pirole rotundifolia, achillée falcata. — Rouges : saxifrage sarmentosa.— Roses : énothère rose. — Oranges : épervière orangée. — Violettes : aster vivace ou alpinus. — Lilas : phlox reptans, id amœna et pilosa.—Bleues : swertia vivace, besmudienne à petites fleurs.— Brunes : phlox divaricata.—Variées : anémone hortensis, id. stellata, renoncule, africanus, orchia dives Brunelli. — Odorantes : bragalon.

Annuelles. — Jaunes : athanasie annuelle, ficoïde pomeridiana, hibiscus manchot. — Rouges : adonis æstivalis, crepis rouge, id. barba.—Roses : énothère Romangrowi, ficoïdet ricolore ou annuel. — Bleues : améthyste bleue. — Variées : pervenche de Madagascar, pied d'alouette nain, balsamine.— *De terre de bruyère.*—Blanches : ansonia, lichnie des Alpes. — Rouges : gentiane pourpre.

TROISIÈME RANG. PLANTES DE 35 à 65 CENTIMÈTRES.

Fleurs de printemps vivaces. — Jaunes : iris lutescens, doronic caucasium, épimède, giroflée ravenelle, guaphal

oriental ou immortelle jaune, tulipe sylvestris, id. gallica et
ilsiana, fumeterre nobilis, id. lutea, celscea ou velar chrisi-
mum, barbarea ou julienne jaune, doronic pardal Sanchii,
énothère fruticosa.— Blanches : oféride de Perse ou semper-
florens, thlaspic vivace, dendric ou lécophile, pivoine officinale double, podophile, id. pulsatum, id. palmatum, saxifrage
rotundifolius, orobe vernus, pivoine anomala, id. fimbriata et
coralina, tulipe oculus solis, lychide flos cuculli, id. viscaria et
dioïca, néotie speciosa.—Roses : mélisse grandiflora, pivoine
albiflora, orobe aris, hélonias, saxifrage cotyledone, geranium
striatum. — Lilas : polémoine repens, lupin vivace. — Violet-
les : frétillaire, persica, iris versicolor.— Bleues : pulmonaire,
id. de Sibérie. — Variétés : tulipe eluscana, id. stenopetala,
id. campsopetala, arum crinatum, id. diacunculum et macula-
tum, elymophrys diversa.

Annuelles. — Roses : lopédie, gypsophèle muralis. —
Violettes : gomphrène, globosa ou immortelle violette. — *De
terre de bruyère.* — Blanches : dendric. —Bleues : buglosse
de Virginie, ancolie Siberica.

Arbustes de printemps.—Blancs : airelle anguleuse, myr-
thille à fruits bleus, id. de Pensylvanie, daphné des Alpes :
forthergilla. — Roses : airelle ponctuée, rosiers pompons et
divers en buissons et à basses tiges.

De terre de bruyère. Arbustes de printemps.— Jaunes :
polygala à feuilles de buis. — Blancs : forthergilla ledons,
arbousiers raisin d'ours, itchella rampante. — Rouges : gat-
tira du Canada. — Roses : bruyères, kalmia glauca, airelles
divers.

Fleurs d'été vivaces. — Jaunes : renoncule jaune, digi-
tales ambigula, lucinum et hypericum, anthemis tinctoria,
lis monadelphum, buphthalme, gentiane purpurea, mimule
gustatus, guaphalc Virginica, solidago bicolor, scabieuse Alpina, achillée aurea, id. ægytrica et argeratum. — Blanches :
pivoine de la Chine, anthemis nobilis, spirea filipendula, ornithogale pyramidalis, phlox candida. — Rouges : benoîte,
fraxinelle. Phlox glacerinea, galane obliqua et ballata, lis con-
color, bétoine, phlox ovata et fructicosa et dalea, coquelourde
flos Jovis, lobelia fulgens (mais sensible aux grands froids).

geranium macrorosum, septos capensis, ou saxifrage tuberosa. — Roses : phlox setacea, bugrane rotundifolia, slevra
purpuera apocyn, achillée rosea. Lilas : phlox devaricata, aster
trisnervis et id. incisus et oculus Christi et trifolius et grandiflorus, et Sibericus, et spectabilis. — Violettes : astragale
onobrychis et varius. — Bleues : campanule carpalica, id.
grandiflora, lin vivace, dracocéphale astracum, cupidone,
scabieuse Caucasia. — Variées : iris xiphium et xiphioïdes,
campanule persiciflora, pied-d'alouette grandiflorum, valériane
rouge, éphémère Virginica, œillets divers.

Annuelles.— Jaunes : coréopsis tinctoria, gnaph puant, ou
immortelle, cinéraire maritima, carthame tinctorius, centaurée odorante, ou barbeau, ou herbe du grand-seigneur,
genia anthénis d'Arabie, campanule aurea. — Blanches : cynoglosse lenifolium, martinie angulosa, ficoïde glaciale, ibéride umbellaria, thlaspi blanc, scabieuse stellata, boucage ou
anis, belle-de-nuit longiflora. — Rouges : amaranthe cris-
tata, ou crête-de-coq, ou passe-velours ou célosie, cynoglosse
cherifolium, lotier rouge, seneçon élégant, fabagelle purpurea,
verveine à bouquets, scabieuse atropurpurea, cacalie sagittata,
verveine aubletia. — Roses : énothère tetraptera, malope,
coreopsis cœli-rosa, charbia mitchella. — Violettes : lin Aus-
triacum. — Bleues : liseron belle de-jour, ou convolvulus tricolor, campanule medium, nigelle de Damas ou barbe-de-
Jupiter, id. Hispanica. — Brunes : chrysanthème carnatum.
— Variées : amaranthe tricolor, giroflée incanus, id. quarantaine et græcus, nolana pavot nain, coquelourde coronaria,
ou passe-fleur, ou œillet-dieu, aster Sinensis, ou reine-marguerite, centaurée bleue, chrysanthemum coronatum, crépide,
belle-de-nuit, ou faux jalap. — *De terre de bruyère.* —
Jaunes : calcéolaire jaune, gentiane jaune. — Blanches :
lichnis verticale.

Arbustes d'été. — Jaunes : cytis capitalus, id. Austriacus,
toline commune.

Fleurs d'automne vivaces. — Blanches : ibéride, ou thlas-
vivace.

Annuelles. — Jaunes : souci élevé.

Arbustes sans fleurs. — Bouleau nain, houx frélon et d'Alexandrie.

De terre de bruyère. — Jaunes : camelis à trois coques, santoline. — Rouges : potentilles formosa et atro-sanguinea. — Roses : armoise, citronnelle.

QUATRIÈME RANG. — PLANTES DE 1 MÈTRE A 1ᵐ 33ᶜ.

Fleurs de printemps vivaces. — Jaunes : asphodèle luteus, ou bâton de Jacob, morée Sinensis. — Blanches : iris florentina, julienne hesperis, matricaire mandiana, asphodèle ramosus. — Rouges : fumeterre sempervirens et spectabilis, iris cærulea. — Roses : lamier orval, mélisse phalangère tricolore. — Violettes : iris violacea. — Bleues : iris odoratissima, valériane grecque ou polémoine cærulea. — Brunes : iris supina. — Variées : ancolie vulgaris, iris Germanica et scalens.

Annuelles. — Blanches : gypsophile elata et paniculata. — Rouges : néflier hortensis, ou antisinus major, ou muffe-de-veau, ou gueule-de-lion, id. pourpre et fulgens. — Variées : muflier bicolor.

Arbustes de printemps. — Jaunes : robinier pygmée. — Blancs : armoise citronnelle, spirée à feuilles lisses. — Rouges : coignassier du Japon. — Roses : bugiane frutescens. —Bruns : aucuba Japonica.—*De terre de bruyère.*—Jaunes : badiane parviflorum. — Blancs : épigée rampante, ledon, thé du Labrador, id. palustre et decumbens. —Rouges : zanthoriza epacrides, badiane floridanum. — Roses : kalmiers à feuilles étroites, daphné d'Italie, rhodora du Canada. — Verts : compton. — Bruns : aucuba Japonica. — Variés : azalées.

Fleurs d'été vivaces. — Jaunes : millepertuis hircinum, digitale aurea, buphtalme feuille en cœur, solidago Canadensis ou verge d'or, id. latifolia, lis Pyrenaicum, gentiane lutea, senecona, donifolius et seracenicus et doria coriaceus. — Blanches : pancratiers maritimum et illyricum, varaire ou ellébore blanc, spirée ulmaria ou rcine des prés, phalongère ramosus, lys de St Bruno ou liliaserum, phlox virginalis. — Rouges : pavot vivace, id. à bractées, lychnide à grandes neurs, ficoïde micans, iris sambucina et Siberica, lychnide de Chalcédoine, ou croix de Jérusalem, galane campanulata, barlata et obliqua, phlox macrophylla, id. aspera, lobelia carnidalis, epilope angustifolium, id. angustissimus, rudlectsia purpurea, lis Caledonicum, asclépiade incarnata, astragale alopecuroïdes, bugrane ou cronis altissima, lis pomponicum.—Roses : ficoïde delloïdée, pivoine stérile, butome ou jonc fleuri, saponaire, spirée lobata, acanthe, athrana major, id. hétérophylle, guimauve officinale. — Violettes : stramoine steratocaula. — Lilas : mimule rigens. — Bleues : aconit napel, panicans améthyste, id. des Alpes, podaliria australis, échinope bleu, aconit commarum, id. paniculatum.

Annuelles. — Jaunes : énothère suaveolens ou onagre, tagètes erecta ou rose d'Inde, coqueret ou physale edulis.—Blanches : mauve divaricata.—Rouges : molène rouge, sainfoin d'Espagne. — Roses : lavater trimestris, sainfoin capitatum.— Oranges : tagètes patula ou œillet d'Inde.— Brunes : lotier Saint-Jacques. — Bleues : campanule, trachelium. — *De terre de bruyère.* — Jaunes : digitale des Canaries, gentiane visqueuse.—Rouges : asclépiade.

Arbustes d'été. — Jaunes : cytis à épi, id. noirâtre, phlomis frutescens, potentille frutescens, id. de Sibérie.—Blancs: daphné paniculée, spirée calicifolia, arbousier ursi à fruits noirs, clématite droite, hydrangée nivea, id. arborescente, symphoricarpos parviflora à fruits blancs, id. racemosa.— Rouges : cytis purpureus en chaton, myrica galé, ou piment royal. — *De terre de bruyère.* — Jaunes : phlomis frutescens. — Blancs: andromèdes divers, céonothe d'Amérique. —Roses : spirée cotonneuse, itea springelia incarnata.

Fleurs d'automne vivaces.—Blanches : galane blanche.— Rouges : eupatoire purpureum.—Roses : guimauve canabina.— Lilas : phlox decussata. — Variées : anthemis à grandes fleurs.

Annuelles. — Jaunes : rudbeckia horta et angustifolia. — Blanches : tabac undulata.

Arbustes d'automne. — Verdâtres: lauréole, id. panicule uits jaunes. — En chatons : éphédra à un épi et à fruits es. — Sans fleurs : syringa nain. — *De terre de bruyère.* es : callicarpe d'Amérique.

CINQUIÈME RANG. PLANTES DE 1 M. 65 A 2 M.

Fleurs de printemps vivaces. — Jaunes: trolle europæus.
— Blanches : valériane phù. — Grises : aster argophyllus. —
Rouges : fritillaire impériale, ficoïde bicolor, trolle d'Asie. —
Orange : ficoïde d'or. — Violettes : phlomis tubéreux. —
Bleues : géranium des prés, sauge d'Inde et bicolor, glycine
de Chine, scille amœna.

Annuelles. — Jaunes : molène rugulosum. — Rouges :
lunaire rouge.

Arbustes de printemps. — Jaunes : spirée du Japon, coronille des jardins, groseillier doré, id. odorant, groseilliers
panachés, robinier frutescens, id. barbu et de la Daourie. —
Blancs : spirée à feuilles de millepertuis, id. chamædrifolia,
id. sorbifolia, id. crenata, id. ulmifolia, ragoumiers, lilas
blanc, néflier buisson ardent à fruits rouges. — Rouges :
airelle corymbifera à fruits bleus, badiane floridanum, id.
parviflorum, pommier de la Chine, id. à fruits rouges bacci-
fera, id. à fruits rouges microcarpa. — Roses : pommier sempervirens, néflier petit-corail, amandier nain et double,
gaînier du Canada, viorne laurier thym.—Violets : daphné
mézéréon ou bois joli.—Lilas : lilas de Marly, id. Varin, id. de
Perse.—*De terre de bruyère.* Roses : kalmia latifolia et angustifolia. — Variés : rhododendrons divers. — En chatons :
galés ou ciriers divers.

Fleurs d'été vivaces. — Iris des marais, id. acrolenca, id.
de Virginie, id. de Rhodes, lys asphodèle, rudbeckia laciniata, id. multifida, seneçon seracenicus, id. doria, id. coriaceus, achillée, filipendula, solidago altissima, phormium te-
nax, casse du Maryland, hélénic, silphium laciniatium, id.
trifoliatum; tanaisie vulgaire, id. du Nord, soleil vivace, id.
altrorubeus. — Blanches: spirée aruncus, gypsophile de Sibérie, lys blanc, flore pleno, id. flore purpureo, id. variega-
tum, id. peregrinum, id. du Japon, id. bulbifère, id. crocceum,
asclépiade incarnata, id. de Syrie, boconier cordata, hémérocale du Japon, campanule latifolia, cacalia suaveolens, na-
pée levis, aster amygdalium, boltania asteroïdes. —Rouges :
digitale ferrugineuse, id. purpurea, amonarde didima, gly-

cine apios, phlox Carolina, id. pyramidale, hémérocale fauve, lys du Canada, id. tigré, id. superbum, aster puniceus, silphium perfoliatum, id. terebenthinum. — Roses : pivoine montante, valériane des Pyrénées, ficoïde cactiflorum, pivoine edulis. — Lilas : phlox maculé, id. paniculé, aster de la Nouvelle-Angleterre, id. decorus. — Violettes : sainfoin du Canada. — Brunes : varaire nigrum. — Bleues : campanule latifolia, id. heriocarpa, galega officinalis, dauphinelle elatum, hémérocale cærulea. — Variées : dahlia, lys martagon.

Annuelles. — Jaunes: ximénésie jaune, soleil annuel, id. mollis, id. diffusus, id. altissimus. — Rouges : persicaire, tabac ordinaire, gaura. — Roses : phytolacca, lavater Thuringica, ricin. — Bleues: campanule pyramidale, mélilot bleu ou lotier odorant. — Variées : alcée ou passerose, id. de Chine, id. ficifolia.

Arbustes d'été. — Jaunes : cytis trifolium et sessilifolium, armoise en arbre, paliure épineux, baguenaudier d'Alep, ciste halimifolius, sumac vénéneux. — Blancs : prinos verticillé à fruits rouges, Stewartia à un et cinq styles, hydrangée quercifolia, ciste ladaniferus, id. laurifolius, id. populifolius, gatilier incisa, syringa odorant, clématite crispa, id. de Virginie. — Rouges : baguenaudier oriental, ciste pourpre. — Roses : sumac fuster, ciste symphilifolius. — Bleus: astrogène des Alpes, germandrée, clématite integrifolia. — Verdâtres : sumac vernis. — Variés : ketmie frutex. — En chatons : ephedra à deux épis. — *De terre de bruyère.* — Blancs : céphalante, lethra à feuilles d'aulne. — Rouges : phlomis lacinié.— Roses : hortensia. — Violets : phlomis tuberosa.

Fleurs d'automne vivaces. — Blanches: ketmie moschentos, id. palustris, galane glabre, Bostonia glastifolia. — Rouges : ficoïde acinaciformis, balisier. — Roses: ketmie roseus, guimauve de Narbonne. — Violettes : glycine frutescens. — Lilas : iris decussata et acuminata.

Annuelles. — Jaunes: coreopsis tripteris.

Arbres d'automne. — Jaunes : dierville. — Roses: decumaria sarmenteux. — Sans fleurs : seringa inodore, chêne des teinturiers, genèvrier Sabina mâle à fruits bleus, id. femelle à fruits rouges, genèvrier commun, id. de Suède.

SIXIÈME RANG. — ARBUSTES DE 2 MÈTRES 33
A 5 MÈTRES.

Arbustes du printemps. — Jaunes : alisier, amelanchier à fruits rouges, nèflier cotonneux, buis de Mahon, cythise des Alpes ou faux ébénier, cérisier xylostéon. — Blancs : filaria latifolia, id. medja, id. angustifolia, badiane, ou anis étoilé, cornouiller à feuilles alternes à fruits violets, spirée opulifolia lilas blanc commun, halésie triptera et diptera, fusain latifolius à fruits rouges, id. toujours vert, id. bonnet de prêtre à fruits rouges, merisier à grappes, id. laurier-cerise, id. azarero, nèflier du Japon, alisier spicata, staphilier pirmata et trifoliata, clématite à grandes fleurs, alisier racemosa. — Rouges : clavalier à feuilles de frêne à gousses rouges, airelle en arbre à fruits noirs. — Roses : robinier satiné, id. rose inermis, pêcher à fleurs doubles, coignassier de la Chine, id. de Portugal, pommier double, poirier salicifolia, id. Sinaïca, id. polveria, chèvrefeuille des jardins, cerisier des Pyrénées, gaînier, arbre de Judée, cerisier odorant, ou Sainte-Lucie, chamécerisier de Tartarie, ou cerisier nain à fruits rouges, amandier de Géorgie, id. argentea.—Verts : nerprun alaterne, id. angustifolius, id. d'Espagne, id. varié. — Variés : célastre grimpant à fruits rouges, chèvrefeuille de Minorque, id. dioïque, id. braser, id. sempervirens, id. pilosa, id. des bois, id. Japonica, id. variabilis. — Lilas : lilas commun. — *De terre de bruyère.* — Rouges : calicanthes.

Arbustes d'été. — Jaunes : genèt d'Espagne, baguenaudier faux séné à fruits en vessie, id. media, sumac glabre ou vinaigrier, jujubier cultivé à fruits rouges, id. de la Chine. — Blancs : sureau nigra à fruits noirs, id. viridis, id. variegata, id. laciniata, id. du Canada, id. racemosa, alibousier commun ou styrax, id. glabre, pavier nain, id. de l'Ohio, gatilier commun ou arbre au poivre, latifolius, clématite odorante, id. à bractées, cornouiller sanguin à fruits rouges, id. alba à fruits blancs, id. bleu à fruits bleus, viorne nue et boule-de-neige, syringa pubescens, id grandiflora. — Rouges : sumac de Virginie, lyciet lancéolé ou jasminoïde à fruits rouges. — Roses : pavier hybride. — Violets : amorpha fructiqueux, lyciet de la Chine, lyciet africum ou jasmin d'Afrique, tous deux à fruits rouges. — Bleus : clématite bleue. — Verts : ptéléa ou orme de Samarie, sumac coriaria. — Fusain népaul, fusain noir pourpre. — *Terre de bruyère.* — Blancs : magnolias. — Roses : kalmiers à larges feuilles.

Arbustes d'automne. — Blancs : azalée spinosa, arbousier ussedo, magnoliers. — Sans fleurs : buis toujours vert, érable de Crète, genèvrier cade, houx commun à fruits rouges, peuplier, baumier ou tacamahaca, viorne aubier à fruits rouges, noisetiers variés. — *De terre de bruyère.* — Rouges : mératie odoriférant.

SEPTIÈME RANG. — ARBRES DE 5 A 8 MÈTRES 35ᵉ.

Arbres de printemps. — Alouchiers à fruits rouges, cornouiller grandiflora, frène à fleurs, mérisier à fleurs doubles, robinier visqueux, sorbier des oiseaux, sorbier hybride, sorbier d'Amérique, tous à fruits rouges, néflier aubépine, ou épine-blanche à fruits rouges.

Arbres d'été. — Bignone catalpa, bonduc chalef, plaqueminier lotus, id. de Virginie à fruits jaunes, sophora du Japon, id. à rameaux pendants. — Sans fleurs apparentes : broussonnetier ou mûrier à papier, charme d'Italie, id. commun, chêne, saule, cyprès commun, érable commun, id. de Tartarie, id. de Montpellier, id. jaspé hybride, id. à feuilles de frêne, févier d'Amérique, id. monosperme de la Chine, id. à grosses épines, id. de la Caspienne, cèdres d'Espagne, de la Virginie et des Bermudes, houx d'Amérique, id. commun à fruits rouges, liquidambars copal et du Levant, micocoulier du Levant et à feuilles en cœur, noyer à feuilles de frêne, platanes à feuilles ondulées, à feuilles en coin ou lacinées, ou étoilées, sapin baumier et du Canada, saules odorants, marceau, ou pleureur, tupel blanchâtre à fruits rouges, id. à fruits bleus.

HUITIÈME RANG. — ARBRES DE 10 MÈTRES ET AU-DESSUS.

Arbres de printemps : cerisier de Virginie, marronnier

d'Inde, id. rubicon, pavier jaune, robiniers faux acacias, sorbier commun.

Arbres d'été : Magnoliers a grandes fleurs et accursinés, eul commun, tulipier de Virginie. — Sans fleurs apparen- : bouleaux divers, cyprès faux tuya, érable, sycomore, lante vernis du Japon, chènes divers, plane rouge de Vir- nie et à sucre, frène commun et à manne, id. de la Caro- ne, id. blanc, id. tomenteux, gintro à deux lobes, hêtres commun et ferrugineux, mélèzes d'Europe et d'Amérique, cè- dre du Liban, micocoulier de Provence, id. de Virginie, noyers noir, blanc et cendré, peupliers divers, ormes communs, id. pédunculé, rouge crispé.

ARBRES TOUJOURS VERTS DE 33 à 65 CENTIMÈTRES.

D'été. —Jaunes : camélée à trois coques, santoline com- mune.

DE 1 MÈTRE A 1 MÈTRE 33.

De printemps. — Jaunes : badianes à petites fleurs, id. floridanum, buplèvre, oreille-de-lièvre. Verts : lauréole. — Bruns : aucuba du Japon.

D'été. — Jaunes : jasmin jaune. — Blancs : yucca nain. — Roses : viorne, laurier thym, hortensia, pommier toujours vert.

DE 1 MÈTRE 65 à 2 MÈTRES.

De printemps. — Blancs : houx divers, alisier toujours vert, cerisier, laurier du Mississipi, rosier toujours vert et la- tifolia.

D'été. — Jaunes : seneçon en arbre.

D'automne.—Blancs : clématite toujours verte.—A fleurs sans effet : chêne au kermès, bacchante, fusain toujours vert, galé à feuille en cœur, néflier pyracanthe ou buisson ardent, rosier toujours vert.

DE 2 MÈTRES 33 à 5 MÈTRES.

De printemps. — Blancs : cerisier-laurier palme, houx commun, badiane anis filaria, érable de Crète.

D été. Jaunes : budleia globuleuses. — Verts : nerprun alaterne, célastre grimpant. — Rouges : chèvrefeuille vert et de Minorque.

D'automne. — Blancs : arbousier unedo. — A fleurs sans ffet : genèvrier, buis, chêne yeuse, laurier commun.

DE 5 MÈTRES à 10 MÈT FFS.

De printemps. — Blancs : cerisier-laurier du Portugal.

D'automne. — Verts : lierre grimpant. — A fleurs sans effet : tuyas, chêne-liége de trente pieds et au-dessus, cyprès, cèdres de Virginie et du Liban, mélèze, pins et sapins, tous sans fleurs apparentes.

TABLE DES MATIÈRES

TITRE I.

PRINCIPES GÉNÉRAUX DU JARDINAGE

TITRE II.

PRÉPARATION DU SOL.

FIN DE LA TABLE DES MATIÈRES.